The Zynq Book

基于含有 ARM® Cortex®-A9 的 Xilinx® Zynq®-7000
全可编程片上系统的嵌入式处理器

The Zynq Book

基于含有 ARM® Cortex®-A9 的 Xilinx® Zynq®-7000
全可编程片上系统的嵌入式处理器

Louise H. Crockett, Ross A. Elliot,

Martin A. Enderwitz, Robert W. Stewart

Jianfeng Lu （*中文编辑*）

Department of Electronic and Electrical Engineering

University of Strathclyde

Glasgow, Scotland, UK

翁恺博士 Dr. K.Weng （*中文翻译*）

浙江大学 （中国）

第一版 （中文版）

This edition first published June 2016 by Strathclyde Academic Media.
© Louise H. Crockett, Ross A. Elliot, Martin A. Enderwitz and Robert W. Stewart.

开源许可

习题教材

习题教材在本书的官方网站上发布：www.zynqbook.com。

参考此习题教材同样适用于*开源许可条例*及在本页其他位置提到的*警告和免责声明*。

警告和免责声明

商标

目录

前言

两年来，世界各地的学术人士、工业界专家和设计者接触到了使用来自 Xilinx 公司的 Zynq-7000 所有可编程片上系统的开发板。这些包括 ZedBoard，Zc702，Zc706 等类型的开发板给予了用户史无前例的开发属于自己的片上系统的能力。Zynq SoC 整合了 ARM 双核 cortex-A9 处理器和 Xilinx 7 系列 FPGA 架构，使得它不仅拥有 ASIC 在能耗、性能和兼容性方面的优势，而且具有 FPGA 硬件可编程性的优点。

人们对这类设备需求强劲，这是开创先河的设计，伴随而来的是对文件、培训、辅导和指导书等形式的辅助手段的需求。"The Zynq Book" 作为第一本英文版的相关书籍，包含每个 Zynq 用户必知的重要信息。来自 University of Strathclyde 的团队开展了卓有成效的工作，齐心协力编写了这本综合性书本，满足了其迫切的需求。

这本书从对 Zynq 设备的概述开始；接着阐述了 ZedBoard；然后迅速转至构建以 Zynq 家族为对象的设计所需信息，深度解释了在这些设备上的设计流程和潜在的各种设计选项。由于这是一个既可以软件编程又可以硬件编程的复合设备，因而该书不仅涉及硬件开发工具，还包含了高级语言综合工具的介绍及其开发流程。尤其着重介绍了 Vivado High Level Synthesis（HLS），其生产力优势和与 Cortex-A9 处理器所提供的高级语言模型的协同性显现无疑。连接处理器系统到可编程逻辑或者 FPGA 的接口起了举足轻重的作用，本书深入浅出地概述了这些接口并且大致介绍了如何配置它们。最后，对嵌入式软件运行环境的介绍自然是不可或缺的。总结章节则引导读者探究在自己设计的片上系统上运行 Linux 系统的细微差别。

由 University of Strathclyde 领衔编写第一本有关 Zynq 的英文版著作并非偶然。自 2005 年以来，Xilinx 公司与英国苏格兰 University of Strathclyde 电子电气工程系合作密切。Bob Stewart 教授，作为 Xilinx 公司的荣誉教授，在学术、工业领域主导着开发、宣传适用于 Xilinx 所有可编程技术的练习教程。他和他的团队编写出了优秀的教材，造福了来自世界各地成千上万的学生、工程师。这成功的案例无疑展现了 University of Strathclyde 以实为本、以工业为主导的精神和它享有国际声誉的科技机构领导地位。University of Strathclyde 由 John Anderson 教授始建于 1796 年，给世人留下了一个实用的学习的地方。显而易见，这所大学将始终保持为一个实用的学习的地方，并且和 Xilinx 公司在教育、研究方面保持着战略伙伴关系。值得一提的是，在 2013 年，University of Strathclyde 被英国一权威机构认证为全英最佳大学，并且在 2014 年，被评为全英最具创业精神大学，对此我们倍感兴奋。

此书的确是 Zynq 新用户的必读之物！

Vidya Rajagopalan

Corporate Vice President of Processing, Systems, Software and Applications (PSSA),

Xilinx, Inc.

2014 年六月

作者简介

作者 （原英文版）
Authors (original English edition)...

Louise H. Crockett
Academic Teaching Fellow, Dept. of Electronic & Electrical Engineering, University of Strathclyde

Louise's technical and research interests are in DSP, digital communications, software defined radio, FPGA / SoC based design, and professional education. She teaches at undergraduate and MSc level on HDL, digital design, and FPGAs.

Louise 主要从事 DSP、数字通信、软件定义的无线电、基于 FPGA/SoC 的设计和专业教育。她教授本科生、研究生有关 HDL、数字电路设计和 FPGA 等课程。

Ross A. Elliot
PhD Researcher, Dept. of Electronic & Electrical Engineering, University of Strathclyde

Ross's research interests are in the areas of multicarrier communications for cognitive radio and efficient filterbank communication systems in the evolving field of TV White Space (TVWS), with a focus on FPGA / SoC based implementations.

Ross 致力于无线电多载波通信领域的探索和基于 FPGA/SoC 在空白电视信号频段 （TVWS） 领域的高效滤波通信系统的研究。

Martin A. Enderwitz

PhD Researcher, Dept. of Electronic & Electrical Engineering, University of Strathclyde

Martin's research interests are in digital predistortion implementations with Zynq for use in TV White Space and 4th generation (4G) mobile communications.

Martin 的研究方向是在空白电视信号频段将数字预失真技术在 Zynq 上实现和四代 （4G） 手机通信技术。

Robert W. Stewart

Professor, Dept. of Electronic & Electrical Engineering, University of Strathclyde

Bob has more than 25 years experience working on FPGA-based design for communications, adaptive DSP, software defined radio, and wireless white space communications. He has consulted extensively to industry in Europe and the US.

Bob 在基于 FPGA 实现通信、 自适应 DSP、 软件定义的无线电及在空白电视信号频段无线通信等领域有着超过 25 年的工作经验。 他是欧洲和美国工业界的资深顾问。

中文版
Chinese Edition

翁恺博士 **Kai Weng** (中文翻译 **translator)**
Lecturer, Dept. of Computer Science, Zhejiang University

Weng Kai got his Ph.D of computer science at Zhejiang University and has been teaching computer courses at ZU. He is the ACM-ICPC Outstanding Coach Award winner in 2010 and brought the ZU team to the world finals first place in 2011. He teaches lots of courses at ZU, from basic programming to computer architecture, and embedded systems. He is quietly active in MOOC and his MOOC courses have been registered with more than 200 000 students.

翁凯博士在浙江大学获得计算机科学博士学位并留校执教计算机相关课程。他是 2010 年 ACM-ICPC Outstanding Coach Award 得主，并带领来自浙江大学的团队在 2011 年摘得世界级桂冠。他在浙江大学教授多门课程，包括基础计算机编程、计算机结构和嵌入式系统等课程。他在 MOOC 学习平台很活跃，他的课程已经被超过 200000 名学生注册。

吕鉴峰博士 **Jianfeng Lu** (中文编辑 **editor)**
Teaching Associate, Dept. of Electronic & Electrical Engineering, University of Strathclyde

Jianfeng Lu's research interests are in the area of electrical power engineering and renewable technology. He supports the undergraduate articulation programmes between Strathclyde and Chinese partner universities, and also teaches on a number of courses, including regular visits to China.

Jianfeng Lu 的研究方向是电气能源工程和可再生能源。他正在帮助 Strathclyde 和中国伙伴大学之间开展本科生合作项目。与此同时，他也教授一些课程并且时常出差中国。

鸣谢

我们在此向那些支持与帮助完成本书（The Zynq Book）著作以及中文翻译的朋友们，表示最真挚的感谢。

首先，本书的诞生源于 Xilinx 公司高级总监 Patrick Lysaght 的理念 —— 写一部关于 Zynq 的书。之后就立刻展开了本书的创作，并且我们在写作的过程中发现了很多关于 Zynq 的有趣的事情！本书的最终产生并不只因为我们的努力，还有很多一路上给予我们太多帮助的人们。

我们先要感谢 Xilinx 大学计划（Xilinx University Program）的欧洲区主要负责人 Cathal McCabe—— 没有人比他给予的帮助更多了。他的专业支持起到了至关重要的作用，并且我们感谢他的耐心、真知灼见和专注。若没有 Cathal，这部书也不会如此完美的呈现于大家眼前。

同时，我们衷心地感谢 Xilinx 公司一些同事的付出：Sagheer Ahmad, Brian Gaide, Austin Lesea, Joshua Lu, Duncan Mackay, Daryl Nees, Stephen Neuendorffer, Parimal Patel, Fernando Martinez Vallina, Tim Vanevenhoven 以及 Y.C. Wang—— 他们花时间阅读本书并且给出了具有建设性的意见。他们中的几位甚至还做了辅助练习并分享了他们的反馈意见。谢谢大家 —— 你们的经验给予我们很大的帮助！我们还要感谢 Barrie Mullins 的帮助和支持。

我们在 Strathclyde 大学（University of Strathclyde）的同事也给予了我们很大的帮助。我们要感谢他们对本书付出的各样努力。他们中的一些同事非常慷慨地拿出时间阅读和检查每一个章节，或是检验辅助练习，并且给予了很多有建设性的反馈意见。非常感谢Douglas Allan, Dani Anderson, Dale Atkinson, Kenneth Barlee, Iain Chalmers, Fraser Coutts, David Crawford, Sam Edwards, Poppy Harvey, Connor Hughes, Sarunas

Kalade, Phil Karagiannakis, David Northcote 和 Kenneth Osborne。我们也要感谢所有对 "Zynq 聊 "（"Zynq-chat"）作出的贡献，这已经成为我们工作环境的特点。

对于中文译本，我们感谢我们的翻译工作者和联合作者 —— 浙江大学的翁教授和 Strathclyde 大学的 Jianfeng Lu，以及 Xilinx 公司的 Joshua Lu 对中文译本的管理和支持。我们也要感谢参加 Strathclyde 大学暑期实习的史嘉珵同学，感谢他在最后阶段帮助我们完成书本的编辑工作。

最后而同样重要的是，我们必须感谢我们的家人和朋友 —— 他们情愿地接受我们临近期限时而不能参加社交活动，以及他们给予我们的鼓励。

Louise Crockett, Ross Elliot, Martin Enderwitz, Bob Stewart.
2014 年 6 月，更新于 2016 年 6 月。

1

引言

从书名你应该已经猜到，这是关于 Zynq 的书！这是新一代全面可编程片上系统（All-Programmable System-on-Chip，SoC）的 Zynq[10]，可别误以为是锌（英文 zinc、元素符号 Zn）那个化学元素啊。

其实，这两者之间还是有联系的。有传言说 Xilinx 给他们的新芯片命名为 Zynq，是因为它代表了一个可以用在任何地方的处理器元素。Zynq 芯片致力于成为灵活的、能用于各种应用的强有力的平台，就像锌元素可以与各种其他金属混合形成具有各种所需属性的合金一样。

Zynq 的本质特征，是它组合了一个双核 ARM Cortex-A9 处理器 [1] 和一个传统的现场可编程门阵列（Field Programmable Gate Array，FPGA）逻辑部件。尽管之前也有过捆绑了 FPGA 的专用处理器，但是还没有出现过完全相同的方案。在 Zynq 上，ARM Cortex-A9 是一个应用级的处理器，能运行完整的像 Linux 这样的操作系统，而可编程逻辑是基于 Xilinx 7 系列的 FPGA 架构 [5]，[7]。这个架构实现了工业标准的 AXI 接口，在芯片的两个部分之间实现了高带宽、低延迟的连接 [8]。这意味着处理器和逻辑部分各自都可以发挥最佳的用途，而不会有在两个分立的芯片之间的那种接口开销。同时又能获得系统被简化为单一芯片所带来的好处，包括物理尺寸和整体成本的降低。

从本书的厚度就能看出，Zynq 不仅仅是硬件。它引人入胜是因为那些软件开发工具、设计流和专注于标准的集成方法是为基于Zynq的系统设计所量身定制的[6]。

大家都喜欢能更快地做出更好的设计的工具！本书会介绍认真开始所必需的全部内容，也会给出一些实际的指导训练以引导新用户通过设计流和设计过程的学习。

无论你之前的经验如何，我们都希望你会发现本书内容丰富而且有益。我们特别希望能为新进入这个领域的读者提供容易入门的介绍。

1.1. Zynq 的片上系统

既然我们已经把 Zynq 描述为一个片上系统 （SoC），那么显而易见，第一个问题就会是 " 什么是 SoC？ "

你也许知道，这个概念出现已经有一段时间了，潜在的意思是说单个硅芯片就可以用来实现整个系统的功能，而不是需要用几个不同的物理芯片来实现。在过去，SoC 这个术语常用于指专用集成电路 （Application Specific Integrated Circuit，ASIC），它上面可以有数字的、模拟的和射频的元件，和混合信号模块组合起来来实现模拟－数字转换和数字－模拟转换 （ADC 和 DAC）。单就数字部分而言，一块 SoC 可以组合上数字系统所有的功能：处理、高速逻辑、接口、存储器等等。所有这些功能也可以用物理上分立的器件来实现，然后在印刷电路板 （PCB）的层面上组合起来。SoC 的解决方案成本更低，能在不同的系统单元之间实现更快更安全的数据传输，具有更高的整体系统速度、更低的功耗、更小的物理尺寸和更好的可靠性。事实上有一大堆无可辩驳的理由来说明 SoC 比等价的分立元件系统要强！可以看一下图 1.1，这是关于板上系统和片上系统的简单图形化比较。

基于 ASIC 的 SoC 的主要缺点有 （一）开发时间和成本，以及 （二）缺乏灵活性。开发 ASIC 时不可重用的工程投入 （及成本）是巨大的，使得这种 SoC 类型只适合于大批量而且将来不需要升级的市场领域。基于 ASIC 的 SoC 的代表性例子包括在 PC、平板和智能手机上用的集成处理器。这些处理器典型地是由至少两个处理器核、存储器、图形处理器、接口和其他功能模块组合起来的 [4]，而且大批量生产出来用于寿命有限的产品中。

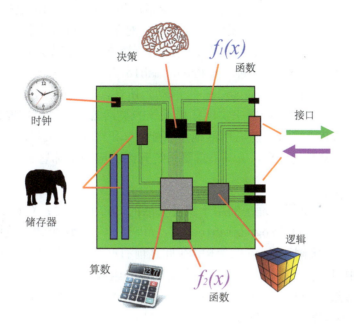

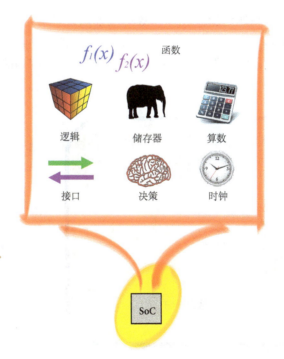

图 1.1: 板上系统（上）和片上系统（下）的比较

　　ASIC SoC 的局限性导致它们不适用于很多应用，特别是当快速投入市场能力、灵活性和升级能力已经成为重要的关键因素。对于小批量或中批量的产品，ASIC SoC 也不是好的解决方案。显然对于更灵活的解决方案是有需求的，这就是产生这种可编程芯片上的系统（System-on-Progammable-Chip）—— 一种在可编程、可重新配置的芯片上实现的特有的 SoC—— 的动力所在。一直以来，FPGA 是自然的选择。FPGA 天生就是可以被配置来实现任何系统的灵活芯片，如果需要也可以来实现嵌入式处理器。FPGA 还可以随心所欲地重新配置，和用 ASIC 来实现 SoC 相比，FPGA 能构成更为基础灵活的平台。在一个需要系统升级的应用中部署 FPGA 几乎就是没有风险的。

　　现在，Zynq 提供了更理想的用于实现灵活的 SoC 的平台：Xilinx 将其包装成" 全可编程 SoC（All-Programmable SoC，APSoC）"，这个词完美地阐述了它的能力。第二章会仔细阐述 Zynq 的架构，在此之前有必要先从图 1.2 看一下架构的高层模型。 从中可以注意到 Zynq 是由两个主要部分组成的：一个由双核 ARM Cortex-A9 构成的处理系统（PS），和一个等价于一片 FPGA 的可编程逻辑（PL）部分。它还具有集成的存储器、各种外设和高速通信接口。

　　PL 部分用来实现高速逻辑、算术和数据流子系统是很理想的，而 PS 支持软件程序和 / 或操作系统，这就意味着任何被设计的系统的整个功能可以恰当地在硬件和软件之间做出划分。PL 和 PS 之间的链接采用了工业标准的高级可扩展接口

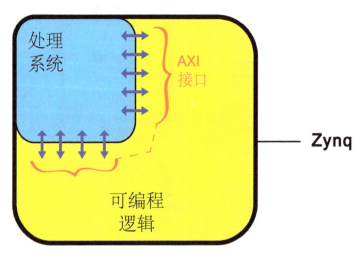

图 1.2: Zynq 架构的简化模型

（Advanced eXtensible Interface，AXI）连接方式 [8]。这些功能的更详细的资料会随着本书的展开而呈现。

1.2. 嵌入式 SoC 的简单剖析

一开始的时候，有必要明确本书所讨论的数字系统类型的基本模型，就是和处理器配合的系统、存储器和外设，包括把各种单元连接在一起的总线。（这些就是硬件系统了，此刻我们先考虑一个非常简化的架构，更详细的会在后续的章节中加入进来）。这个硬件系统的模型如图 1.3 所示：

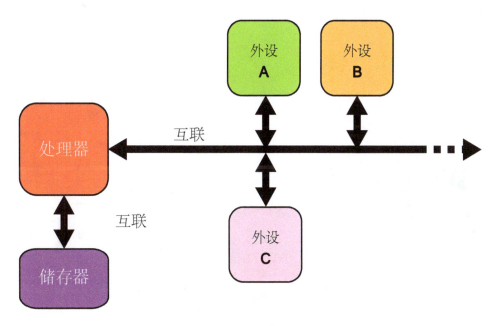

图 1.3: 嵌入式 SoC 的硬件系统架构 （简化版）

处理器可以被看作是硬件系统的中央单元。软件系统 （软件 "栈"）是运行在处理器上的，由应用程序 （通常是基于操作系统的）和一个更低的与硬件系统打交道的软件功能层组成的。系统单元之间的通信是通过互联进行的。这种互联可能是直接的、点对点链接，也可能是服务于多个单元的总线。如果是后者，就需要协议来管理总线访问。注意的是，尽管图 1.3 所示是有外设连接着的单一总线，但是一个处理器可以具有多个总线连接。

外设是处理器之外的功能部件，一般来说从事三种功能之一：（一）协处理器——辅助主处理器的单元，往往是被优化用于特定任务；（二）与外部接口交互的核心，如连接到 LED 和开关、编解码器等等；以及（三）额外的存储器单元。本书后面，我们会更详细地讨论外设，而此刻，只要把外设看作是可被设计、测试和集成进系统、还可以被 " 封装 " 以重用的分立的功能块。

图 1.4 给出了把图 1.3 所示的硬件系统映射到图 1.2 所描绘的 Zynq 芯片上的样子。两者的架构都被大大地简化了，因为目前我们的目标只是从高层阐述嵌入式 SoC 是如何映射在 Zynq 芯片上的。PS 具有固定的架构，承载了处理器和系统存储区，而 PL 完全是灵活的，给了设计者一面 " 空白画布 " 来创建定制的外设，或重用标准外设。互联是通过连接了 PS 和 PL 的 AXI 接口来实现的。

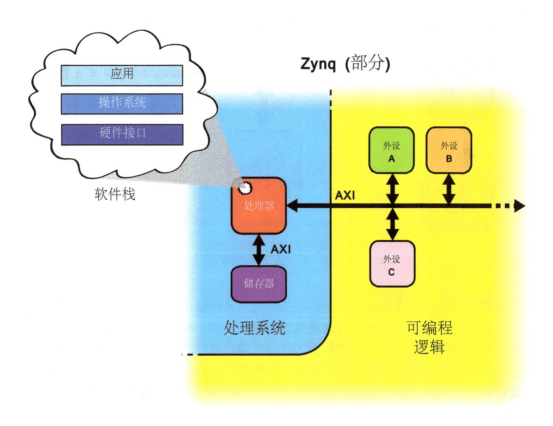

图 1.4： 软件系统、硬件系统和 Zynq 架构之间的关系

在图 1.4 的左边也能看到软件系统。软件是放在处理器那里的，也就是这里位于 Zynq 的 PS 里的 ARM Cortex-A9。软件系统由一连串的软件单元组成的，这个部分也会在本书的后续部分展开阐述。

1.3. 设计重用

一个完整的嵌入式系统的开发是一个巨大的设计任务，在一个像 FPGA 或 Zynq 芯片这样的平台上从事设计具有特别的优势，这会使得设计的过程更为直接。底层的 PL 硬件是结构化了的，而且它的性能特性是熟知的，并集成进了软件开发工具中了。进一步说，有了这样一个稳定、通用的开发平台，就可以做极为广阔的设计重用。知识产权（Intellectual Property，IP）功能模块 —— 就是图 1.4 中的外设部件 —— 可以从 Xilinx 的库获得（随着设计工具提供）来源，也可以从之前的项目中重用，或是从第三方或是从开源仓库获得，然后再集成起来形成系统的设计。

Zynq 是一块 SoC，具有大量的标准 IP，这表明这些部件就不再需要重新设计了。以这样的方式提升了抽象层级，加上重用预先测试和验证过的部件，开发就能被加速，而成本就能被降低。就像人们常说的："为什么要重新发明轮子呢？"。

由于这种做法对于 SoC 设计哲学的重要性，本书的一个重要的内容就是设计重用。我们会考虑 IP 的各种来源，包括 Xilinx 库、产生自己的 IP 的机制，和第三方 IP 来源。当然，仅仅只提及这些模块是不够的 —— 它们还得被集成进系统去，建立起恰当的连接和交互；因此我们还会讨论设计过程中用于IP集成方面的专用的工具和方法。最后，从设计元素的重用和分享角度看，把 IP "包装"进工业标准的 IP-XACT 格式也将会被提及。这些内容相应地是第十三和第十八章的主题。

1.4. 提升抽象层级

在各种软件和硬件设计过程中都存在的一种递归趋势是提升抽象的层级。动机很明显：如果对于一个清晰的设计输入，设计师用较低的设计需要就能高效地创造出系统来，同时还支持稳健的测试过程，那这一定能大大加速设计的过程。

以 FPGA 和 Zynq 设计来说, 高级合成 (High Level Synthesis, HLS) 的优势在于设计师可以用比传统的寄存器传输级 (Register Transfer Level, RTL) 方式少的细节数据来创建系统部件, 而且不再需要依赖设计工具根据用户所提供的方向来推断逻辑并在可能的地方做优化。自然地, 这样就需要对开发工具有一定程度的信任, 工具必须是强壮的, 可以产生出可重复的可信赖的设计。为了满足这样的需要, Xilinx 引入了 Vivado HLS 工具, 这是一个专门用于 Xilinx 芯片的高级合成开发工具。本书后续章节会介绍 Vivado HLS 和相关的设计方法。

1.5. SoC 设计流

对于各种复杂程度的 SoC 设计流, 人们提出过多种不同的模型, 不过我们首先打算用非常简单的术语来定义 SoC 开发 (应用于 Zynq 上) 的设计流。图 1.5 所示即为基本的流程。

这里的每一个部分都会在本书后续的章节中展开并非常细致地加以讨论。而现在, 简要的定义它们就够了。

自然, 和任何设计项目一样, 第一个阶段是定义所期望的系统行为, 也就是从一系列需求中创建正确的需求规格。这个阶段被描绘在图的顶端作为起点, 它形成了后续开发的系统设计的基础。

正如本章早前所提到的, Zynq 架构组合了 ARM 处理器 (作为所设计的系统的软件部分) 和 FPGA 部分 (主要用于系统的硬件部分, 不过如果需要的话, 也可以在上面实现另一个处理器)。因此, 下一个重要的系统设计阶段就是把期望的功能恰当地划分成硬件和软件, 并定义两个部分之间的接口。当然, 随着设计师逐步完成系统设计, 这个划分还是可以被调整的。

划分了系统之后, 软件和硬件的开发在很大程度上可以同时进行。就硬件开发而言, 任务是标识出实现设计所必须的功能模块, 然后通过设计重用和新 IP 开发的某些组合将这些模块组装起来, 并在模块间形成正确的连接。类似的, 项目的软件功能可以通过开发定制代码或重用之前已有的软件来实现。软件和硬件都需要被验证, 这也成为了开发过程中构成整体所必需的和重要的部分。

最后，系统的硬件和软件部分必须按照规划阶段所定义的接口集成起来，然后来做进一步的 " 全系统 " 测试。

第三章会仔细讨论这个设计流，而第十章与第十一章会讨论基于 Zynq 的 SoC 设计。

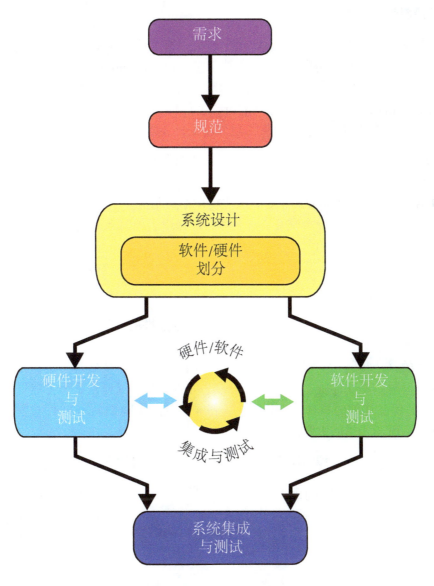

图 1.5: Zynq SoC 设计流的基本模型

1.6. 实践单元

本书间接形成了一组可以随着正文做的实践练习。这些练习的详细指导和所有必需的资源文件在伙伴网站上，书上则有每个练习的简要概述，阐述了练习的目的和关键的要点。网站上的详细指导的更新和书是异步的，这样就能保持和 Xilinx 开发工具最新版本的兼容。

这些练习可以借助于 Xilinx Vivado 设计套件（Xilinx Vivado Design Suite，免费的 WebPACK® 或更高版本 [9]）在基于 Zynq 的 ZedBoard[11] 来做。如果你愿意，也可以在其他板子上按照实验指导来做。要是你已经有了功能更完整的 Xilinx 的嵌入式（Embedded）版或系统（System）版的 Vivado 的话，这些版本能提供增强的功能，不过 WebPACK 已经提供了足以用于起步阶段学习的功能。

图 1.6 所示是 ZedBoard，这是 Zynq 开发板的一个不错的具有代表性的例子 [11]。现存的几种 Zynq 板子，就像这块一样，大多数都实现了多种外设接口和插槽，包括以太网、音频和视频。支持这些功能的可用的 IP 模块和参考设计能够相对较快也较简单地创建第一个交互设计。第三章介绍了如何选择 Zynq 板子，ZedBoard 的进一步的细节描述在第六章。

1.7. 关于本书

对于如何使用 Zynq APSoC，本书既给出了描述性的说明，也给出了操作性的指导。大多数的章节都是标准章节（"用于读"），同时也有另外一些章节是和实践练习有关的（"用于做"）。在本书中，我们给出了每个实践环节的简短概述，而详细的指导与资源文件则是由伙伴网站来提供的 [12]。这样做是为了能更方便获取资源，同时保证详细的与具体工具相关的指导能随时反映 Xilinx 软件开发工具的版本更新，从而与本书的内容是异步的。

本书接下去的部分被组织成三个部分，相关的章节如下：

第一部分 给出了 Zynq 芯片的介绍性信息，它相关的工具流，以及 ZedBoard。此外，还要拿 Zynq 和其他芯片做比较，并探究了一些应用作品。第一部分还包括了专门介绍如何在研究、大学教学和社会化培训机构中用上 Zynq 和相关的 SoC 概念的章节。

Zynq 芯片

图 1.6: ZedBoard 图

第二部分 是关于使用 zynq 进行 Xilinx SoC 开发的相关方面问题的深度解析，包括嵌入式系统设计的概念、IP 块的创建与集成，以及软硬件协同设计。其中还有一个特殊的"亮点"章节，专注于正在增长中的用于 IP 快速开发的 HLS 的重要领域。

第三部分 是关于 Zynq SoC 开发的操作系统的，回顾和讨论了应用程序、动机、交易、操作系统和产品特性。这里也进一步地深入探讨了在 Zynq 上部署 Linux 的问题，如何把 Linux 与基于 PL 的部分组合起来来形成一个嵌入式系统。

本书最后也给出了术语表和缩写表。书中用到了大量的术语和缩写，这两张表应该是有用的参考。

接下去的第二章，我们会更为详细地介绍 Zynq 芯片架构。

1.8.   参考文献

说明：所有的 URL 在 2014 年 6 月最后访问过。

[1] ARM, "The ARM Cortex-A9 Processors", 白皮书 , v2.0, September 2009.
    位于 : http://www.arm.com/files/pdf/ARMCortexA-9Processors.pdf

[2] Avnet 网站 .
    位于 : http://www.avnet.com

[3] Digilent 网站 .
    位于 : http://www.digilentinc.com

[4] M. Dixon, P. Hammarlund, S. Jourdan and R. Singhal, "The Next Generation Intel Core Microarchitecture", *Intel Technology Journal*, Vol. 14, Issue 3, 2010. pp. 8 - 29.

[5] M. Santarini, "Xilinx Redefines State of the Art With New 7 Series FPGAs", *Xcell Journal*, Third Quarter 2010, pp. 6 - 11.
    位于 : http://www.xilinx.com/publications/archives/xcell/Xcell72.pdf

[6] M. Santarini, "Xilinx Unveils Vivado Design Suite for the Next Decade of 'All Programmable' Devices", *Xcell Journal*, Second Quarter 2012, pp. 8 - 13.
    位于 : http://www.xilinx.com/publications/archives/xcell/Xcell79.pdf

[7] Xilinx, Inc., "7 Series FPGAs Overview", Product Specification, DS180, v.1.15, February 2014.
    位于 : http://www.xilinx.com/support/documentation/data_sheets/ds180_7Series_Overview.pdf

[8] Xilinx, Inc., "AXI Reference Guide", UG761, v14.3, November 2012.
    位于 : http://www.xilinx.com/support/documentation/ip_documentation/axi_ref_guide/latest/ug761_axi_reference_guide.pdf

[9] Xilinx, Inc., "Vivado Design Suite", 网页 .
    位于 : http://www.xilinx.com/products/design-tools/vivado/index.htm

[10] Xilinx, Inc., "Zynq 101" 网页 .
    位于 : http://www.xilinx.com/products/silicon-devices/soc/zynq-7000/zynq-101.html

[11] ZedBoard 网站 .
    位于 : http://www.zedboard.org/

[12] Zynq Book 伙伴网站 .
    位于 : http://www.zynqbook.com

PART A

开始了解 Zynq

2

Zynq 芯片
（“*是什么*”）

如果你正在阅读本书，很可能你已经了解了一些用 FPGA 或处理器或是两者结合来开发系统的背景了。正如本书开头所描述的，Zynq 是一款新的组合了一个 FPGA 和一个强大的应用处理器的芯片，因此它特征、功能和潜在的应用和单独的 FPGA 或处理器都有所不同。

通过本章和后续的几章，我们会从各方面更详细地观察 Zynq，在这个过程中会提出一些很基础但又很重要的问题，诸如“这是什么？”、“如何使用它？”以及“为何需要用 Zynq”。本章专注于第一个问题，并介绍 Zynq 架构。

回顾第 4 页的图 1.2，Zynq 的总的架构包含了两个部分：处理器系统（PS）和可编程逻辑（PL）。这两部分可以单独使用，也可以合起来用，而且实际上供电电路被设计成独立给每个部分供电，这样 PS 或 PL 部分不被使用的话就可以被断电。不过，Zynq 最有价值的模式是它的两个组成部分结合起来使用，因此理解两个部分的结构以及两者之间的接口是很重要的。

本章接下去的部分就是从 PS 部分开始来分析 Zynq 的架构。进一步的资料可以参阅《Zynq-7000 Technical Reference Manual （Zynq-7000 技术参考手册）》[33]。

2.1. 处理器系统

所有的 Zynq 芯片都有相同的基本架构。作为处理器系统的基础，所有的芯片都包含了一颗双核 ARM Cortex-A9 处理器。这是一颗 "硬" 处理器 —— 它是芯片上专用而且优化过的硅片元件。

作为比较，我们来看一下硬件处理器以外的另一种方案，就像 Xilinx 的 MicroBlaze 这样的 "软" 处理器，这是由可编程逻辑部分的单元组合而成的[27]。也就是说，一个软处理器的实现和部署在 FPGA 的逻辑结构里的任何其他 IP 包是等价的。一般来说，软处理器的优势是处理器实例的数量和精确实现是灵活的。从另一方面来说，硬处理器可以获得相对较高的性能，Zynq 的 ARM 处理器正是如此。第四章会更详细地讨论这个问题。

值得指出的是，可以在 Zynq 的 PL 部分配上一个或多个 MicroBlaze 软处理器，用来和 ARM 处理器协同工作。比如这些 MicroBlaze 处理器可以负责协调特定的底层功能与系统之间的配合，这些要求不高的任务可以从主的 ARM Cortex-A9 处理器上脱离出来，从而提升整体的性能。换句话说，系统中存在的 ARM 处理器并不会妨碍软处理器的使用，甚至很多应用能因采用了此种类型的处理模式（软、硬处理器并存）而受益。

图 2.1 指出了 Zynq 芯片上的 ARM 和 MicroBlaze 处理器的位置，ARM 是专用的资源，而 MicroBlaze 位于逻辑部分。

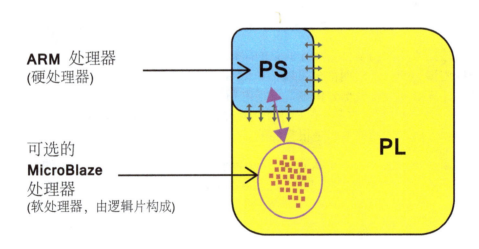

ARM 处理器
(硬处理器)

可选的
MicroBlaze
处理器
(软处理器，由逻辑片构成)

PS

PL

图 2.1: Zynq 芯片上的硬（ARM Cortex-A9）和软（MicroBlaze）处理器

重要的是，Zynq 的处理器系统里并非只有 ARM 处理器，还有一组相关的处理资源，形成了一个应用处理器单元（Application Processing Unit，APU），另外还有扩展外设接口、cache 存储器、存储器接口、互联接口和时钟发生电路 [8]。图 2.2 所示是 PS 部分架构框图，其中高亮的部分就是 APU。

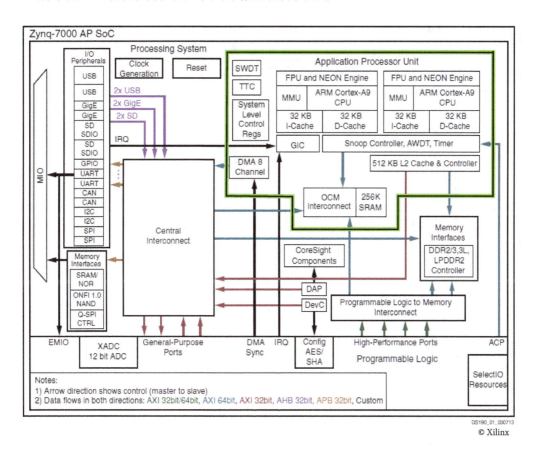

图 2.2: Zynq 处理器系统

2.1.1.　应用处理器单元 （APU）

图 2.3 所示是 APU 的简化框图。APU 主要是由两个 ARM 处理核组成的，每个都关联了一些可计算的单元: 一个 NEONTM 媒体处理引擎（Media Processing Engine，MPE）和浮点单元（Floating Point Unit，FPU）；一个内存管理单元（Memory Management Unit，MMU）；和一个一级 cache 存储器（分为指令和数据两个部分）。APU 里还有一个二级 cache 存储器，再往下还有片上存储器（On Chip Memory，

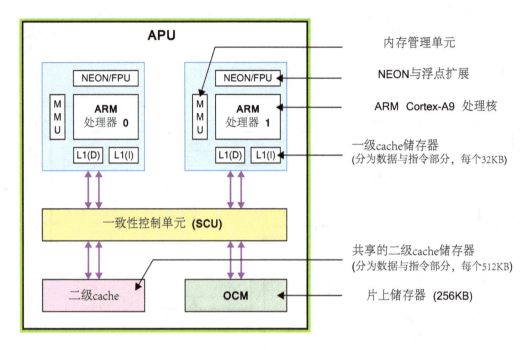

图 2.3: 应用处理器单元的框图 （简化版）

OCM）。最后，由一个一致性控制单元 （Snoop Control Unit，SCU） 在 ARM 核和二级 cache 及 OCM 存储器之间形成了桥连接，这个单元还部分负责与 PL 对接，图中没有标出这个接口。

根据具体的 Zynq 芯片型号（详见 2.5 节），其中的 ARM Cortex-A9 最高工作频率可达到 1GHz。两个核中的任意一核分别包含一个一级数据 cache 和一个一级指令 cache，每个都是 32KB。一般情况下，这样就能在本地存储常用的数据和指令，实现快速的访问时间和优化的处理器性能。两个核另外还共用了一个 512KB 的二级 cache 来存放指令和数据，再往下在 APU 里还有一个 256KB 的片上存储器。MMU 的主要责任是在虚拟地址和物理地址之间做翻译 （参见 23.3 节关于 Linux 操作系统里的内存管理的讨论）。

一致性 （窥视） 控制单元 （SCU） 从事的是一些和两个处理器与一二级 cache 存储器之间的接口相关的任务 （"窥视" 是保证 cache 一致性的几种机制之一，也就是管理在共享的 cache 资源上的数据的一致性 [13]）。SCU 负责维持两个处理器的数据 cache 存储器 —— 就是图 2.3 上标着 L1(D) 的 —— 和共享的二级 cache

存储器之间的存储一致性。它还初始化并控制对二级 cache 的访问，在必要的时候仲裁从两个核来的访问请求 [8][33]。SCU 还要通过加速器一致端口（Accelerator Coherency Port，ACP）来管理在 PS 和 PL 之间的访问会话。在简化版的 APU 图（图 2.3）上没有出现这个端口，不过在图 2.2 的右侧可以看到。再往下，在 APU 里还有一些定时器和一个中断控制器这种控制块，有关这些的更多详情在 [8] 可以找到。

从编程的角度看，对 ARM 指令的支持是由 Xilinx 软件开发包（Software Development Kit，SDK）来实现的，它包含了开发部署在 ARM 处理器上的软件所需的全部内容。编译器支持 ARM 和 Thumb® 指令集（16 位或 32 位），在特定的状态下还支持 8 位的 Java 字节码（用于 Java 虚拟机）。关于指令集选项和细节的进一步信息请阅读 [5]。

作为主 ARM 处理器的附加功能，NEON 引擎实现了单指令多数据（Single Instruction Multiple Data，SIMD）功能来实现媒体和 DSP 类算法的战略加速 [9]。NEON 指令是对标准 ARM 指令集的扩展，可以直接使用，也可以通过写出遵循特定的格式的 C 代码，来让编译器产生 NEON 指令 [15]。SIMD 术语意味着 NEON 引擎可以对输入向量中的多组数据，同时执行相同的运算来得到对应的输出向量。这种计算范式很好地迎合了像图像和视频处理这样的应用，可以同时对大量的数据样本（像素点）做运算，也适合天生具有并行性的常用的信号处理函数，比如有限脉冲响应（Finite Impulse Response，FIR）滤波和快速傅立叶变换（Fast Fourier Transforms，FFT）。

图 2.4 描绘了 NEON 引擎的计算。有两个输入寄存器，A 和 B，每个里面有 N 组独立输入向量。这 N 组输入之间，定义了单个运算来产生对应的输出向量，然后写到输出寄存器去。向量的大小是可变的，也就是构成每个寄存器的向量的数量是可变的。重要的特征是每个"道"会用相同的运算产生结果，也就是同一时间对多组不同的输入数据做运算，这就是单指令多数据这个术语的意思。

NEON 支持多种数据类型，包括有符号和无符号的整数、单精度浮点书和半精度浮点数，但是不支持双精度的 [9]。如果需要双精度计算，要用到浮点数单元（不具有 SIMD 能力）。

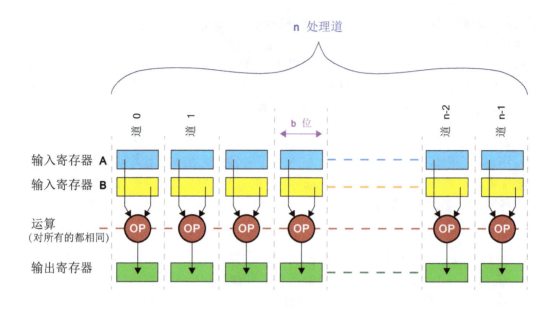

图 2.4: 在 NEON MPE 中的单指令多数据（SIMD）处理

在 NEON 之外，还有对浮点单元（FPU）的扩展，叫做"浮点扩展"，也有的地方因为历史的缘故叫做"VFP（Vector Floating Point，向量浮点）扩展"。这个单元实现了与 IEEE 754 标准 [11] 兼容的浮点运算的硬件加速，支持单精度和双精度格式，另外还部分支持半精度和整数转换。就所支持的功能而言有少量限制，具体的描述在文献 [7] 和 [5]，不过不会影响和标准的兼容。

2.1.2. 关于 ARM 模式

有必要了解 ARM 公司所用的处理器许可（授权）模式，以及这对你，作为 Zynq 用户在涉及到 Xilinx 和 ARM 的文档时的意义。

ARM 的商业模式是许可给原始设备制造商（Original Equipment Manufacturers, OEM）—— 像 Xilinx —— 在他们所开发的芯片（就是这里的 Zynq）内使用 ARM 处理器 IP。Zynq 里包含了 Cortex-A9，是一系列可用的处理器中的一种，是基于一个特定的架构（ARM v7）的一个特定的分类（A）的。即使已经选择了 Cortex-A9 处理器，OEM 还是可以在所设计的产品中定制具体的实现，就像 Xilinx 所设计的 Zynq 一样。读者可以参考 [4]，那里给出了对这种结构和方法有所帮助的概述。

由于 ARM 所提供的处理器 IP 配置的灵活性，在 ARM 和 Xilinx 的文档之间并非总能保持直接的对应关系。比如 ARM Cortex-A9 可以是 1 核到 4 核的各种配置，而设计 Zynq 芯片的时候，Xilinx 已经确定配置为双核。另外还有一些可以配置的单元，比如一级 cache 存储器的大小可以指定为 16KB、32KB 或 64KB，而 Xilinx 选择了 32KB。最后，有些可选的扩展，值得指出的是 Xilinx 已经选择了在 Zynq 中加入 NEON 和 FPU 扩展。

ARM 的文档详细描述了 APU，但是是在一般性的层面上的；ARM 的文档还分别提供了关于 Cortex-A9 核、可选的扩展以及它所基于的架构的手册。因此要深入理解它的运行情况，可能需要借助几份 ARM 手册，还需要知道 Zynq 的具体运行的参数。同时，和 Zynq 的配置相关的指标是写在 Xilinx 的文档里的。

要注意 Zynq-7000 是特地使用了 ARM Cortex-A9 的 r3p0 版本的，那是基于 ARM v7-A 架构的。当参考 ARM 文档的时候，这一点很重要，因为 ARM 提供了和具体处理器版本相关的不同的手册版本。

2.1.3. 处理器系统外部接口

如图 2.2 所示，Zynq PS 实现了众多接口，既有 PS 和 PL 之间的，也有 PS 和外部部件之间的。这一节，我们特别讨论外部接口，PS-PL 接口稍后在 2.3 节讨论。

PS 和外部接口之间的通信主要是通过复用的输入／输出（Multiplexed Input/Output，MIO）实现的，它提供了可以做灵活配置的 54 个引脚，这表明外部设备和引脚之间的映射是可以按需定义的。这样的连接也可以通过扩展 MIO（Extended MIO，EMIO）来实现，EMIO 并不是 PS 和外部连接之间的直接通路，而是通过共用了 PL 的 I/O 资源来实现的 [30]。这些都出现在图 2.2 的左侧。当需要扩展超过 54 个引脚的时候可以用 EMIO，而当 PL 中实现了一个 IP 包的时候，这也是 PS 和 PL 中的 IP 包接口的一种方法。在 2.3.3 节中将深入讨论 EMIO。

可用的 I/O 包括标准通信接口和通用输入／输出（General Purpose Input/Output，GPIO），GPIO 可以用做各种用途，包括简单的按钮、开关和 LED。表 2.1 总结了全部 I/O 外设接口，左侧列中标着的名字对应了 Xilinx 开发工具中用的缩写。注意每种通信接口都有两个。

这里每个接口的丰富而深入的数据在《Zynq-7000 Technical Reference Manual （Zynq-7000 技术参考手册）》[33] 中。

表 2.1: I/O 外设接口列表

I/O 接口	说明
SPI （x2）	串行外设接口 （Serial Peripheral Interface） [10] *基于 4 引脚接口的串行通信的事实标准，可以用于主机或从机模式。*
I2C （x2）	I^2C 总线 [14] *与 I^2C 总线标准第二版兼容。支持主机和从机模式。*
CAN （x2）	控制器区域网络 （Controller Area Network） *兼容 ISO 118980-1, CAN 2.0A 和 CAN 2.0B 标准的接口控制器。*
UART （x2）	通用异步收发器 （Universal Asynchronous Receiver Transmitter） *用于串行通信的低速数据调制解调器接口。常用于和主机 PC 的终端连接。*
GPIO	通用输入 / 输出 （General Purpose Input/Output） *有 4 组 GPIO，每组 32 位。*
SD （x2）	*用于和 SD 卡存储器对接。*
USB （x2）	通用串行总线 （Universal Serial Bus） *兼容 USB 2.0，可以做主机、设备或灵活配置 （"on-the-go" 也就是 OTG 模式，意思是它可以在主机和设备模式之间做切换）。*
GigE （x2）	以太网 *以太网 MAC 外设，支持 10Mbps、100Mbps 和 1Gbps 模式。*

2.2. 可编程逻辑

Zynq 架构的第二个主要部分是可编程逻辑。这是基于 Artix®-7 和 Kintex®-7 的 FPGA 组件的，接下去就展开描述。

2.2.1. 逻辑部分

图 2.5 描绘了 Zynq 芯片的 PL 部分，其中几个功能被高亮了出来。PL 主要是由通用 FPGA 逻辑部分组成的，这个 FPGA 是由逻辑片和可配置逻辑块（Configurable Logic Block，CLB）组成的，另外还有用于接口的输入／输出块（Input/ Output Block，IOB）（注意这些都是 Xilinx 专有的术语）。

再往下，图 2.5 中标着的每个特性都会被解释。注意还有一些着色的方块，这些会在后面的小节中解释。

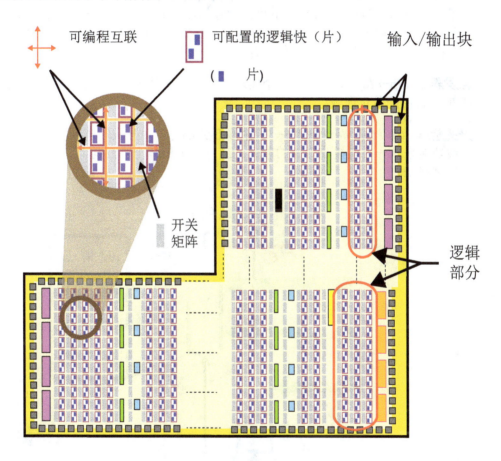

图 2.5： 逻辑部分和它的组成单元

下面总结了 PL 的特性（如图 2.5 所示）：

- **可配置逻辑块 (CLB)** — CLB 是逻辑单元的小规模、普通编组，在 PL 中排列为一个二维阵列，通过可编程互联连接到其他类似的资源。每个 CLB 里包含两个逻辑片，并且紧邻一个开关矩阵，如图 2.6 所示。

- **片 (Slice)** — CLB 里的一个子单元，里面有实现组合和时序逻辑电路的资源。如图 2.6 所示，Zynq 的片是由 4 个查找表、8 个触发器和其他一些逻辑所组成的。

- **查找表 (Lookup Table, LUT)** — 一个灵活的资源，可以实现（一）至多 6 个输入的逻辑函数；（二）一小片只读存储器（ROM）；（三）一小片随机访问存储器（RAM）；或（四）一个移位寄存器。LUT 可以按需组合起来形成更大的逻辑函数、存储器或移位寄存器。

- **触发器 (Flip-flop, FF)** — 一个实现 1 位寄存的时序电路，带有复位功能。FF 的一种用处是实现锁存。

- **开关矩阵 (Switch Matrix)** — 每个 CLB 旁都有一个开关矩阵，实现灵活的布线功能来（一）连接 CLB 内的单元；或（二）把一个 CLB 与 PL 内的其他资源连接起来。

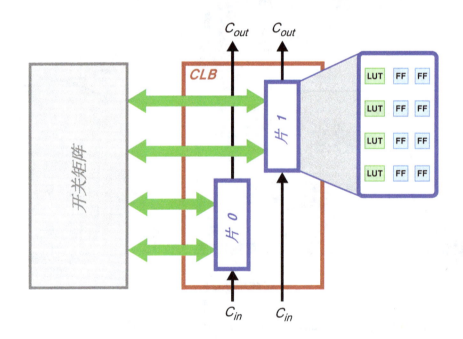

图 2.6: 一个可配置逻辑块（CLB）的组成

- **进位逻辑（Carry Logic）**—— 算术电路需要在相邻的片之间传递信号，这就是通过进位逻辑来实现的。进位逻辑把布线和复用器组成链条来连接一个垂直列上的片。

- **输入／输出块（Input/Output Blocks，IOB）**—— IOB 实现了 PL 逻辑资源之间的对接，并且提供物理设备"焊盘"来连接外部电路。每个 IOB 可以处理一位的输入或输出信号。IOB 通常位于芯片的周边。

关于逻辑部分里的 CLB 资源的进一步资料在文献 [20] 中可以找到。

尽管逻辑部分的内部结构知识对于设计者是有用的，大多数情况下并不需要专门地指定这些资源——Xilinx 工具会自动根据设计来安排所需的 LUT、FF、IOB 等，然后做好相应的映射。

2.2.2. 特殊资源：DSP48E1 和块 RAM

除了通用的部分，还有两个特殊用途的部件：满足密集存储需要的块 RAM 和用于高速算术的 DSP48E1 片。这两个资源都按列排列集成在逻辑阵列中，嵌入在逻辑部分中，而且往往彼此靠近（因为密集计算和在内存中存储数据往往是紧密联系的运算）。图 2.5 表明了芯片布局的这种特性。

Zynq-7000 里的块 RAM 和 Xilinx 7 系列 FPGA 里的那些块 RAM 是等同的，它们可以实现 RAM、ROM 和先入先出（First In First Out，FIFO）缓冲器，同时还支持纠错编码（Error Correction Coding，ECC）[23]。

每个块 RAM 可以存储最多 36KB 的信息，并且可以被配置为一个 36KB 的 RAM 或两个独立的 18KB RAM。默认的字宽是 18 位，这样的配置下每个 RAM 含有 2048 个存储单元。RAM 还可以被"重塑"来包含更多更小的单元（比如 4096 个单元 x9 位，或 8192x4 位），或是另外做成更少更长的单元（如 1024 单元 x36 位，512x72 位）。把两个或多个块 RAM 组合起来可以形成更大的存储容量。

使用块 RAM 就意味着能在芯片内优化的专用存储单元内，用很小的物理空间储存大量的数据。另一种办法是分布式 RAM（Distributed RAM），这是用逻辑部分里的 LUT 来搭建的。想要构成一个与快 RAM 大小相当的储存器，需要用到大量的 LUT（分布在较大的面积上），而且实现的结果还受到由于遽增的逻辑和布线延迟所造成的时序性能受限的影响。另一方面，用分布式 RAM 实现小存储器往往是有优势的，

25

既是因为资源利用率，也是因为这样的布局更灵活（分布式存储可以靠近与之相互作用的部件，这样也就能有更快的时序性能）。块 RAM 往往还能用芯片所支持的最高时钟频率来工作。

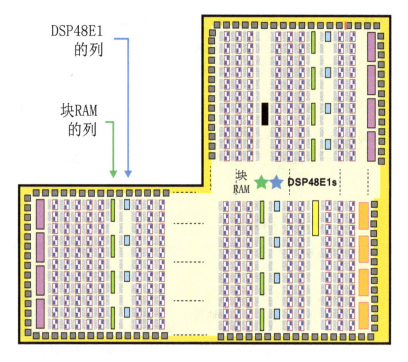

图 2.7: 逻辑部分及其组成单元

　　逻辑部分里的 LUT 可以用来实现任意长度的算术运算，但是最合适的是做短字长的算术运算（长字长的算术电路会在逻辑片中占据较大的空间，这样的布局和布线因素会使得时钟频率是次优的）。DSP48E1 是专门用于实现对长字长信号的高速算术运算的逻辑片。这些都是专用的硅片资源，并且在逻辑单元内主要包含了预加法器／减法器、乘法器和后加法器／减法器，如图 2.8 所示，图中标注了最大的算术字长。

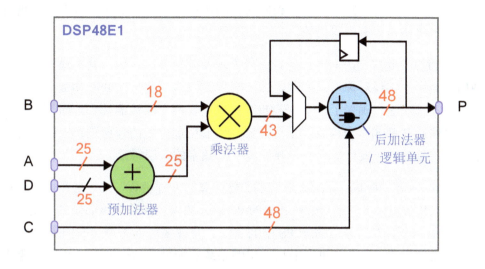

图 2.8: DSP48E1 逻辑片的算术能力

　　图 2.8 是简化的图，省略了底层的实现细节。DSP48E1 用了复用电路来灵活使用寄存器，并且能支持计算的动态变更（就是说功能可以按需要逐个周期地改变）。多种计算是可能的，包括一个、两个或所有的算术运算符，这些可通过 OPMODE 输入来选择，这个输入会配置内部的复用器（没有完整显示在图中），并决定所实现的算术功能。注意这里的输入标着 A、B、C 和 D，而输出标着 P。这个部件可以计算 P = (A+D)*B，或 P = P' + C，或像这样的很多其它运算。它还能做 SIMD 处理，分别实现对 24 位或 12 位数据所对应的 2 个或 4 个的更短的加法／减法／累加运算。

　　从图 2.8 还注意到后加法器有一个额外的功能，可以用作逻辑单元。当用作逻辑模式时，它可以做逻辑运算而非算术运算，并且支持所有的基础布尔运算：按位的 NOT、AND、OR、NAND、NOR、XOR 和 XNOR。另外值得指出的是实现溢出检测功能的模式识别器（没有显示在图中），根据所选的场景，可以做四舍五入等相关运算。

　　图 2.8 上所标的标准算术字长足够适合大多数需求，但是如果需要的话，也可以组合多个 DSP48E1 来做扩展。可以做复数算术，这也是通过组合 DSP48E1 来实现的，而字长也可以配合来实现浮点运算。加上高频率操作（和块 RAM 一样，DSP48E1

可以以芯片的最高时钟频率工作）和低功耗的优势，这些 DSP48E1 片对于实现计算密集型算术电路是很有吸引力的。

这些特性合起来，DSP48E1 适合信号处理及其他各种应用。其中最有影响力的一种用法是用来实现对称形式的有限脉冲响应滤波器，这是在 DSP 和数字通信中常用的部件。预加法器确保了每个 DSP48E1 可以实现两个滤波器抽头，而整个滤波器可以由级联的 DSP48E1 来构成，不再需要利用通用部分上的任何逻辑部件。这就提供了 DSP 中基础的重要计算的一种高性能、高效率的实现。

在设计 Zynq 的时候，识别出明确的、可计算的并行函数，尤其是在可能的情况下，针对 DSP 和块 RAM 的需要，在芯片的 PL 部分加以实现是应该要做的事情。这样一来，PL 就可以用来加速存在于 PS 中的算法。有许多可以想得到的例子，能把 PL 直接放在处理器附近，就有机会能把一定的系统功能赋予这个 PL，从而能给整个系统的实现带来巨大的收益。

关于 DSP48E1 的进一步详细资料在 [17] 可以找到，而块 RAM 存储器资源是在 [23] 中。

2.2.3. 通用输入 / 输出

Zynq 上的通用输入 / 输出功能（IOB）合起来被称作 SelectIO 资源，它们被组织成 50 个 IOB 一组。每个 IOB 有一个焊盘，是与外部世界连接来做单个信号的输入或输出的。

I/O 组被分类为高性能（High Performance，HP）或高范围（High Range，HR），支持各种 I/O 标准和电压，具体见 [24]。HP 接口的电压最高为 1.8V，通常用作连接存储器和其他芯片的高速接口；而 HR 接口允许高达 3.3V 的电压，适合做各种 IO 标准的连接。两类接口都支持单端和差分信号，单端需要一个 IOB 连接，而差分则需要两个。

每个 IOB 还包含一个 IOSERDES 资源，可以做并行和串行数据的可编程转换（串行化和反串行化），数据可以是 2 位到 8 位的。

2.2.4. 通信接口

更准确地说，Zynq 芯片里含有嵌入在逻辑部分里的 GTX 收发器和高速通信接口块 [21]。这些是专用的硅片块（"硬 IP"块），能支持一些标准接口，包括 PCI Express、串行 RapidIO、SCSI 和 SATA。要实现 PCI Express，除了 GTX 收发器本身之外，还需要另一个硬 IP 包（一个 PCI Express 块 [22]，也存在于相应的 Zynq 芯片）和块 RAM。

GTX 收发器是以 "四元组" 的形式实现的，就是说一组有四个独立的通道，每个通道包括一个那个通道专用的锁相环（Phase Locked Loop，PLL）、一个发送器和一个接收器。根据具体的 Zynq 芯片和封装的不同，最高可以支持 12.5Gbps 的速率。这个接口可以用来实现与像是网络设备、硬盘和其他 FPGA 或 Zynq 芯片这样的独立的外部芯片的连接。

要使用这些 GTX 块，需要通过一个 Wizard 工具的支持，它能自动创建所需的接口的核 [26]。从用户的角度看，就是把一个块引入系统，选择所需的协议和硬件选项，然后设置参数就可以了。

2.2.5. 其他可编程逻辑扩展接口

最后我们来总结一下剩下的 PL 的外部接口。

模拟 - 数字转换 — PL 还具有其他的硬 IP 部件：XADC 块。这是一个专用的模拟 - 数字转换器（Analogue to Digital Converter，ADC）混合信号硬件，具有两个独立的 12 位 ADC，每个可以以 1Msps 对外部模拟输入信号采样。对 XADC 的控制是用位于 PS 内的 PS-XADC 接口控制块实现的，而且 PS-XADC 控制块本身可以由 APU 上所执行的软件来编程。关于 XADC 的进一步数据和相关资源在 [18] 可以找到。

时钟 — PL 接收来自 PS 的四个独立的时钟输入，另外还能产生和分发它自己的与 PS 无关的时钟信号 [33]。这个独立的 PL 资源与 7 系列 FPGA 里的是等价的，进一步的细节可以在 [19] 中找到。

编程与调试 — 在 PL 部分实现了一组 JTAG 端口来实现对 PL 的配置和调试 [33][12]。尽管在部署的时候通常倾向于更安全的方法，在开发阶段还是常用 JTAG 来做配置。ARM 和 Xlinx 工具都支持通过 JTAG 来做调试。

2.3. 处理器系统与可编程逻辑的接口

如前所述，Zynq 的表现不仅仅依赖于它的两个组成部分 PS 和 PL 的特性，还在于能把两者协同起来形成完整、集成的系统的能力。这其中起关键作用的，是一组高度定制的 AXI 互联和接口用来在两个部分之间形成桥梁。另外，在 PS 和 PL 之间还有一些其他类型的连接，特别是 EMIO。

本节讨论 PS 和 PL 之间的连接，并探讨如何使用这些连接。我们从介绍 AXI 标准开始，这是大多数连接的基础。

2.3.1. AXI 标准

AXI 表示的是高级可扩展接口（Advanced eXtensible Interface），当前的版本是 AXI4，它是 ARM AMBA®3.0 开放标准的一部分。第三方厂家生产的许多芯片和 IP 包都是基于这个标准的。

AMBA 标准原本是 ARM 开发用于单片机的，第一版是 1996 年发布的。自那之后，标准被修订和扩展过，现在 ARM 描述它是"片上通讯的事实标准"[3]。现在它主要用于片上系统，包括基于 FPGA 的 SoC，或是 Zynq 这样的包含了 FPGA 部分的芯片。实际上，Xilinx 做了很大的贡献来把 AXI4 定义为 FPGA 架构内使用的优化的互联技术 [16][29]。

在 ISE® Design Suite 的 12.3 版中，Xilinx 工具链第一次引入了对 AXI 的支持 [25]，现在在 Vivado Design Suite 中有了进一步的支持。AXI 总线可以灵活使用，而且一般情况下是用来在一个嵌入式系统中连接处理器和其他 IP 包的。实际上有三类 AXI4，每一类代表了一种不同的总线协议，下面会有总结。对于一个特定的连接选择哪个 AXI 总线协议是基于那个连接所需的特性的。

- *AXI4 [2]* — 用于存储映射链接，它支持最高的性能：通过一簇高达 256 个数据字（或"数据拍（data beats）"）的数据传输来给定一个地址。

- *AXI4-Lite [2]* — 一种简化了的链接，只支持每次连接传输一个数据（非批量）。AXI4-Lite也是存储映射的：这种协议下每次传输一个地址和单个数据。

- **AXI4-Stream [1]** — 用于高速流数据，支持批量传输无限大小的数据。没有地址机制，这种总线类型最适合源和目的地之间的直接数据流（非存储器映射）。

前面的描述中用到了"存储映射"这个术语，有必要在此简要定义一下它的含义。如果一个协议是存储映射的，那么在主机所发出的会话（无论读或写）中就会标明一个地址，这个地址是对应于系统存储空间中的一个地址的。对于仅支持每次会话单个数据传输的 AXI4-Lite 而言，数据就是写入那个指定的地址，或从那个地址读出；而在 AXI4 批量的情况下，地址表明的是要传输的第一个数据字的地址，而从机端必须计算随后的数据字的地址。

2.3.2. AXI 互联和接口

在 PS 和 PL 之间的主要连接是通过一组 9 个 AXI 接口，每个接口有多个通道组成。这些形成了 PS 内部的互联以及与 PL 的连接，如图 2.9 所示。这里，有必要定义两个重要的术语：

- **互联（Interconnect）** — 互联实际上是一个开关，管理并直接传递所连接的 AXI 接口之间的通信。在 PS 内有几个互联，其中有些还直接连接到 PL（如图 2.9），而另一些是只用于内部连接的。这些互联之间的连接也是用 AXI 接口所构成的。

- **接口（Interface）** — 用于在系统内的主机和从机之间传递数据、地址和握手信号的点对点连接。

从图上可以注意到所有的接口都明确地连接到 PS 内的 AXI 互联，唯一例外的是 ACP 接口，它直接连到 APU 里面的一致性控制单元（SCU）。

在处理器系统内部，AXI 接口用在 ARM APU 内部（用来连接处理器核和 SCU、cache 存储器和 OCM），及连接 PS 内的各种互联。这些连接是对 PS-PL 边界上的连接的补充。特别的，图 2.9 所示的三个互联（存储器、主机和从机互联）是内部连接到中央互联（Central Interconnect）的，图中没有画出这个互联，但是在图 2.2 上可以看到。PS 内部连接的全部细节，包括表达所有 AXI 互联和接口的框图，在 [33]。

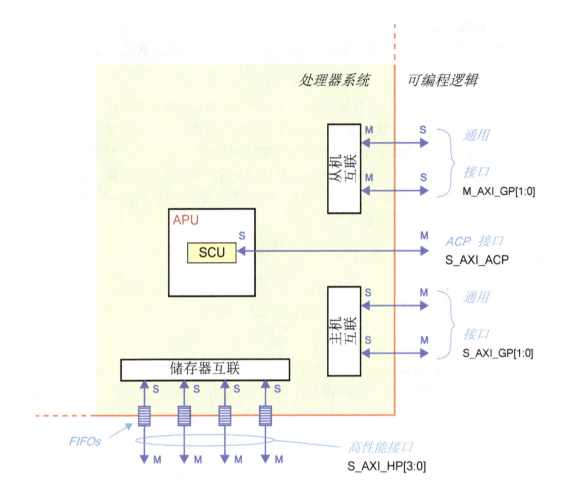

图 2.9: 连接 PS 和 PL 的 AXI 互联和接口的构架

表 2.2 给出了图 2.9 中的箭头所表示的接口的总结。它给出了每个接口的简述，标出了主机和从机（按照惯例，主机是控制总线并发起会话的，而从机是做响应的）。注意接口命名的规范（在表 2.2 的第一列）是表示了 PS 的角色的，也就是说，第一个字母"M"表示 PS 是主机，而第一个字母"S"表示 PS 是从机。

表 2.2: PS 和 PL 之间的接口 [33]

接口名称	接口描述	主机	从机
M_AXI_GP0	通用 (AXI_GP)	PS	PL
M_AXI_GP1		PS	PL
S_AXI_GP0	通用 (AXI_GP)	PL	PS
S_AXI_GP1		PL	PS
S_AXI_ACP	加速器一致性端口 (ACP)，cache 一致性回话	PL	PS
S_AXI_HP0	带有读 / 写 FIFO 的高性能端口 (AXI_HP)。	PL	PS
S_AXI_HP1		PL	PS
S_AXI_HP2	(注意 AXI_HP 接口有时被称作 AXI Fifo 接口，或 AFI)。	PL	PS
S_AXI_HP3		PL	PS

进一步解释这些不同类型的 PS-PL AXI 接口的作用:

- **通用 AXI (General Purpose AXI)** — 一条 32 位数据总线，适合 PL 和 PS 之间的中低速通信。接口是透传的不带缓冲。总共有四个通用接口: 两个 PS 做主机，另两个 PL 做主机。

- **加速器一致性端口 (Accelerator Coherency Port)** — 在 PL 和 APU 内的 SCU 之间的单个异步连接，总线宽度为 64 位。这个端口用来实现 APU cache 和 PL 的单元之间的一致性。PL 是做主机的。

- **高性能端口 (High Performance Ports)** — 四个高性能 AXI 接口，带有 FIFO 缓冲来提供 " 批量 " 读写操作，并支持 PL 和 PS 中的存储器单元的高速率通信。数据宽度是 32 或 64 位，在所有四个接口中 PL 都是做主机的。

每条总线都是由一组信号组成的，这些总线上的会话是根据所定义的总线标准，也就是 AXI4 来发生的，下面会介绍这个标准。关于 AXI 总线和会话的深入解释超出了目前讨论的内容，不过在之后的第十九章我们会回来讨论这个话题。

2.3.3.　EMIO 接口

如 2.1 节所提，从 PS 出来，有几种连接可以经由 PL 到外部接口上，这被称作扩展的 MIO（Extended MIO），即 EMIO。

EMIO 涉及到两个域之间的信号传输，是由一组简单的导线连接实现的，因此，EMIO 并不支持所有的 MIO 接口，而支持的那些中，也有些的能力受到了限制 [33]。这些连接被安排成两个 32 位的组。

很多情况下，经由 EMIO 的接口是直接连接到所需的 PL 的外部引脚上的，这个连接是由一个约束（描述）文件中的条目所指定的。在这个模式下，EMIO 可以实现额外的 64 个输入线和 64 个带有输出始能的输出线。另一个选择是用 EMIO 来连接 PS 和 PL 里的外设模块。图 2.10 描绘了这两种使用模式。

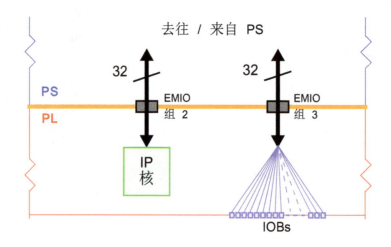

图 2.10:　在 PS 和 PL 之间用 EMIO 接口

2.3.4.　其他 PL-PS 信号

跨越 PS-PL 边界的其他信号包括看门狗定时器、重启信号、中断和 DMA 接口信号。这里就不讨论这些信号了，不过后面在关于用 Zynq 做嵌入式系统设计（第十章）那里，还会解释它们的各种功能。

2.4. 安全

传统意义上，使用安全的、防窃取的芯片主要是考虑到用于防卫或安保领域的应用。不过，最近以来，随着定制 IP 资源的开发和市场的发展趋势，使用具有对其内部软件和硬件 IP 提供安全防护能力的芯片，成为像航空、汽车、广播、工业和有线／无线网络及通信这样的市场中日益增长的需求 [28]。

Zynq-7000 芯片实现了大范围的安全功能，能对你的系统的内部功能提供保护，这种保护包括支持多种加密标准的专用硬件、安全系统引导措施和软件执行保护。

这一节主要介绍 Zynq 的安全功能。要给出 Zynq 的每一项具体的安全措施的详细细节超出了本章的范畴，我们只会介绍相应的功能。关于这些特性的进一步的信息可以在参考文献中找到。

2.4.1. 安全引导

Zynq-7000 芯片值得一提的主要架构点之一，是它的引导方法只限于一种来源——芯片引导必须由处理器驱动。当芯片上电或重启的时候，PS 的第一个核从外部存储器中引导，然后才会去配置 PL[28]。通过限制引导方法为单一来源，就确保了就不可能在 PL 已经配置之后再有人工的方法来装载恶意的软件，同时在处理器已经初始化之后也没有办法再装载恶意的映像到 PL 中去。

Zynq-7000 芯片里嵌入了不少功能来实现安全引导。其中之一是引导 ROM，它被设计来处理多种形式的安全问题。芯片支持第一阶段引导装载程序（First-Stage Boot Loader，FSBL）、U-Boot、PL 位流及用户软件（OS 和应用程序）的非对称和对称认证。在非对称认证情况下，用了 RSA-2048 主从公钥，而对称认证用了 HMAC（SHA-256）。进一步地，前面所提到的引导文件还支持用 256 位 AES/CBC 键加密，这个键可以是易失的（电池后备电源）或非易失的（eFuse）。

另一项支持安全引导的特性是 OCM，它实现了足够大（256kB）的 OCM 来从内部位置运行 FSBL，这样就避免了任何外部探测攻击。OCM 还足够大到安全地存储 TrustZone® 软件程序（在下面的小节里有更多的关于 Zynq-7000 和 ARM TrustZone 技术的内容）。

2.4.2. 硬件支持

所有的 Zynq-7000 芯片都受益于内置的硬件安全 IP，这个安全 IP 既可以是 PS 内的硬 IP 包，也可以是 PL 内的软 IP。这些安全 IP 的功能包括防窃取、信任和信息保证，从而从上电到整个运行过程对系统提供保护 [28]。

除了已有的安全 IP，Zynq-7000 芯片还有一些嵌入式模块，可以支持创建安全的系统。这样的模块包括认证机制、加密引擎、键码存储和唯一芯片识别机制。

下面列出了 Zynq 芯片和安全有关的一些特性 [28]：

- ARM TrustZone 支持 （PS 及 PL）

- AES-256 加密 （BBRAM 保存键码和 eFUSE 键码保存）

- 安全认证和启动 （PS 及 PL）

- HMAC 位流认证

- FSBL RSA-2048 认证

- 禁止强硬回读

- JTAG 禁止／监视

- SEU 检查器

2.4.3. 运行时刻安全

即使在引导过程完成后，仍然需要防止对内部芯片数据或存储器的不应有的访问，因此就需要提供运行时刻安全。如果在芯片上没有部署运行时刻安全机制，用户或系统数据的私密性可能受到损害，系统的稳定性和有效运作也会受到影响。为了防止对你的系统的这种损害，对内部数据、存储器或外设的任何恶意访问必需被排除在外。

运行时刻安全可以被分成三个保护领域，以下概述之：

- **处理器系统到可编程逻辑** — 防止运行在 Zynq PS 上的软件访问基于硬件的 IP 和 PL 里运行的从机。Zynq 芯片有两个办法来实现这个防护：（一）一种 Zynq 特有的 ARM TrustZone 技术的实现（见下面专门的关于 Zynq-7000 和 ARM TrustZone 技术的小节），和（二）基于对于从主机来的 AXI 端口会话和对应的从机地址的监视。

- **处理器系统到处理器系统** — 前代的嵌入式系统，是融合多个独立的子系统而构成的，每一个子系统进而又是由专门的硬件、操作系统和软件所组成的。从运行时刻安全的角度看，这样的架构天生就是安全的，因为每个子系统是用它自己专门的硬件（CPU、总线、存储器和外设）所做出来的。可是现今的嵌入式系统，诸如基于 Zynq-7000 芯片这样的，是用共享的资源，如 PS、PL 和可配置的互联做出来的，因此运行时刻安全是很大的问题。因此确保共享资源在那里具有充分的安全性是十分重要的。

  其中必须具有足够安全性的这样一个地方就是 MMU：

  - 内存管理单元（Memory Management Unit，MMU）安全 — 通过以安全的方式来配置 MMU 的页表（Page Table），就限制了未经授权的软件应用和硬件驱动程序访问特定的内存区域、设备、配置寄存器和 IP 核，从而提升了系统安全 [28]。

  Zynq-7000 系列所有的成员都为每个 Cortex-A9 配备了专门的 MMU。每个 MMU 的页表可以被精细调整来控制对 DDR 存储器、OCM、系统级控制寄存器、PS 内的存储映射块和 PL 内的存储映射 IP 包的访问。

- **可编程逻辑到处理器系统或可编程逻辑** — Zynq PL 的主要优势之一就是能轻易地实例化出多个可以表现为 AXI 主机的 IP 包（比如一个 MicroBlaze 处理器）。这样的 AXI 主机会受到多个层次上的限制，限制它们访问与 PS 所关联的从机设备（诸如 CAN、以太网、GPIO 和 USB），以及在 PL 中实例化出来的其他软 IP[28]。

  不仅于此，在系统开发过程中，开发者可以自由地控制哪个从机地址可以被

PL 中的某一个主机 IP 所访问。这个功能降低了一个有问题的主机 IP 访问受限的硬件的可能性。

Zynq-7000 和 ARM TrustZone 技术

Zynq 芯片上可以避免这一缺陷的特性之一，是 Zynq 特有的对 ARM TrustZone 技术的实现 [28]。TrustZone 架构使得嵌入式系统内受信任的计算成为可能，它建立了一个硬件架构，能在系统设计的整个过程中建立起安全框架。能做到这样，是因为它在"普通世界"或"安全世界"中运行特定的子系统，而不是把整个系统资产保护在一个单一、专门的硬件资源中 [34]。通过以这个方式运作，加上能充分使用所提供的这个优势的软件，TrustZone 就实现了一个能从系统的一端运行到另一端的安全解决方案。

对于 Zynq 芯片而言，普通世界被定义为硬件的一个子集，包含了存储器和二级 cache 区域，以及特定的 AXI 设备 [34]。非受信任的软件可以运行在普通世界中，但是它对其他硬件的访问和感知是受限的，因为那些硬件是专用于安全世界下的 TrustZone 架构的。那些被归类为受信任的软件应用会在安全世界里执行，那是一个单独的、受信任的环境，与主操作系统是隔绝的，以防止任何对嵌入式系统的恶意访问。

2.5. Zynq-7000 系列成员

在写本书的时候，Zynq 产品线包括了六种不同的通用 Zynq-7000 芯片，每种都与其他的在特性和尺寸上略有所不同。表 2.3 总结了他们的显著特性（进一步的详细内容在 [32] 可以找到）。

表 2.3：Zynq-7000 系列成员

	Z-7010	Z-7015	Z-7020	Z-7030	Z-7045	Z-7100
处理器	带有 NEON 和 FPU 扩展的双核 Cortex-9A					
最大处理器时钟频率	866MHz			1GHz		
可编程逻辑	Artix-7			Kintex-7		
触发器数量	35,200	96,400	106,400	157,200	437,200	554,800
6 输入 LUT 数量	17,600	46,200	53,200	78,600	218,600	277,400
32Kb 块 RAM 数量	60	95	140	265	545	755
DSP48 片数量 (18x25 位)	80	160	220	400	900	2020
SelectIO 输入 / 输出块数量[a]	HR: 100 HP: 0	HR: 150 HP: 0	HR: 200 HP: 0	HR: 100 HP: 150	HR: 212 HP: 150	HR: 250 HP: 150
PCI Express 块数量	-	4	-	4	8	8
串行收发器数量	-	4	-	4	8 或 16[b]	16
串行收发器最高速率	-	6.25Gbps	-	6.6Gbps / 12.5Gbps[c]	6.6Gbps / 12.5Gbps[b]	10.3Gbps

a. 与具体的封装有关，这里列的是最大数量。HR= 大范围（High Range），HP= 高性能（High Performance）。

b. 与具体选择的封装有关。

c. 与芯片的速度等级有关。

正如表中所列举的，Zynq 系列中不同的芯片之间的主要差异是可编程逻辑的类型和数量（或者说"密度"）。对于通用 Zynq 系列成员来说，较小的芯片是基于 Xilinx 的 Artix-7 FPGA 逻辑部分的，而较大的芯片是基于 Kintex-7 逻辑部分的。这六个系列成员中的每一个都提供了不同数量的通用逻辑单元、块 RAM 和 DSP48E1，当然 PL 部分的整个处理能力与它的资源数量是成正比的。所有系列成员的 PS 是标准的，唯一的区别是 ARM 核的最大频率：基于 Artix-7 的芯片的 PS 的时钟可以高达 866MHz，而基于 Kintex 的芯片可以高达 1GHz。

还有一些不同的因素。特别是在某些芯片的 PL 部分中所集成的 PCI Express 块和高速通信接口，它们实现了能以几个 Gbps 的速率运作的收发器。

除了通用的 Zynq 芯片，还有两个自动车级的 Zynq 系列（基于 Z-7010 和 Z-7020）和三个军用级的 Zynq 系列（基于 Z-7020、Z-7030 和 Z-7045）。和主系列相同的型号相比，自动车级和军用级的芯片有更宽的温度范围，而且军用级还有更坚固的封装和增强的安全特性。

基于所有这些因素，可见 Zynq 是有很多种类的选择的，确保了 Zynq 可以适用于多种应用。

2.6.　本章回顾

本章概述了 Zynq 芯片的总体架构，并详述了它的两个组成部分：PS 和 PL，以及介于这两部分之间的接口资源。

处理器系统包含了一个双核 ARM Cortex-A9 处理器，带有合成在一个 APU 单元里的 SIMD 和浮点运算的扩展，另外还有存储器资源。着重介绍了 APU 的能力及其与处理器系统中其他部分的接口。同时也解释了 PS 整体的内部结构，及其与可编程逻辑的连接。

概述了可编程逻辑部分的结构和资源，包括逻辑部分、块 RAM 和 DSP48E1 资源，及接口资源，并说明了 PL 和 PS 之间用 AXI 构成的接口的重要问题。最后，还比较了 Zynq-7000 系列的不同芯片。

2.7. 架构参考指南

2.8 节以可视化的方式给出了参考文献列表的指南，放在这里是为了帮助厘清与本章所表达的 Zynq 基础架构相关的详细数据的有用的来源。

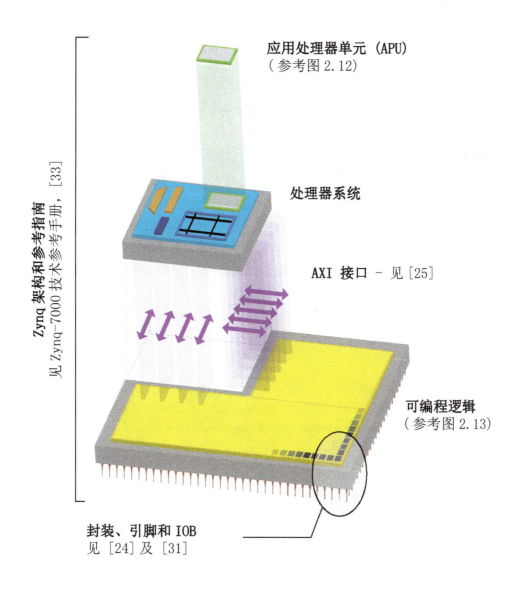

图 2.11: 总的 Zynq 架构和参考指南

NEON 处理器单元 — 见 [9] 及 [15]

浮点单元 — 见 [7]

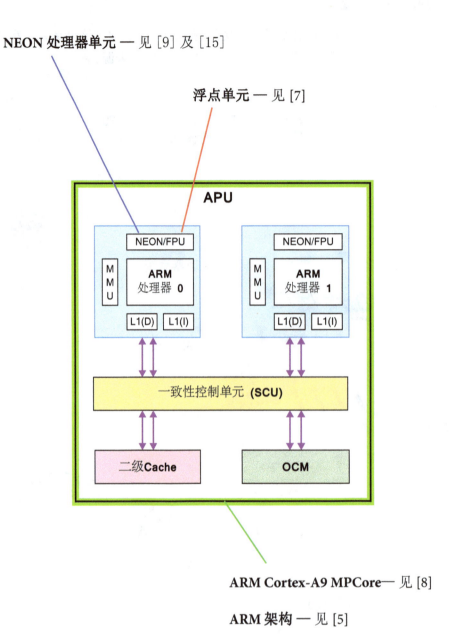

ARM Cortex-A9 MPCore— 见 [8]

ARM 架构 — 见 [5]

图 2.12: 应用处理器单元 — 参考指南

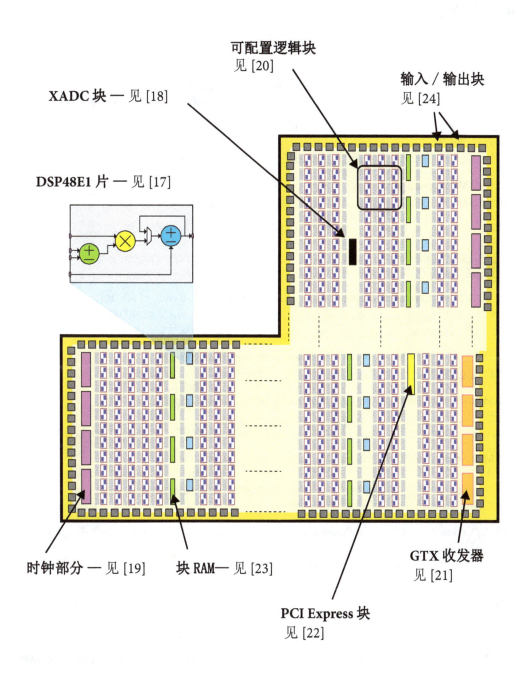

图 2.13: 可编程逻辑 — 参考指南

2.8.　参考文献

说明：所有的 URL 在 2014 年 6 月最后访问过。

[1]　ARM, "AMBA 4 AXI4-Stream Protocol Specification", v1.0, March 2010.
　　位于 : http://www.arm.com/products/system-ip/amba/（然后 "Download Specifications"）.

[2]　ARM, "AMBA AXI and ACE Protocol Specification: AXI3, AXI4, and AXI-Lite, ACE and ACE-Lite", February 2013.
　　位于 : http://www.arm.com/products/system-ip/amba/（然后 "Download Specifications"）.

[3]　ARM, "AMBA Open Specifications", 网页 .
　　位于 : http://www.arm.com/products/system-ip/amba/amba-open-specifications.php

[4]　ARM, "Architectures, Processors and Devices Development Article", May 2009.
　　位于 :
　　http://infocenter.arm.com/help/topic/com.arm.doc.dht0001a/DHT0001A_architecture_processors_and_devices.pdf

[5]　ARM, "ARM Architecture Reference Manual: ARMv7-A and ARMv7-R edition", July 2012.
　　位于 : https://silver.arm.com/download/ARM_and_AMBA_Architecture/AR570-DA-70000-r0p0-00rel1/DDI0406C_b_arm_architecture_reference_manual.pdf（需要注册账号）

[6]　ARM 白皮书 , "The ARM Cortex-A9 Processors", v2.0, September 2009.
　　位于 : http://www.arm.com/files/pdf/ARMCortexA-9Processors.pdf

[7]　ARM, "Cortex-A9 Floating-Point Unit Technical Reference Manual", r3p0 版 , July 2011.
　　位于 :
　　http://infocenter.arm.com/help/topic/com.arm.doc.ddi0408g/DDI0408G_cortex_a9_fpu_r3p0_trm.pdf

[8]　ARM, "Cortex-A9 MPCore Technical Reference Manual", r3p0 版 , July 2011.
　　位于 :
　　http://infocenter.arm.com/help/topic/com.arm.doc.ddi0407g/DDI0407G_cortex_a9_mpcore_r3p0_trm.pdf

[9]　ARM, "Cortex-A9 NEON Media Processing Engine Technical Reference Manual", r3p0 版 , July 2011.
　　位于 :
　　http://infocenter.arm.com/help/topic/com.arm.doc.ddi0409g/DDI0409G_cortex_a9_neon_mpe_r3p0_trm.pdf

[10] Freescale Semiconductor, "Reference Manual - M68HC11" (*Section 8. Synchronous Serial Peripheral Interface*), Rev. 6.1, 2007.
　　位于 : http://www.freescale.com/files/microcontrollers/doc/ref_manual/M68HC11RM.pdf

[11] "IEEE Standard for Floating-Point Arithmetic", IEEE Computer Society, revision IEEE Std. 754-2008, August 2008.

[12] "IEEE Standard Test Access Port and Boundary-Scan Architecture", IEEE Computer Society, revision IEEE Std. 1149.1-1990 including IEEE Std 1149.1a-1993, February 1990 and June 1993.

[13] David A. Patterson and John L. Hennessy, *Computer Architecture and Design: The Hardware / Software Interface*, 4th Ed., Morgan Kaufmann, 2012.

[14] Philips, "I2C Bus Specification and User Manual", UM10204, Rev. 5, October 2012.
位于 : http://www.nxp.com/documents/user_manual/UM10204.pdf

[15] Qin, Leon, "Using NEON for Parallel Data Processing; Zynq-7000 Hardware Architecture", Xilinx presentation, October 2012.
位于 : http://www.xilinx.com/Attachment/53775/Neon_Introduction_for_Avnet_training.pdf

[16] R. Wilson, "Truth About Xilinx Love Affair with AMBA", Electronics Weekly, 28th June 2010.
位于 : http://www.electronicsweekly.com/articles/28/06/2010/48931/truth-about-xilinx-love-affair-with-amba.htm

[17] Xilinx, Inc., "7 Series DSP48E1 Slice User Guide", UG479, v1.7, May 2014.
位于 : http://www.xilinx.com/support/documentation/user_guides/ug479_7Series_DSP48E1.pdf

[18] Xilinx, Inc., "7 Series FPGAs and Zynq-7000 All Programmable SoC XADC Dual 12-Bit 1 MSPS Analog-to-Digital Converter User Guide", UG480, v1.4, May 2014.
位于 : http://www.xilinx.com/support/documentation/user_guides/ug480_7Series_XADC.pdf

[19] Xilinx, Inc., "7 Series FPGAs Clocking Resources User Guide", UG472, v1.10, May 2014.
位于 : http://www.xilinx.com/support/documentation/user_guides/ug472_7Series_Clocking.pdf

[20] Xilinx, Inc., "7 Series FPGAs Configurable Logic Block User Guide", UG474, v1.5, August 2013.
位于 : http://www.xilinx.com/support/documentation/user_guides/ug474_7Series_CLB.pdf

[21] Xilinx, Inc., "7 Series FPGAs GTX/GTH Transceivers User Guide", UG476, v1.10, February 2014.
位于 : http://www.xilinx.com/support/documentation/user_guides/ug476_7Series_Transceivers.pdf

[22] Xilinx, Inc., "7 Series FPGAs Integrated Block for PCI Express Product Guide", PG054, v3.0, June 2014.
位于 : http://www.xilinx.com/support/documentation/ip_documentation/pcie_7x/v3_0/pg054-7series-pcie.pdf

[23] Xilinx, Inc., "7 Series FPGAs Memory Resources User Guide", UG473, v1.10.1, May 2014.
位于 :
http://www.xilinx.com/support/documentation/user_guides/ug473_7Series_Memory_Resources.pdf

[24] Xilinx, Inc., "7 Series FPGAs SelectIO Resources User Guide", UG471, v1.4, May 2014.
位于 : http://www.xilinx.com/support/documentation/user_guides/ug471_7Series_SelectIO.pdf

[25] Xilinx, Inc., "AXI Reference Guide", UG761, v14.3, November 2012.
位于 : http://www.xilinx.com/support/documentation/ip_documentation/axi_ref_guide/latest/ug761_axi_reference_guide.pdf

[26] Xilinx, Inc., "LogiCORE® IP 7 Series FPGAs Transceivers Wizard v2.6 User Guide", UG769, June 2013.
位于 : http://www.xilinx.com/support/documentation/ip_documentation/gtwizard/v2_6/ug769_gtwizard.pdf

[27] Xilinx, Inc., "LogiCORE IP MicroBlaze Micro Controller System, Product Specification, DS865, v1.1, April 2012.
位于 : http://www.xilinx.com/support/documentation/sw_manuals/xilinx14_1/ds865_mi-croblaze_mcs.pdf

[28] Xilinx, Inc., "Security Solutions" 网页 .
位于 : http://www.xilinx.com/products/silicon-devices/soc/zynq-7000/security.html

[29] Xilinx, Inc., "Xilinx and ARM Announce Development Collaboration", press release, 19th October 2009.
位于 : http://press.xilinx.com/2009-10-19-Xilinx-and-ARM-Announce-Development-Collaboration

[30] Xilinx, Inc., "Zynq-7000 All Programmable SoC Overview", *Preliminary Product Specification*, DS190, v1.6, December 2013.
位于 : http://www.xilinx.com/support/documentation/data_sheets/ds190-Zynq-7000-Overview.pdf

[31] Xilinx, Inc., "Zynq-7000 All Programmable SoC Packaging and Pinout Product Specification", UG865, v1.3, November 2013.
位于 : http://www.xilinx.com/support/documentation/user_guides/ug865-Zynq-7000-Pkg-Pinout.pdf

[32] Xilinx, Inc., "Zynq-7000 All Programmable SoCs Product Table", XMP087, v1.7.
位于 : http://www.xilinx.com/publications/prod_mktg/zynq7000/Zynq-7000-combined-product-table.pdf

[33] Xilinx, Inc., "Zynq-7000 Technical Reference Manual", UG585, v1.7, February 2014.
位于 : http://www.xilinx.com/support/documentation/user_guides/ug585-Zynq-7000-TRM.pdf

[34] Y. Gosain and P. Palanichamy, "TrustZone Technology Support in Zynq-7000 All Programmable SoCs", Xilinx 白皮书 , WP429, v1.0, May 2014.
位于 : http://www.xilinx.com/support/documentation/white_papers/wp429-trustzone-zynq.pdf

3

Zynq 设计指南
（"*如何使用它？*"）

本书注重实践，因此，建立一套 Zynq 系统开发的一般方法和流程，并概述其软件设计工具和硬件资源需求十分重要。

本章节将会从概述小节"入门"开始，说明如何获取和配置所需的设计工具，并配合开发板进行基本安装配置。该节中将会提到的 Vivado 是一款 Xilinx 为 FPGA 和 Zynq 设计的包含多的功能部件的开发工具套件。同时，Xilinx 软件证书的配置过程和三方软件在设计流程中扮演的角色也将会被提及。在接下来的设计流程讨论过程中，本书涵盖了理论概念和实践层次使用开发工具进行Zynq系统开发的方法。

其中重要的一个方面是本章提出的面向系统的设计理念和使用开发工具的设计流程。在本章末尾，讨论重点将会集中于这个新的开发工具（Vivado，译者注）相对与前一代开发套件 ISE 的优势。另外，有个专门的小节将会为那些熟悉 ISE 而非 Vivado 的人讲述这两者之间的联系。

本章正文介绍后，会提供一个当前已有 Zynq 开发板的概述，并有目前可用支持和文档资料的小结。

3.1. 入门

如果你是 Zynq 新手，你可能会对如何开始你的第一个设计，以及如何获取支持感到困惑。本节中将会提供一个简明概述，而更详尽的信息将在后续章节中被提及。

3.1.1. 获取设计工具

在开始 Zynq 设计前，你需要从 Xilinx 获取合适的设计工具。你可以从 DVD 中得到它，或者通过以下链接从 Xilinx 的官网下载：

http://www.xilinx.com/support/download/index.htm

（另外，从 Xilinx 官方主页的下载链接也可以进入下载页面）。

页面上将会有多种可选工具，但你只需要选择如下这款：

- ***Vivado Design Suite*** (版本 2014.1 或更高)

值得注意的是 Vivado 既可以下载完整版，也可以由用户自定义下载部分工具和目标开发板版本。同时，你也许会注意到 ISE 开发套件也出现在了备选列表中，然而并不需要下载它（在类似 Zynq 的新设备上，Vivado 已经完全取代了 ISE）。在 3.5 小节中将会为那些使用较旧工具的读者就 Vivado 和 ISE 之间的不同点做出更详细的解释。无论如何，请注意新设计不推荐使用 ISE 开发套件，而应该采用 Vivado。

除去这些工具本身以外，Documentation Navigator（文档导航器，译者注）也是一个在安装时需要注意的可选项。它会提供简便的方法来帮助用户得到所有的相关用户指南和其他支持文档。

最后，在使用网络配置软件证书时，还需要在证书服务器上下载安装如下工具：

- ***License Management Tools*** (版本 2014.1 或更高)

对于独立授权的配置来说，不需要下载该工具。

更多的有关下载和安装设计工具的指南可以在 [27] 中找到（在你需要的 Vivado 开发套件相关版本中也可以找到相应的文档版本）。

3.1.2. 开发工具内部版本和证书

Vivado 开发工具提供了不同的内部版本，这些内部版本都可以通过同一个文件（例如在 3.1.1 节中举例的）安装，区别在于不同的证书类型。证书在 Xilinx 用户帐号中集中管理。

Vivado 有三个不同的证书可供选择：WebPACK, Design Edition 和 System Edition，其主要特征汇总于表格 3.1。WebPACK 版本是一个免费版本，足以完成 Zynq 的第一个设计，其包含了以下一些核心软件：用于硬件设计的 Vivado 集成开发环境（Vivado Itegrated Development, IDE），SDK，和用于软件开发的 GNU 编译链接编译器（GNU Compiler Connection, GCC），以及用于验证的 Vivado 仿真器。当然，用户也可以获取一个有时间限制的 System Edition 测试版本。

表 3.1: Vivado Design Suite 的版本

设计阶段	特性	WebPACK[a]	设计版本	系统版本
IP 集成和实现	集成设计环境 (IDE)	包含	包含	包含
	软件开发套件 (SDK)	包含	包含	包含
验证和调试	Vivado 仿真器	包含	包含	包含
	Vivado 逻辑分析器	-	包含	包含
	Vivado 串行 I/O 分析器	-	包含	包含
设计探索和 IP 生成	Vivado 高级综合 (HLS)	-	-	包含
	DSP 系统生成器	-	-	包含

a. 就表格中列出的特征看，WebPACK 版本是免费的，同时也有设备限制：它支持 Zynq 设备和一部分的 Artix 和 Kintex FPGA。具体的设备限制请参照 [27]。

证书可以被配置为服务器／浮动证书类型（也就是一堆许可证托管于一个网络许可证服务器）或者为特定电脑配置的个人证书（"节点锁定"）。WebPACK 版本可以免费获取，并且只能配置证书为"节点锁定"。

3.1.3. 设计工具功能

对于表 3.1 所列举的这些工具的功能的说明会贯穿于本书余下部分，从本书的 3.2 小节中将开始详细讨论设计流程。在后续讨论中会说明 Vivado IDE 和 SDK 分别提供了基本的硬件设计和软件设计功能，因此，会被认为是整个套件中最为重要的两个工具 [4]。

Vivado IDE 是用于创建 SoC 设计中硬件系统部分的一个集成开发环境，例如可创建处理器，存储器，外设，扩展接口和总线。Vivado IDE 和设计套件中的其他工具有交互，并且包含集成和打包 IP 的工具，这种设计为工程的可重用性提供了可能。

SDK 是基于广受欢迎的 Eclipse 平台开发的软件设计工具，他 Xilinx IP 的所有驱动，使用 C 和 C++ 语言且支持 ARM 和 NEON 扩展的 GCC 库，以及调试和程序概要分析工具 [2]，[29]。

作为验证和调试工具，Vivado Simulator 为系统内硬件组件测试提供了硬件描述语言（HDL）仿真环境。Vivado Logic Analyser 提供了系统内验证的工具：例如一些包含在硬件设计中的特殊的核心，部署在 Zynq 芯片上后可以在运行时探测芯片行为，捕捉到的数据会被传送回主机，然后在逻辑分析器上显示 [26]。如其名所示，Vivado Serial I/O Analyser 是一个针对特定高速通信接口的仿真工具。

Vivado High-Level Synthesis (Vivado HLS) 和 ***System Generator for DSP*** 是专门用于创建、测试和管理硬件系统中的 IP 的工具。System Generator 是一个基于模块的工具，用于 DSP 设计的创建和仿真，它会在第 13 章和其他 IP 创建方法一起着重讲述。Vivado HLS 是一个从 C 语言描来述综合硬件的设计工具，它是本书后面一个特殊章节（第 15 章）的主题。这是一种开始创建设计的方法，它使得子系统能在被高层次抽象描述，在如今力求快速上市的电子工业中有着不断增长的重要作用。

3.1.4. 第三方工具

Vivado 开发套件支持一些第三方工具，具体的内容可以在 [27] 中找到（或者查询 Xilinx 官方网站的最新版本）。

这些第三方工具主要用于替换 Vivado 开发套件中可替换的工具：比如，需要一个特殊的 HDL 仿真器（例如 Aldec Active HDL 或者 Mentor Graphics ModelSim 或者 Questa）来替换 Vivado 中原有的仿真器。同样的，也有一些潜在可用的第三方综合工具比如 Synopsys Synplify 或者 Synplify Pro。

一个值得注意的例外和 System Generator 工具有关。它需要依托于 MathWorks® MATLAB®/Simulink® 环境，也因此它可以依靠 MATLAB 和 Simulink 第三方软件去实现功能 [6]。另外，对于大部分 DPS 设计来说，还额外需要两个 MathWorks 的相关组件，Signal Processing Toolbox 和 DSP System Toolbox。就 Sysetm Generator 开发环境来说，其特殊优势就在于开发者可利用 MATLAB 和 Simulink 中例如脚本、仿真、虚拟化和设备读写等所有功能，以及任何可用附加工具箱内的特殊功能（比如，图像处理，通信等）。

通常还要重点注意的是在一些特定版本的第三方软件需要与已经安装的 Vivado 开发套件的版本兼容，集体参照 [27]。因此，推荐在安装前请首先检查这些情况。

3.1.5. 系统安装和需求

读者需要再次查看 [27] 或者自己安装程序版本的用户指南，去获取所支持操作系统的详细信息。一般来说，近期版本的 Windows 以及一些指定版本的 Linux 是支持的。在使用 Vivado 的时候，操作系统给予用户针对包含所有设计文件的目录的写入权限是至关重要的。

寻常来说，用于研发的电脑的硬件配置也很重要，因为它会在运行设计工具的时候影响其执行时间。Xilinx 没有公布的推荐系统需求，但对于不同目标设备提供了所需内存的指导 [21]。尤其要注意的是 32 位的操作系统已经不适合最大的两款 Zynq 芯片。其他三款小些的芯片则至少需要 4GB 的内存，而最大的芯片则需要高达 12GB 的内存。一般来说，推荐使用双核处理器，同时一些设计工具是支持多核的，也就是说，他们可以通过多核特性来开发处理器。

电脑硬件配置上同样需要一个 USB 接口以通过 JTAG 烧写 FPGA，同时最好有另一个 USB 接口通过串口和终端程序用于 PC–Zynq 之间的通信 （这是一个在测试设计时普通以及有用的方法）。

最后，如上文所说，用户需要一个 Zynq 开发板以部署和测试设计。开发板一般搭载一个 Zynq 芯片，以及多种其他的资源，比如电源、扩展存储器、烧写和通信的接口、简单的用户 I/O （比如按钮）、LED、开关以及其他一系列外设接口和插口。在调试阶段，通过 Vivado 设计套件，电脑可以使用 JTAG 或者以太网连接将硬件设计下载到开发板上，然后在硬件上使用所需的外设和扩展接口进行测试。通常调试包含：使用调试器连接处理器来监控它自身行为；通过 USB 转 UART 连接电脑终端，实现板上正使用设计和用户的交互；借助以太网执行硬件回路仿真。

开发板的话题将在 3.6 小节中再次被提及，彼时会提出一个关于当前可用开发板的论述 （注意这部分内容可能会随着时间而扩展）。

综合考虑本章节至今讨论的所有因素，图 3.1 提供了一个使用 Zynq 入门的典型设置。

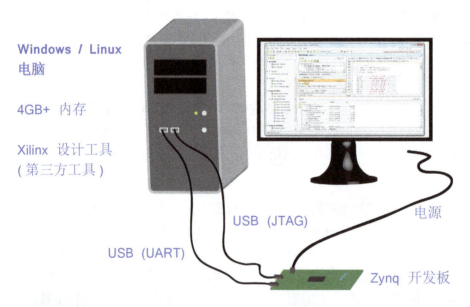

图 3.1: Zynq 开发设置

3.2. 设计流程概述

在满足开始 Zynq 设计的软硬件需求之后，接下来返回到我们第 1 章中提到过的开发流程的话题。图 3.2 展现的是包含相关联的设计工具的参照的增强图。这将在接下来几页中作为我们的讨论基础。

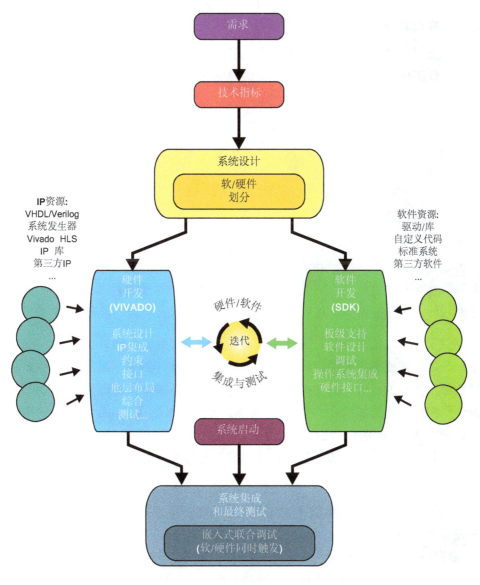

图 3.2: Zynq 片上系统设计流程（扩展模型）

上图描述的是一个单独设计者所需要完成的流程，如果他想要单独完成一个设计的话，并且这就是完成接下来的练习样例的过程。在 3.2 节中，我们同样会考虑团队开发流程，这与当前的工业开发更加贴近，Vivado 设计套件同样也适合这样的任务。

3.2.1. 需求和技术参数

任何项目都始于基于项目的需求评估目标系统的技术参数。毫无疑问，在着手实际的设计工作以前，尽可能完整和准确地定义系统参数是非常重要的。

技术参数包含很多方面，比如该设计的计划功能、接口、性能标准以及目标设备或平台。尽管最初的规范已经在最初的时候就被详细定义，但是随着项目的推进，它很可能会变化，细节的层次也会被扩展。规范的具体内容当然取决于项目的要求和范围。

3.2.2. 系统设计

系统架构的设计通常采用自上而下的方法。其意思是先定义顶层的接口和参数，再确定底层的子系统或功能。而子系统的功能和所需求的性能，以及两者之间的联系，将会在这之后定义。这个阶段的成果通常是对于组件和事务的抽象描述。由于对设计的复杂度不同，这些子系统可能会在更低的层级上被分解。

在定义完了功能单元后，设计必须被适当地分割为硬件和软件，而系统定义中各个部分之间需要必要的通信。一般来说，软件（在 PS 端）常常用来完成一些一般性的顺序执行的任务，比如操作系统、用户应用程序以及图形界面，而偏向于数据流计算的任务则更加适合于在 PL 端实现。另外，那些具有并行限制的软件算法，也应该考虑在 PL 端实现；这比较近似于 " 协处理器 " 模型，可以把处理器从那些重在计算并且具有并行性的任务中解放出来，改为硬件处理，从而在整体上提升性能。

Zynq 的一个特别的优势就是处理器和可编程逻辑之间的强耦合，即两者部署于同一设备上。在 PS 和 PL 之间以低延时，高性能的 AXI 连接，这允许性能不同的两种资源可以在系统被分割为软件和硬件两部分时同时发挥其最高性能。这是由于与两者分离系统相比，这种模式在通信开销上有大量减少。

关于 Zynq 体系结构的知识能够使设计者更加适当地实用一些特殊资源，比如 PS 上的 NEON 和 FPU，以及 PL 上的 BlockRAMs 和 DSP48E1 芯片。对外部通信的高速接口也已经在设备中集成并随时可以使用。

很明显 Vivado 流程把重点放在了系统设计上。通常 Vivado IDE 作为设计起点，会在顶层设计的创建过程中起到 " 驾驶舱 " 一样的作用。套件内工具和其他部分（特别是 System Generator 和 Vivado HLS）的集成支持多种功能设计不同的子系统。当硬件设计完成后，它就会被导出到 SDK 进行软件开发，如果需要的话，还可以在 SDK 和 VivadoIDE 之间进行设计上的迭代。在团队开发方案中，软件设计也许会和硬件设计并行推进。

3.2.3. 硬件开发和测试

硬件系统开发包括在 PL 上设计和实现的外部模块和其他逻辑单元，在这些模块和 PS 之间创建合适的连接，以及恰当的配置 PS。举例来说一个硬件系统可能会包括一个 CAN 总线接口、一个调试用的 UART 接口、以及 GPIO，这些和协处理器一起支持软件在 ARM 上的运行。该系统参考图 3.3。

硬件系统开发有 Xilinx 的 Vivado IDE 开发套件承担，开发者可以从 IP 库中选出模块来组成所期望的系统的框图，配置模块参数，以及设计合适的内部连接和外部接口。这一过程由 Vivado 组件中的 IP Integrator 承担，其更加详细的内容在本书的后面部分，见第 18 章。

图 3.4 展示了一副 IP Intergrator 设计的屏幕截图。其中有 Zynq PS 模块（见图左下），一个 PS 重置模块，一个外设，以及一个 AXI 内联模块。这些模块之间主要通过 AXI 接口连接。外部接口可以在图表的右边见到。

测试硬件系统有多种机制可用。首先，使用 IP Integrator 创建模块框图时，会有一系列设计规则检查 (DRC)。这保证了设计最基本的完整性和正确性，比如说，检查所需求的连接是否都正确接上。框图检查通过后，系统会接下来进行综合和实现。其中每一个阶段都包含着更多对于细节流程和完整性设计的检查，然后若有需要注意的问题，Vivado 会标记出其中的错误。

这些实现于 PL 上的 IP 模块来自于:

• Xilinx 提供的库

• 第三方源

• 由用户自己或者组织内的同事设计 （内部的）

按照不同的来源分，模块可能需要由单独实体授权。那些来自于 Xilinx 库的 IP 是作为已经授权的基本单元而提供的，但是那些来自第三方组织的模块却不一定如此。所有的内部 IP，以及那些未授权的第三方模块，都需要先作为独立模块验证后

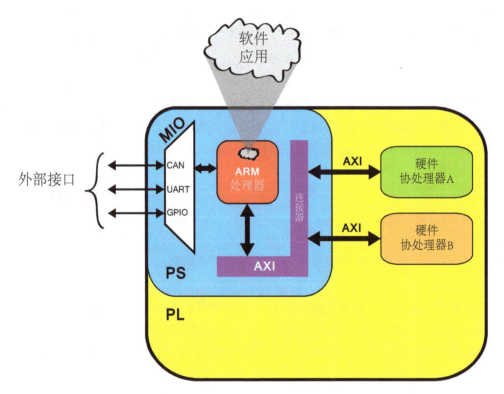

图 3.3:　使用 MIO 的示例硬件系统概念图

才能整合进系统。按照设计方法来分，这可能需要使用例如 HDL 仿真，或者 MATLAB/
Sumulink 的仿真。更多的关于创建，测试，管理 IP 的讨论，将在 13-18 章中继续。

　　硬件系统常常会在软件部署上去的同时得到测试，即硬件在集成系统的环境中
运行。某些用户特定的信号可以通过在 IP Integrator 中标识调试信号 （marked
for debug）的方式进行特定的硬件测试。之后，通过运行硬件系统上的软件功能，
这些信号将会能在主机的波形查看器上进行查看。

　　另一种强大的硬件调试方法被称为硬件环路测试 （HIL）。使用这种方式，部分
设计在开发板上运行的同时，信号可被返回到仿真环境进行观察。例如，Xilinx 提
供一个教程，教程中 PS 端在板子上运行，而 PL 组件则在仿真器中运行。这为在真
实 PS 环境下详细观察 PL 信号提供了机会。

　　当硬件系统设计迭代完成后，工程将被导出到 SDK 进行软件设计。然后包括返
回到 Vivado 进行 IP Integrator 设计的修改，或者更多的设计内容从软件实现划分

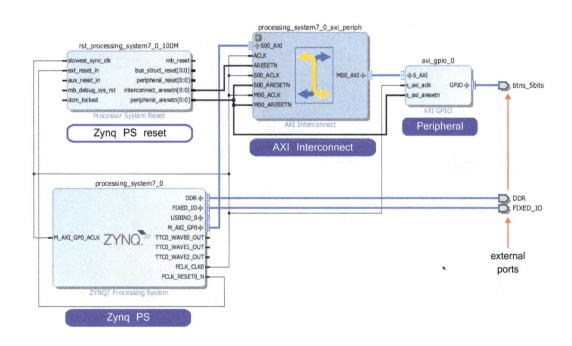

图 3.4: Integrator 框图示例

到硬件实现。设计团队可能采取软硬件分组编程的方法或者并行地对两方面进行迭代。

3.2.4. 软件开发和测试

鉴于 Zynq 是一个灵活的平台，硬件系统上运行的软件可以有所不同。从 Vivado 导出到 SDK 的项目代表为软件的平台而定制的硬件，它常常被成为 " 基础硬件系统 " 或者 " 硬件平台 "。硬件平台对应在 IP Integrator 中的配置，系统模型如图 3.4 所示。

软件系统可以被认为是建立于基于硬件的系统上的一个栈，或者说是一系列层，如图 3.5 所示。

在基础硬件系统上一层的是板级支持包（BSP），它提供底层的驱动和函数供下一层 （操作系统）使用和硬件通信；软件应用程序则运行于操作系统之上 —— 这些共同构成了上层软件，它们和硬件平台抽象分离。

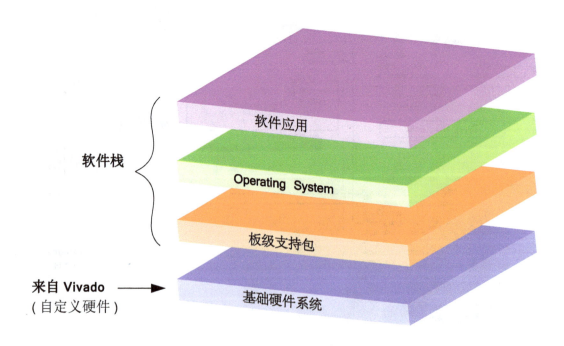

图 3.5: Zynq 设计的软硬层次

创建完软件栈后，设计上的首选就是决定将使用的操作系统：它可以是例如 Linux 或者 Android 这样的成熟的操作系统；也可以是嵌入式操作系统；对于时序严格确定的程序则可选用实时操作系统（RTOS）；或者是 Standalone，一个轻型的包含大多数基本函数的"操作系统"。软件也可以直接和硬件通信，这也就是常常被提及的"裸跑"应用。由于是双核架构，所以也可能部署两个不同的操作系统，每一个使用一个核心。这一主题见于第 21 章，另外也在《Zynq-7000 All Programable SoC Software Developers Guide》[33] 中的介绍部分有所概括。

BSP 会针对硬件基础系统进行调整，以保证操作系统在给定的硬件上有效地工作。BSP 是为基础硬件系统和操作系统定制之间的连接定制的，包括硬件参数，设备驱动，以及底层操作系统函数。因此，在 Vivado/SDK 开发期间，如果对基础硬件系统进行了调整，那么 BSP 也需要被更新。SDK 提供了创建 BSP 以及开发测试上层软件的环境。同样也支持使用第三方开发工具替代 Xilinx SDK 来创建 BSP，比如 ARM Development Studio 5(DS-5)[33]，[36]。

在测试阶段，SDK 包含 Xilinx Microprocessor Debugger(XMD) 和 System Debugger(TCF) 工具，提供给该开发者在硬件平台上运行时测试软件的功能，即 HIL 的一种形式。这一过程可以通过使用比特流（.bit 文件）烧写 Zynq 的 PL 端，然后在 PS 端运行软件（.elf 文件）完成。烧写过程通常通过从主机上通过 JTAG 或者以太网下载程序完成。通过这种方法，无论是基于 PS 端和基于 PL 端的系统组件都会被部署并且成为被测试的一部分。GDB 调试器是一种更加高级的（建立在 XMD 上）完成远程调试的方法。另一种方法是使用内建的 Vivado Simulator 在 PC 端上复现 PL 端的操作 [19]。

根据硬件系统的测试结果，设计者可以从 SDK 返回 Vivado 以做进一步的改进，在导出硬件后先更新 BSP，然后重新开始软件设计以及测试的过程。图 3.2 中描述了这一软件硬件迭代的循环。

需要注意的是并不是所有的设计都同时需要可执行链接格式（ELF，.elf）的文件和比特流（BIT，.bit）文件来配置设备的。ELF 文件的作用是烧写 PS，而 BIT 文件的作用则是烧写 PL。因此如果只使用了 Zynq 中的一种设备（PS 或者 PL），那么就只需要相应地烧写文件。

更多关于 GNU 编译器，调试和烧写工具的信息请参看《Embedded System Tools Manual》[17]。

3.2.5.　系统集成和测试

系统集成在一定程度上通过设计中的软硬件部分的开发和联合测试完成。然而，还有一些其他的要素要被纳入考虑。

系统级测试将在软硬件在各自的独立开发和测试阶段完成自身的测试和验证之后进行。即使两个部分在各自分离的情况下能够正常运行，当它们在一起运行时，也可能产生新的问题。另一种调试这种系统级问题的方法就是软硬件交叉触发器进行嵌入式联合调试。这一过程将 PL 上的 Integrated Logic Analyzer(ILA) 的硬件调试核心和 Zynq PS 端的 Fabric Trace Module（FTM）通过一对输出输出信号进行连接 [20]。

当使用软硬件交叉触发器进行联合调试时，软件和硬件的开发工具会被结合起来。这允许用户通过软件上的断点来捕获硬件的数据，对应地，硬件断点也可以在软件开发环境中中止应用程序调试 [20]。

另一个需要考虑的因素是配置设备的方法。在开发和调试的过程中，Zynq 一般会由从主机通过 JTAG 或者以太网下载的文件来配置。然而，这并不是在这一领域最合适的方法，更一般的方法是通过闪存来引导和配置 Zynq[33], [34]。因为在系统的部署准备过程可能需要在引导时进行特定的开发和认证。

3.3.　SoC 设计团队

SoC 设计常常是由一个团队而不是个人来开发。一个开发团队也许会包含系统级，硬件，软件，固件设计和测试方面的专家。

正如第 53 页的图 3.2 所描述的设计流程模型一样，高级系统设计必须在硬件或者软件设计开始前完成。这一步主要定义系统的结构，接口，内部和外部的事务，约束，以及软硬件的划分。该过程应该由系统设计专家来领导。

当高级设计完成后，独立的进度才能开始推进。为了最大化利用资源，硬件工程师和软件工程师应当同时推进这些系统进度。比如说：

- 一个硬件设计团队负责架构和实现硬件系统，包括设计，重用，以及集成 IP 模块。

- 一个固件设计团队负责设计和实现引导程序和软硬件之间必须的驱动程序。

- 一个软件设计团队则着眼于设计和编写系统中的软件元素，并且像标准的操作系统一样集成其他可合并的元素。

其中每一个元素都需要单独验证，这其中含有很多技术，包括软件仿真，RTL 仿真，硬件在环，虚拟平台的使用，板级测试等等。在项目的最后，会有一个最终整合和测试的阶段，此时所有的团队成员会将他们的系统元素结合起来，并且确定每一个期望的功能都已经被实现。如果需要的话，还会有后续的迭代，一直到最终的产品经过全部的测试并且满足了所有的需求。

在开发复杂的大型系统时的一个难点就是定义和管理设计中的IP模块接口以及在系统层级集成这些模块。设计不同接口间的连接模块可能会花费非常多的时间并且产生很多错误，并且会非常难以将其集成进系统。Vivado 和 IP Integrator 提供了一个框架，通过工业级的 AXI 总线接口，能够使 IP 集成变得快速，容易并且减少错误发生。这使得项目间的 IP 共享和重用变得容易，并且能够接受第三方的 IP。Vivado 中有一个大型的预设 IP 库可以通过这种方法使用，同时还有大量的第三方 IP 可用。AXI 的使用同样有助于软件和硬件进度的同步推进，因为 AXI 是一个具有完善定义的标准协议。

另一个潜在的难点是在进程中可能发生的对设计做重新划分的需求，比如说，在软件团队发现有一个功能比预期的要更加依赖于计算，非常适合于硬件加速。Vivado 设计套件的一个好处就在与它的 Vivado HLS 工具可以将 C 语言高级综合为硬件，这意味着可以很快地基于现有的 C 代码将软件程序转化为硬件，而不需要去开发一个硬件协处理器。

3.4. 使用 Vivado 进行以 IP 为重点的系统级设计

先进的系统设计主要特点就是设计重用和快速开发的潜力。及时上市对于许多应用领域都很重要，而且设计工具，如果能在加速开发进程的同时，不需要在健壮性和质量上进行妥协，将会具有非常明显的优势。

Vivado 的设计流程就是基于这样一准则，而且许多系统模块的建立将以一个个准备好的 IP 集成进系统作为前提。不同于老的、只是从零开始建立系统的设计方法，Vivado 着眼于从 Vivado IP 库（这些核由 Xilinx 开发）中，或从第三方 IP 开发者，或从前人（他或她的团队）的努力中获取预先验证好的 IP 来开发。在很大程度上，任务的焦点被转换到了上层的系统集成，而不是底层的硬件设计，Vivado 设计套件的特点正是反映了这种思想。正如之前所说，它同样也包括自定义的逻辑设计功能，如果系统需要的话。

IP Integrator 常常被用来设计如图 3.4 中的样例系统，是以 IP 为重点的设计方法的主要体现。IP Integrator 是 Vivado 设计套件是特色，通过使用它用户可以使用自顶向下的设计方法来进行设计，就和构思系统结构时一样。IP 实例既可以从现有的列表中适当选择，也可以先创建一个类似于黑箱的模块，之后再完善其功能以及创建对外的接口。这种方法可以引导一个硬件系统的快速开发。

图 3.6 提供了一个 IP 实例化的例子，里面展示了一个 Vivado IP 目录（注意这里只显示了一小部分 IP）。这里展示的坐标旋转算法（CORDIC）IP 被选中并且拖动到工作空间，或者说是"画布"上。之后，设计者可以配置 CORDIC 设计单元的参数，如图 3.7 所示，让后将其和系统中其他模块正确地连接起来。

IP 集成阶段的成功依赖与 IP 运行状态和接口的一致性。为了支持这些，Vivado 设计套件包括了一个相关的特色功能，IP Packager，它使得 IP 等被打包成标准包（基于 IP-XACT 标准）以便能够满足后期重用的目的。这就是推荐 IP 开发和设计团队去做的工作。通过这种方法，IP 设计可以获得最大化的可移植性和可重用性。从设计团队的角度看，为方便 IP 重用建立一个内部仓库，然后在组织内进行共享，应

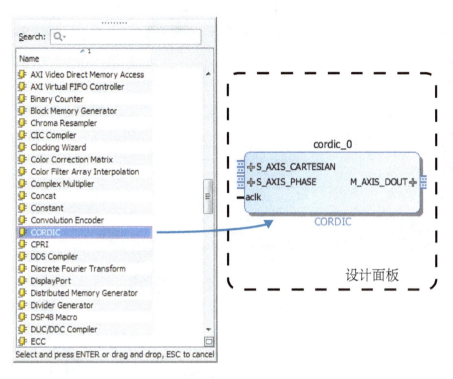

图 3.6: 将 CORDIC IP 模块引入 IP Integrator 系统

该是为加速产品设计环路而设的一种必须的措施。第 18 章会讲述 IP Packager 的细节特点。

有很多工具和设计方法可以用于生成 IP。比如可以使用 HDL，VHDL 或者 Verilog 编写；或者使用 Vivado HLS 工具从 C 语言高级综合中生成；或者从一个 System Generator 的模块图中生成。关于这些方法的更多信息参见第 13 章。

最后关于 Vivado 的重要的一点就是，尽管在本书中我们主要使用带有 GUI 特性的工具，所有的这些设计工作同样也可以使用工业标准的 Tool   Command Language(TCL) 脚本语言来完成。这是一种使用设计工具过程中非常强大的、可重现的、参数化的方法。

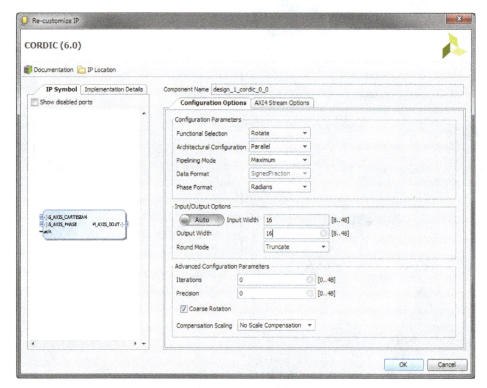

图 3.7: CORDIC IP 模块的参数化

3.5. ISE 和 Vivado 设计套件

Vivado 具有非常多的优点,但却是一个崭新的开发环境,许多读者可能会觉得不熟悉。这一小节的目的就是阐明 Vivado 开发套件中的各个组件,以及突出说明其在实践上和 ISE 设计套件相似和迥异之处。我们也会提供一个简短的说明,针对如何将已有的工程从 ISE 升级到 Vivado。

3.5.1. 特性比较

对 Vivado 和它的前一代设计套件,ISE 做一个组件功能上的平行比较和总结是很有用的。其目的是让那些具有在 ISE 下工作经验(但是不具有 Vivado 下经验)的人能够更快的适应新工具的各个特性。详细信息见下表 3.2。

表 3.2: ISE 和 Vivado 设计套件之间的比较

ISE	Vivado	注释
ISE Project Navigator	Vivado IDE	这些工具都是用于 FPGA 和 Zynq 的硬件设计。Vivado IDE 在设计流程上替代了 ISE Project Navigator 和 PlanAhead，并且提升了功能性和库支持。PlanAhead 和 ISE 具有详细的核心功能，但是 PlanAhead 还具有管脚和设备规划以及虚拟化的功能。
PlanAhead	Vivado IDE	
Xilinx Synthesis Technology (XST)	Vivado Synthesis	Vivado Synthesis 是一个加强版的综合工具，针对 7 系列及后续设备。
ISim	Vivado Simulator	Vivado Simulator 看起开和 ISim 差不多，不过却使用了新的仿真引擎以提升性能。
Xpower Analyzer	Vivado Power Analyzer	为了评估设计运行的目标板上的功耗。
System Generator	System Generator	为基于块的 DSP 设计。没有标志性的变化，不过 System Generator 系统现在可以由 Vivado IP 核生成。
AutoESL	Vivado HLS	从 C, C++, System-C 描述中开发 IP 的工具。Vivado HLS 是 AutoESL 的一个重制增强版。
Xilinx Platform Studio (XPS)	IP Integrator	XPS 用于使用列表、选项之类以架构硬件系统。IP Integrator 提供了一个增强的图形界面环境来执行相同的任务。
Software Development Kit (SDK)	Software Development Kit (SDK)	为软件开发设计。这个组件没有功能性的变化。

表 3.2: ISE 和 Vivado 设计套件之间的比较

ISE	Vivado	注释
ChipScope	Vivado Logic Analyzer	为探查和检测物理设备的实时信号行为。Vivado Logic Analyzer 着重于升级后的硬核。
iMPACT	Vivado Device Programmer	一个工具用于检测硬件链条以及下载烧写文件以配置已识别的设备。

部分软件工具的变化是很值得注意的，它会导致设计者的工作方法的改变。比如说，ISE 的 Xilinx Platform Studio(XPS) 和 Vivado 的 IP Integrator 都是用于设计嵌入式硬件系统的环境，但是它们的用户界面迥然不同。XPS 使用一系列的下拉列表和基于文本的配置选项，然而 IP Integrator 提供了更加图形化的接口。其他的变化则更加细微，比如说，Vivado 中的综合和布线的引擎相比 ISE 来说由很大的改进，但是这对于用户却是透明的。更多有关背景的话题，读者可以通过参看 [9] 来获取关于原始的 ISE 设计套件以及 Xilinx 在 Vivado 中对这些开发工具做改进的理由的讨论。

值得重申的是，Vivado 支持 7 系列和 Zynq-7000 以及之后的设备，但是不支持更老的设备（Spartan, Virtex-6 以及之前的 FPGA）。同样，ISE 也不再支持 7 系列之后的设备。

3.5.2. 升级到 Vivado

所有的新设计都推荐在 Vivado 上展开。自从 2013.2 版之后，Vivado 已经完全支持 Zynq，就像前几页提到的一样，以 IP 为核心的 Vivado 设计流程更加适合于系统设计，并且能够加速设计进程。

ISE 工程可以移植到 Vivado，但是相反却是不可行的。比如说，XPS 设计可以升级到 IP Integrator，以及 ISE/PlanAhead 工程可以升级到 Vivado。不过解释从 ISE 到 Vivado 的移植过程则超出了本书的范畴，更多地引导可见于 [24]。

ISE 和 Vivado 之间另一个重要的区别就是约束文件的类型。在 ISE 的流程中，使用的是 UCF(.ucf) 文件 (User Constraints File, 用户约束文件的首字母缩写)，然而在 Vivado 中，则使用 XDC(.xdc) 文件 (Xilinx Design Constraints, Xilinx 设计约束)。新的文件类型提供了与工业级集成电路设计约束的兼容性，并且增强了一些特定的 Xilinx 约束文件。XDC 文件使用的约束语法和 UCF 完全不同，因此 ISE 的用户需要熟悉这种新的样式。在 [24], [25] 中明确的提供了从 UCF 文件到 XDC 文件转换的方法。

System Generator 的用户也会注意到 MATLAB/Simulink 在版本 2012b 中所作的接口升级（这和 ISE 到 Vivado 的升级是相互独立的，不过也非常值得注意）。首先在美观上有了改进，但是其文件类型也有了变化：Simulink 的模型之前使用文件类型 .mdl，现在则默认使用 .slx。新的模型都会自动使用新的文件类型，System Generator 也会完全支持。旧的 .mdl 的模型文件依旧可以被打开，编辑，保存，如果需要的话，新的模型也可以被向后兼容保存成 .mdl 格式。

3.6. 开发板

在编写本书的时候，已经有很多种的 Zynq 开发板可用，因此这一小节致力于提供对各个开发板的概述。请记住也可能会有其他的开发板在本书编写到读者阅读的这段时间里发布。

评估板在开发进程中扮演一个很重要的觉得，并且广泛运用于设计进展中的增量测试阶段。它们经常会有各种各样的外部接口以促进通信，DSP，视频处理以及其他应用的原型研究，以及会提供一些参考设计以说明这些设备的用法。

3.6.1.   Zynq-7000 SoC ZC702 Evaluation Kit

这个评估工具包中包含了一个 Zynq Z-7020 设备的开发板，拥有基于 Artix-7 的 PL 端构造。工具包本身就拥有如图 3.8 所示的一系列部件，它展示了一个典型 "评估工具包 " 的内容。各种不同部分的标号和它们的描述会在图片后面说明。

图 3.8: Zynq-7000 ZC702 Evaluation Kit 中包含的内容 [37]

图 3.8 中标号的部件是：

1. ZC702 Evaluation Kit 包装盒

2. 电源适配器以及美国标准电源线

3. 欧洲和英国标准的电源线

4. 以太网线

5. AMS 101 评估板 （ADC 扩展卡）

6. ZC702 Zynq 评估板

7. SD 储存卡

8. Xilinx 设计工具的 DVD 光盘 （设备锁定）

9. USB 连接线

更多关于这款工具包的信息请到 Xilinx 官方网站查询 [30]，[35]。

3.6.2. Zynq-7000 SoC Video & Imaging Kit

视频和图像处理工具包在 ZC702 Evaluation Kit 的基础上附加了一些其他设备以支持图像和视频处理应用。开发板，这一工具包的核心部件，是和 ZC702 Evalution Kit 完全相同的。

Video and Imaging Kit 中的额外物品如下表所列：

1. 视频扩展卡

2. 图像传感器（摄像头），包括聚焦透镜组、缆线和三脚架

3. HDMI 连接线

4. HDMI-DVI 转接器

关于此工具包的更多信息参见 [32]。

3.6.3. Zynq-7000 ZC706 Evaluation Kit

ZC706 工具包相比于之前的两个工具包是一个更加大型的 Zynq 设备，搭载 Z-7045，拥有基于 Kintex-7 的 PL 端构造。这是一种大型的 Zynq-7000 系列设备，配备有 GTX 收发器和 PCI 串行总线。

板子本身拥有相比 ZC702 更大的存储设备，还有一个 PCI 串行总线接口用于使用 Z-7045 的 PCI 串行总线功能，以及 SMA 和 SFP（"小封装可插拔"）接口以使用嵌入式 GTX 收发器。对于 ZC706 工具包的更多信息请参照 [31]。

3.6.4. ZedBoard

ZedBoard 不仅仅是一个评估工具包，还是一个社区。我们把关于这个的讨论放到第 6 章，届时将使用整个章节详解 Zedboard。

3.6.5. ZYBO

ZYBO（小型的 Zynq Board）是 ZedBoard 的一个低功耗版本，搭载最小的 Zynq 设备 Z-7010，拥有基于 Artix-7 的 PL 端构造。它专为那些需要入门 Zynq 设备开发

但是不需要使用拥有那么多高密度的 IO 和 FMC 接口的开发板的设计者提供。图 3.9 展示了 ZYBO 如何在一个仅有两张信用卡大小的小板子上分配存储器,视频和音频 I/O,以太网,多个 GPIO,6 个 PMOD 接口以及其他设备的。

图 3.9: ZYBO

3.6.6. 第三方开发板

直到本书编写为止,已经有许多基于 Zynq-7000 的第三方开发板可用,会在下面重点提出。

OZ745 Zynq SoC Video Development Kit

这个板子由 OmniTek 推出,搭载 Z-7045 Zynq 设备,着眼于视频处理程序,拥有各种大量的视频设备接口。更多地信息请咨询制造商 [12]。

MicroZed Evaluation Kit

MicroZed 是由 Avnet 推出的一款低功耗的开发板,使用 Zynq-7000 系列的最小成员 ——Z-7010。这款板子可以工作于两种模式:单独开发板模式和嵌入式微处理器系统模块模式,后者使其相当于一块扩展板。更多关于这款开发工具包的内容请咨询制造商 [1],或者咨询 MicroZed 网络社区 [8]。

The Parallella Board

Parallella 是一个只有信用卡大小的平台，结合了一个 Xilinx Zynq-7000 设备（Z-7010 或者 Z-7020）和一个 Adapteva 的 Epiphany 多核协处理器 [14]。这一平台基于廉价、节能、开源的设计。更多关于这款板子的信息请参照 Parallella 的官方网站。

NI myRIO

NI myRIO 是 National Instruments 推出的一款教学平台，是一个可重配置接口的轻便设备，可以让学生使用它设计控制，机器人和机械系统。它搭载 Zynq-Z7010设备，并被设计为可以在labVIEW系统设计软件下工作。更多地关于 NI myRIO 的信息请咨询制造商 [10]。

3.6.7. 附件和扩展

有一些标准连接器可以通过附加外部模块的方法来扩展你的开发板的性能。通过这种方法可以添加附加功能 —— 从简单地输入输出设备比如按钮和 LED，到全功能的软件定义无线电（SDR）模块。

扩展连接器支持以下列表列举的模块：

- **FPGA Mezzanine Connectors (FMCs)** — 一个支持 FMC 板卡的标准化 FPGA 接口。允许大数据吞吐量，且此类板卡适合并被广泛用于数据转换（DAC 和 ADC），串口连接，SDR，以及视频处理。当前可用的 FMC 板卡的例子可以在 Xilinx 网站上找到 [18]。

- **Pmods** — 这种简单地接口类型可以添加小型的外设模块（因此它的名字 Pmod=Peripheral module，外设模块）。使用 6 管脚或 12 管脚的接口。它的名字是标准化的，并且是 Digilent Inc. 的注册商标之一，但是其他的厂商比如 Maxim Integrated 同样生产 Pmods[7]。典型的 Pmods 接口使用于传感器，电机，数据转换，以及用户 I/O 设备。同样可用于一些通信收发器。Pmods 也可以使用简单的导线连接。

- **XADC Header** — 为连接板子的片上 XADC 组件的接口以实现 XADC 功能。此类扩展模块的一个例子就是 ZC702 Evaluation Kit 中包括的 AMS101 扩展板。

3.6.8.　使用开发板工作

当使用 FPGA 和 Zynq 开发板时，用户必须注意防止静电辐射 （ESD） 对开发板造成伤害。这种风险可以通过在防静电的环境下使用来减轻，包括使用防静电的垫子和手环，接地工具等等。更多对专业和业余用户的指导可以在 [3] 和 [5] 中找到。

3.7.　支持和文档

在 Xilinx 网站上可以找到大量的对于 Vivado 开发工具的可用资源，其中许多是关于 Zynq 的。值得一提的时 Zedboard 相关的支持材料也可以从那里找到 （于此更多内容详见第 6 章）。

Xilinx 的支持网页，

http://www.xilinx.com/support.html

是用户指导的主要来源，它包含通过实践练习来指导读者的教程，以及其他文档。同时那里还有许多非常有用的教学视频。这个站点是所有关于设计流程的信息的第一来源。

对于更多专业性的问题，就需要使用 Xilinx 问答记录和支持论坛。支持论坛提供了一个获取其他成员的指导的机会，当然也可以指导其他人。

http://forums.xilinx.com/

那里也会有许多关于你的开发板的参考设计。

最后，值得注意的是，教师和学生可以通过 Xilinx 大学计划 （XUP） 来获取更多地练习资源 [28]。我们会在第七章再次回到这个话题，届时会讨论 Zynq 和相关工具在教学和研究领域的应用。

3.8.　章节回顾

这一章专为入门 Zynq 做准备。我们需要（一）设计工具，（二）开发板和（三）你的想象力来帮助我们完成入门！我们将（一）和（二）以及创建 Zynq 系统的设计流程和方法放在一起全面并综合地给你讲解。然后 （三）将由你自己决定。

这章的另一个重点是我们提及的 Vivado 设计套件的理念，以及它对系统级设计，IP 集成以及设计重用的定位。这些设计原则与当今的 SoC 系统设计，特别是系统的快速开发的需求十分契合。

接下来两章在某种程度上与（三）有关。在了解了 Zynq 的架构和设计过程后，（三）对考虑可能的应用并选择 Zynq 来代替其他器件也是很重要的。

3.9. 参考文献

说明：所有的 URL 最后在 2014 年 6 月访问过。

[1] Avnet, "MicroZed Evaluation Kit".
位于 : http://www.em.avnet.com/en-us/design/drc/Pages/MicroZed-Evaluation-Kit.aspx

[2] Eclipse 网站 .
位于 : http://www.eclipse.org/

[3] ESD Association, "Fundamentals of Electrostatic Discharge, Part 3: Basic ESD Control Procedures and Materials", 2010.
位于 : http://www.esda.org/documents/FundamentalsPart3.pdf

[4] T. Feist, "Vivado Design Suite", Xilinx White Paper, WP416, v1.1, June 2012.
位于 : http://www.xilinx.com/support/documentation/white_papers/wp416-Vivado-Design-Suite.pdf

[5] C. Harper, "The ESD (Electro-Static Discharge) Guide for the Hobbyist" 网页 .
位于 : http://www.circuitguy.com/guides/esd/

[6] MathWorks 网站 .
位于 : http://www.mathworks.com/index.html

[7] Maxim Integrated, "Pmod-Compatible Plug-In Peripheral Modules" 网页 .
位于 : http://www.maximintegrated.com/en/design/design-technology/fpga-design-resources/pmod-compatible-plug-in-peripheral-modules.html

[8] MicroZed Community 网站 .
位于 : http://www.microzed.org/

[9] K. Morris, "Kind of a Big Deal: Xilinx Rebuilds Tools - From Scratch", Electronic Engineering Journal (在线), May 2012.
位于 : http://www.eejournal.com/archives/articles/20120501-bigdeal

[10] National Instruments, "NI myRIO", 网站 .
位于 : http://www.ni.com/myrio/

[11] National Instruments, "NI myRIO-1900 User Guide and Specifications", August 2013.
位于 : http://www.ni.com/pdf/manuals/376047a.pdf

[12] OmniTek, "OZ745 - Zynq SoC Video Development Kit" 产品简介 .
位于 : http://www.omnitek.tv/sites/default/files/OZ745.pdf

[13] Parallella, "Parallella Computer Specifications".
位于 : http://www.parallella.org/board/

[14] Parallella, "Parallella Reference Manual", Rev 13.11.25.
位于 : http://www.parallella.org/docs/parallella_manual.pdf

[15] R. Sass and A. G. Schmidt, "Partitioning" in *Embedded Systems Design with Platform FPGAs*, Morgan Kaufmann, 2010, pp. 197 - 246.

[16] Synopsys, "Synopsys Design Constraints (SDC)" 网页 .
位于 : http://www.synopsys.com/Community/Interoperability/Pages/TapinSDC.aspx

[17] Xilinx, Inc., "Embedded System Tools Reference Manual", UG1043, v2014.1, May 2014.
位于 : http://www.xilinx.com/support/documentation/sw_manuals/xilinx2014_1/ug1043-embedded-system-tools.pdf

[18] Xilinx, Inc., "FPGA Mezzanine Card (FMC) Standard" 网页 ,
位于 : http://www.xilinx.com/products/boards_kits/fmc.htm

[19] Xilinx, Inc., "Hardware In The Loop (HIL) Simulation for the Zynq-7000 All Programmable SoC", XAPP744, v1.0.2, November 2012.
位于 :
http://www.xilinx.com/support/documentation/application_notes/xapp744-HIL-Zynq-7000.pdf

[20] Xilinx, Inc., "Hardware/Software Cross-Trigger for Embedded Design", video.
位于 :
http://www.xilinx.com/training/zynq/hardware-software-cross-trigger-for-embedded-design.htm

[21] Xilinx, Inc., "Memory Recommendations: FPGA Memory Recommendations Using the Vivado Design Suite" 网页 .
位于 : http://www.xilinx.com/design-tools/vivado/memory.htm

[22] Xilinx, Inc., "Standalone (v.4.0)", UG647, April 2014.
位于 : http://www.xilinx.com/support/documentation/sw_manuals/xilinx2014_1/oslib_rm.pdf

[23] Xilinx, Inc., "Vivado Design Suite Evaluation and WebPACK" 网页 .
位于 : http://www.xilinx.com/products/design_tools/vivado/vivado-webpack.htm

[24] Xilinx, Inc., "ISE to Vivado Design Suite Migration Guide", UG911, v2014.1, April 2014.
位于 : http://www.xilinx.com/support/documentation/sw_manuals/xilinx2014_1/ug911-vivado-migration.pdf

[25] Xilinx, Inc., "Vivado Design Suite Tutorial: Using Constraints", UG945, v2014.1, April 2014.
位于 ： http://www.xilinx.com/support/documentation/sw_manuals/xilinx2014_1/ug945-vivado-using-constraints-tutorial.pdf

[26] Xilinx, Inc., "Vivado Design Suite User Guide: Programming and Debugging", UG908, v2014.1, May 2014.
位于 ： http://www.xilinx.com/support/documentation/sw_manuals/xilinx2014_1/ug908-vivado-programming-debugging.pdf

[27] Xilinx, Inc., "Vivado Design Suite User Guide: Release Notes, Installation and Licensing", UG973, v2014.1, May 2014.
位于 ： http://www.xilinx.com/support/documentation/sw_manuals/xilinx2014_1/ug973-vivado-release-notes-install-license.pdf

[28] Xilinx University Program 网页 .
位于 : http://www.xilinx.com/university/index.htm

[29] Xilinx, Inc., "Xilinx Software Development Kit (SDK)" 产品网页 .
位于 : http://www.xilinx.com/tools/sdk.htm

[30] Xilinx, Inc., "Xilinx Zynq-7000 SoC ZC702 Evaluation Kit" 网页 ,
位于 : http://www.xilinx.com/products/boards-and-kits/EK-Z7-ZC702-G.htm

[31] Xilinx, Inc., "Xilinx Zynq-7000 SoC ZC706 Evaluation Kit" 网页 ,
位于 : http://www.xilinx.com/products/boards-and-kits/EK-Z7-ZC706-G.htm

[32] Xilinx, Inc., "Xilinx Zynq-7000 SoC Video and Imaging Kit" 网页 ,
位于 : http://www.xilinx.com/products/boards-and-kits/DK-Z7-VIDEO-G.htm

[33] Xilinx, Inc., "Zynq-7000 All Programmable SoC Software Developers Guide", UG821, v9.0, June 2014.
位于 : http://www.xilinx.com/support/documentation/user_guides/ug821-zynq-7000-swdev.pdf

[34] Xilinx, Inc., "Zynq-7000 All Programmable SoC Technical Reference Manual", UG585, v1.6, June 2013.
位于 : http://www.xilinx.com/support/documentation/user_guides/ug585-Zynq-7000-TRM.pdf

[35] Xilinx, Inc., "Zynq-7000 EPP ZC702 Evaluation Kit", 产品简介 .
位于 : http://www.xilinx.com/publications/prod_mktg/zynq-7000-kit-product-brief.pdf

[36] Xilinx, Inc., "Zynq-7000 Platform Software Development using the ARM DS-5 Toolchain", XAPP1185, v2.0, May 2014.
位于 ： http://www.xilinx.com/support/documentation/application_notes/xapp1185-Zynq-software-development-with-DS-5.pdf

[37] Xilinx, Inc., Zynq ZC702 evaluation kit (image reference).
位于 : http://www.xilinx.com/products/boards-and-kits/EK-Z7-ZC702-G-image.htm

4

芯片比较
（"为什么我需要
Zynq?"）

就像处理器或FPGA可以用于多种不同的问题一样，Zynq 也是这样。适合于 Zynq 的应用有很多，并不单一。可能的应用包括有线和无线通信、汽车、图像和视频处理、高性能计算，还有不计其数的其他应用。稍后我们会在第 5 章中更仔细地讨论其中的某些应用。

在那之前，有必要和其他可用的芯片比较一下 Zynq 的特性，这样就能清晰地理解它对于这些可能的应用的适用性。要考虑的因素有并行处理资源、处理能力、带宽、延迟和灵活性。除了架构方面，还有重要的实践和商业考量要做考虑，包括物料表（Bill of Materials，BOM）成本、物理尺寸和功耗。

接下去的几节，我们要拿其他的处理器和FPGA来和 Zynq 做比较。要做三个比较：Zynq 和 FPGA、Zynq 和处理器以及 Zynq 和处理器与 FPGA 的组合。最后一种比较用了一种等价于 Zynq 的直接用分立元件搭的组合。在每种比较中，都会观察到 Zynq 具有大量的优势。

在本章最后，我们要介绍在 Vivado 软件中对把软件功能快速移植到硬件实现上的特别支持。我们会看到这样的 " 高层合成 " 方法有助于快速实现硬件和软件部分合理的划分，从而能充分利用 Zynq 的架构。

4.1. 芯片选择的条件

在开始将 Zynq 与其他芯片进行比较之前，有必要简单概述一下要评估的参数。这些参数可以被分成 5 个主题类目，如表 4.1 所示：

表 4.1: 在选择芯片时所涉及的因素

分类	因素
芯片能力	处理器性能 逻辑性能 储存器性能 支持高速算数 支持 I/O 和通信 安全特性和支持安全启动 处理器和逻辑部分之间的带宽 处理器和逻辑部分之间的延迟
商业因素	物料表 开发成本 （见下面） 集成 （和隐形成本） 芯片供应的长期性和技术支持 质量和可靠性 实现现场升级的容易程度 （和成本）
设计与开发	进入市场的时间 快速、便捷和可靠的设计流 集成的验证 与其他开发工具的集成 支持团队设计流 支持设计重用 支持工业标准的设计格式 支持所需的设计入口方法 文档和技术支持

表 4.1: 在选择芯片时所涉及的因素

分类	因素
芯片物理特性	物理尺寸 功耗 易于集成和产生的 PCB 的复杂程度 可连接性 耐久性 是否对辐射敏感 支持的温度范围
灵活性	可伸缩性 (有更大或更小的芯片，而且只需要很小的甚至不需要工作就可以调整) 可移植性 (用标准格式设计可以移植到其他平台或从其他平台移植过来) 再编程能力 (可以现场甚至在运行时刻动态改变功能) 易于划分 (能在硬件和软件之间划分功能) 可扩展性 (易于集成新的功能)

　　某个特定的设计任务的技术和商业需求会要求这些因素有不同的优先级。换句话说，对于 A 公司的 X 计划（可能是设计地面军用雷达系统）最重要的指标，和 B 公司的 Y 计划（在开发管理绿色建筑用的低成本嵌入式传感器结点）可能是不一致的。我们稍后会在第 5 章深入讨论应用问题和相关的考虑。

　　尽管存在上述的现象，有一个因素通常会和技术性能指标一起位于评价指标的前列，那就是成本。这包括：（一）BOM 成本；和 （二）在基于目标芯片做产品开发中所涉及的开发成本。本章接下去就要讨论的就是，Zynq 的能力是可替换掉两个芯片，这样就能节省成本。而且，由于有新的 Vivado Design Suit 和相关的流程所带来的极大的效率提升，就使得比以前的方法更节省开发时间和成本。

4.2.　比较一：Zynq 对 FPGA

需要重点重申的是，Zynq 的可编程逻辑部分和 FPGA 里的是等价的。较小的 Zynq 芯片里的 PL 对应于 Artix-7 FPGA，而较大的等价于 Kintex-7。我们接下去几页的讨论会关注于在这些芯片上实现嵌入式处理的几种可能。

在嵌入式应用中，常常会需要一个或多个处理器来组成系统、支持软件并协调与外设部件的交互。FPGA 普遍用于实现软处理器已经十逾年了，由于这些芯片被部署于更为精密的应用上，因此对基于处理器的系统的要求也不断增长。

正如第 2 章中所提到的，Zynq 架构包含了一个硬处理器，但是也还是可以用可编程逻辑来构建一些软处理器出来。目前标准的 FPGA 是由不带硬处理器部分的可编程逻辑组成的，因此有理由来更深入地探究一下软处理器的可能性。这会有助于我们理解为什么 Zynq 可能被认为在某些应用上，比有软处理器的全 FPGA 解决方案要"更好"。

实际上，这里的问题是："什么是 Zynq 可以做，而有软处理器的 FPGA 不能做的？".

为了做出正确的比较来回答这个问题，我们首先必须定义可用的标准 FPGA 软处理器。这里有一个主要的型号 MicroBlaze，它是一个 32 位软处理器，并在 Xilinx 工具流中有丰富的支持，另外还有其他一些处理器。

4.2.1.　MicroBlaze 处理器

MicroBlaze 是一个主要的软处理器类型，在 Xilinx 的 ISE 和 Vivado 的大多数新版本的设计流中都支持。如果需要，单个芯片上可以部署多个 MicroBlaze。无论是在商业的还是其他的系统设计中使用 MicroBlaze 处理器都没有隐含的许可成本。

配置

使用软处理器的好处之一是可以灵活配置。MicroBlaze 有很多不同的架构选项，可以根据目标应用的需求纳入或排除出处理器的具体实现中。比如，如果系统不会做浮点运算，FPU 就可以被排除，这样就减少了在 FPGA 上实现这个处理器时所需的面积（也就是所需的资源的数量）。在一般情况下，MicroBlaze 的配置可以定制来优化工作频率、性能或范围；或者说，它可以被定义成实现这三者的合适的平衡。这个可以通过 Vivado 中的配置精灵轻易实现。

MicroBlaze 的资源使用是随配置而变化的，从 " 最小面积 " 类型的大约 900 个 LUT、700 个 FF 和 2 个 RAM 块，到 " 最大性能 " 配置的大约 3800 个 LUT、3200 个 FF、6 个 DSP48E1 和 21 个 RAM 块。图 4.1 显示了在 Zynq XC7Z020 上这些的例子布局。

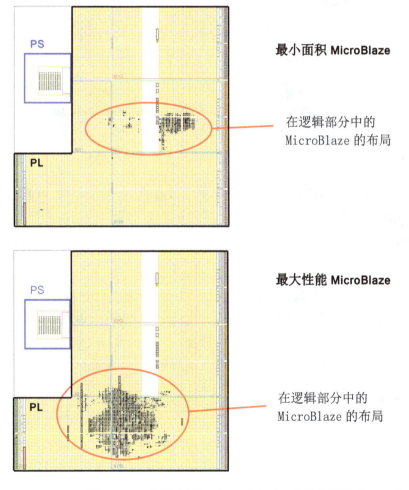

图 4.1: " 最小面积 " （上）和 " 最大性能 " （下）的 MicroBlaze 软处理器实现的布局图

前面提到过，所实现的 MicroBlaze 实例的数量也是可配置的，这就给灵活性又增加了另一个维度。比如，和（双核）的 ARM Cortex-A9 处理器最接近的等价品可以由两个 MicroBlaze 实例组成。

处理器性能

MicroBlaze 可以达到的最高频率取决于它的配置，是可以定制的，也和其他因素诸如位置及到 PL 的路由有关。给个大致的指标，典型的 MicroBlaze 配置可能达到 PL 的最高频率的 70% 左右，也就是最高等于 200MHz 到 300MHz —— 对比之下 ARM 处理器的最高工作频率是 800MHz 到 1GHz。

处理器性能通常是用基准测试（benchmark）来评估的。为了量化 ARM Cortex-A9 和 MicroBlaze 的性能，从而来比较它们，可以用两种广泛使用的基准测试。

- *DMIPs (Dhrystone，每秒百万指令，Millions of Instructions Per second) [19]* — DMIP 数字表示了运行 Dhrystone 标准测试程序时，这个处理器每秒能做的运算的数量。Dhrystone 是合成的应用（就是说并非表示真实的工作），特别设计通过使用处理器有代表性的运算来检验处理器。

- *CoreMark 分值 [6]* — CoreMark 用一个简单的数值的"分值"来表征处理器的性能，这样就可以直接和另一个处理器的分值做比较了。CoreMark 程序提供了和 Dhrystone 一样的目的，但是它的测试内容更专门针对嵌入式处理器用途。

DMIPS 和 CoreMark 都是处理器能力的量化测量指标（而不是计算得到的）。尽管它们都是通过在所评估的处理器上运行特定的、免费提供的测试程序来得到的，两者之间还是有一些基础性的差异的。由于某些原因，CoreMark 一般被认为是比较老的 Dhrystone 方法更为稳固和实际，而且确实 ARM 也推荐使用 CoreMark[1][5]。

根据 Xilinx 文献 [8]，表 4.2 中所列的三个 MicroBlaze 配置，当 PS 时钟频率为 1GHz 时，可以在 -3 级速度的 Zynq 上实现不超过 260DMIPS，而那个双核 ARM 预计可以达到 5000DMIPS（每个核 2500DMIPS）[17]。这表明 ARM 处理器能比单个 MicroBlaze 核提升大约 20 倍的性能。不过使用 DMIPS 指数的时候要稍微有点小心，

这些指数被认为是 "最佳状态" 下的结果。

表 4.2: 在 Zynq 上, MicroBlaze 和 ARM Cortex-A9 的最高性能 (DMIPS)

处理器类型	配置	处理器性能 (DMIPS)[a]
MicroBlaze	面积优化 (3 级流水线)	196[b]
	带跳转优化的性能优化 (5 级流水线)	228[b]
	不带跳转优化的性能优化 (5 级流水线)	259[b]
ARM Cortex-A9	1GHz; 两个核的总和; 每个核 2500	5000[c]

a. 所遇的配置都是基于速度级别 –3 (最快的级别), 应该被认为是最好情况下的数值。
b. 统计来源 [8]。
c. 统计来源 [17]。

比较 Zynq ARM 处理器和 MicroBlaze 处理器也可以得到 CoreMark 指数。不过, 在写本书的时候, 最新可用的 MicroBlaze 分值是从 Virtex-5 的 FPGA 实现上得到的, 而不是 Zynq 或 7 系列的 FPGA, 而且只是单个 MicroBlaze 核的 [6]。表 4.3 所给的数据标明了工作频率 (另外也有 CoreMark/MHz 的指数)。这些数字表明 Zynq 上的 ARM Cortex-A9 处理器和 MicroBlaze 的能力有巨大的差异。

表 4.3: Zynq 上的 MicroBlaze 和 ARM Cortex-A9 的最高性能 (CoreMark)

处理器类型	配置	处理器性能 (CoreMark)[a]
MicroBlaze	125MHz; 5 级流水线 (Virtex-5)	238
ARM Cortex-A9	1GHz; 两个核的总和	5927
ARM Cortex-A9	800MHz[b]; 两个核的总和	4737

a. 统计来源 [6]。
b. 这个指数并非是可能的最高的速度级别下的。

其他特性和因素

MicroBlaze 和 ARM Cortex-A9 处理器之间有几个重要的差异。其中包括：MicroBlaze 是单核处理器而 ARM 是双核的； ARM 的指令集比 MicroBlaze 丰富；MicroBlaze 的 FPU 只实现了单精度浮点，而 ARM 还支持双精度；以及 MicroBlaze 的 cache 的配置实现了单级 cache，而 ARM 有两级而且容量更大。这些架构及功能上的差异也是导致两种处理器类型之间性能差异的原因。

把所有这些因素综合起来考虑，明显 ARM Cortex-A9 处理器的配置是优于 MicroBlaze 的。尽管如此，MicroBlaze 对于很多应用还是非常恰当的选择。单就 Zynq 而言，MicroBlaze 可以成为 ARM 处理器有用的 "副官"。比如，MicroBlaze 可以用来控制 PL 系统功能的一部分。因为是软资源实现的，如果需要而且逻辑资源足够，还可以在 PL 中实现多个 MicroBlaze 处理器。这些因素加上它们固有的可配置性，使得 MicroBlaze 是非常灵活的处理器资源。

对 Zynq 的 ARM 处理器和 FPGA 上实现的 MicroBlaze 处理器做了简单直接的比较之后，明显 ARM 的处理器能力和性能具有极大的优势。因此，可以看出 Zynq 给处理器密集型应用的实现带来了一个清晰的优势：它提供了标准 FPGA 无可企及的性能级别。

4.2.2. MicroBlaze 单片机系统

2012 年出现了 MicroBlaze 的轻量级版本：MicroBlaze 单片机系统（MCS）[7]。这是设计用于控制器应用的，具有一个包含面积优化的 MicroBlaze 处理器的固定的架构，加上数据和程序存储器及一组标准的外设。尽管基本架构是预先定义的，还是具有某些低层次上的配置选项，会影响到 FPGA 上 MCS 的实现的版图。大致的成本是 550 – 700 个 LUT 和 300 – 600 个 FF，如果加入了调试功能则还会更多 [7]。时间性能则与具体的目标芯片和系统实现的其他因素有关。

和 MicroBlaze 处理器的情况一样，MCS 也是兼容 Zynq PL 的。MCS 实例可能构成基于 Zynq 的 SoC 设计的一部分，通常用于实现由运行在更强大的 ARM 上的应用所监管的底层控制功能。

4.2.3. PicoBlaze

PicoBlaze 是单片机而不是处理器（就是说它在处理器部件之外包含了其他功能，并支持一组有限但有用的操作）。不过，为了完整起见，值得把 PicoBlaze 放进来，来看和它名字很像的 MicroBlaze 之间有什么差别。这个 8 位的软单片机 IP 具有非常小的版面（几十个 slice 加上程序存储器），并能实现有限状态机和其他简单控制功能 [10]。PicoBlaze 的设计可以直接从 Xilinx 网站下载得到，文件包里包括 PicoBlaze 控制器的核心 VHDL 和 Verilog，加上可选的功能，比如 UART 和 SPI 接口。

作为一个 8 位的控制器，PicoBlaze 的功能是有限的，也无法与一个 Zyna 的 ARM 处理器相提并论。不过，PicoBlaze 的实现可以在 Kintex-7 的逻辑片上运行到超过 200MHz，大多数情况下和它可能要控制的逻辑部分一样快 [4]。因此，PicoBlaze 可以被看作是另一种有价值的资源。这个紧凑的控制器有可能在基于 Zynq 或 MicroBlaze 的嵌入式系统中发挥有用的作用，来做底层控制的功能。

4.2.4. ARM Cortex-M1

ARM 提供了一个"软核"单片机，ARM Cortex-M1，被优化于做 FPGA 实现。因此在 Zynq 中，这个核可以在芯片的 PL 部分实现出来，来辅助 ARM Cortex-A9 处理器。和 MicroBlaze 类似，这个 Cortex-M1 的配置可以根据用户的需求定制，意味着需要用来实现这个核的逻辑资源可以做到最小。

4.2.5. 其他处理器类型

还有一些其他的 FPGA 嵌入式处理器值得了解，它们可以被分类为软的和硬的处理器。我们已经详细讨论了 Zynq ARM 处理器（硬处理器）和 MicroBlaze（软处理器），下面我们将在这两种不同分类下简单回顾其他处理器。

软处理器

MicroBlaze 是 Xilinx FPGA 和 SoC 设计中最流行的软处理器，因为对它有集成的和扩展的支持，也是因为它出色的实现和性能。不过，这并非是唯一的软处理器，还有第三方的处理器 IP 可以替代它，或是满足某个垂直领域的专用设计需要。

作为例子的第三方处理器包括 LEON4 和 OpenRISC。举例来说，LEON4 的产品数据表明它的性能是 1.7DMIPs/MHz 或 2.1 CoreMark/MHz，在 Virtex-5 芯片上可以达到 125MHz，而所需的面积是 4000 个 LUT[3]。OpenRISC 是一个由 OpenCores 主持的合作开源项目，性能和面积统计数据尚未发布。这两种处理器核都并非只能用于 FPGA，也可以用于 ASIC 实现。OpenSparc 项目也是这样。OpenSparc 是 Sun MicroSystems 开发的开源的、64 位精简指令集计算机（Reduced Instriction Set Computer，RISC），它的一个特殊版本是专门用于 FPGA 实现的。迄今为止 OpenSparc 有过两个主要的版本：T1（2006 年）和 T2（2008 年）。OpenSparc 的 64 位架构使它和其他一般是 32 位的软处理器截然不同，可是尽管研究者们很感兴趣，它还没有被业界广泛地接受。这可能反映了更成熟的 32 位处理器满足了当前的基于 FPGA 的嵌入式处理器的主要需求。

硬处理器

这里要讨论的唯一的硬处理器是 IBM 的 PowerPC®，它曾被用在 Virtex-II Pro（2002 年发布 [11]）和后续的 Virtex-4 及 Virtex-5 的部分型号中作为硬处理器 [12][13]。这些 FPGA 中每片带有一个或两个 PowerPC（PPC）单元。

和 Zynq 中的 ARM 处理器类似，PowerPC 硬处理器实现的性能比同一芯片中的逻辑部分中实现的 MicroBlaze 要高级。拿最高级的配备了 PowerPC 的 FPGA 为例，在 Virtex-5 里的 PowerPC 可以实现高达 1000DMIPS（也就是说用较大的两单元的芯片时可以达到 2000DMIPS），而 MicroBlaze 的性能是大约 240DMIPS[14][15]。拿这些指标与表 4.2 中 Zynq 的那些比较，就可以看出 Zynq 的 ARM 处理器具有超过 Virtex-5 里的 PowerPC 两倍的处理器能力。由于缺乏公开发布的性能指标，在写本书的时候还无法直接用 CoreMark 基准测试比较。

过去基于 PowerPC 的嵌入式解决方案让人们觉得在 FPGA 的通用逻辑旁组合硬处理器是值得的，因此它们可以被看作是 Zynq 的全可编程 SoC 的直系长辈。那些旧芯片，尽管在写书的时候还在生产，但是已经不被最新的设计工具和流程所支持了，所以对于新的设计并不推荐，Zynq 更好。Zynq 代表了新一代的技术，在硬处理器性能、功耗、可编程逻辑部分、芯片集成和工具支持上有了显著的提升。

4.2.6.   总结说明

本节我们比较了 Zynq 处理器和实现了软核处理器的其他 FPGA。要指出的是有多重类型的软处理器可用，包括 Xilinx 提供的核以及第三方提供的。当然，也可能经过巨大的设计努力来自己设计自己的软处理器。

迄今为止最主要的软处理器类型是 Xilinx 的 MicroBlaze，它具有可定制的功能，并可以被配置来优化它的处理器性能、工作频率或面积（或这些指标的组合）。MicroBlaze 被集成进了 Vivado，具有丰富的支持。尽管 MicroBlaze 具有大量有用的特性，但是还是无法提供与 Zynq 的 ARM Cortex-A9 处理器相提并论的处理器性能。不过单就 MicroBlaze 本身而言是非常灵活和有用的资源，这两种不同的处理器类型应该被视为互补的。图 4.2 是本节所作的架构比较的简要图形化总结，其中 MicroBlaze 被用作 FPGA 上实现的软处理器的代表。

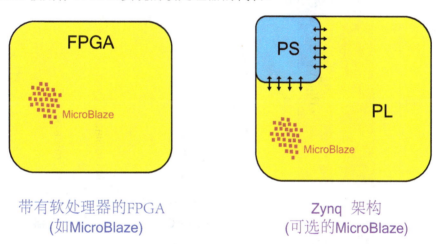

带有软处理器的FPGA
(如MicroBlaze)

Zynq 架构
(可选的MicroBlaze)

图 4.2:   带有软处理器（MicroBlaze）的 FPGA 与带有硬处理器（ARM）和可选的软处理器（MicroBlaze）的 Zynq 芯片的比较

我们也讨论了其他基于 FPGA 的嵌入式处理器，可以看出 Zynq 的处理器部分比之前的基于 FPGA 的处理器技术，就是那些基于 PowerPC 的，有了显著的提升。图 4.3 是基于已公开的性能指标（以 DMIPS 为单位）做的处理器类型的图形化比较。

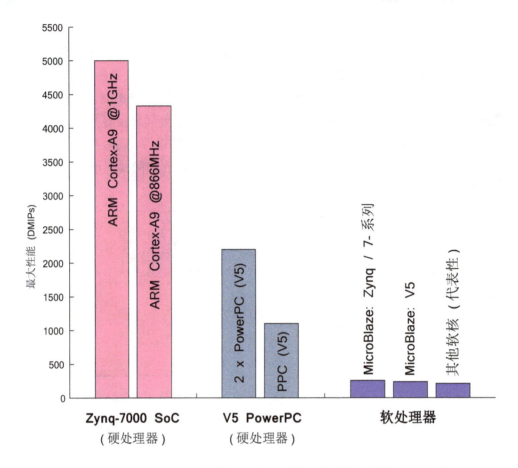

图 4.3: 硬和软处理器的性能比较（只是以最佳情况数据定性说明）

可以看到，左边和中间的组表示的是硬处理器，而右边的组对应的是一种软处理器。显然在两者之间存在巨大的性能差异。基于 Zynq 的 ARM 处理器（最左边的组）可以工作到高达 866MHz（在基于 Artix 的芯片上）或高达 1GHz（在基于 Kintex 的芯片上），形成了两个不同的性能级别。与最近在 Virtex-5 FPGA 里嵌入的 PowerPC 硬处理器相比，它们的性能都有了显著的提升，而这些 Virtex-5 FPGA 实际上已经被 Zynq 所取代了。

如果需要，Zynq 中的高性能的 ARM Cortex-A9 硬处理器可以和 MicroBlaze 或其他软处理器一起有效地形成两层处理器结构。这就是图4.2的右侧所描绘的架构。

4.3. 比较二：Zynq 对标准处理器

那些正在考虑标准处理器下一步应用的人们，也许可以考虑评估一下用 Zynq 会怎样。这种情况下，问题会稍有不同："给我的处理器捆绑上可编程逻辑能得到什么好处？"

很大程度上，答案与应用的具体领域有关，同时也和处理器要从事的运算类型有关。选择了一个处理器之后，比如通用处理器（General Purpose Processor, GPP）或数字信号处理器（Digital Signal Processor, DSP），就意味着需要支持基础软件或操作系统及应用程序。软件在实现计算密集型操作时所构成瓶颈问题，能从 Zynq 中附加 PL 所形成的硬件加速中受益。PL 的好处是它可以为特定的任务进行全面的定制和优化，而处理器则更为通用些。

可编程逻辑天生就为并行地实现算法提供了理想的资源。比如在信号和图像处理中，要同时对大量的样本或像素点进行进行数学运算。尽管在某些处理器中有些特定的资源来迎合这种类型的应用（比如 ARM Cortex-A9 里的 NEON 引擎），它们的性能并不能完全与 FPGA 类型的可编程逻辑中实现的优化了的、针对具体任务的硬件处理块的性能相提并论。

有很多处理器可用，如 4.2.1 所提到的，它们的性能可以用标准的基准测试来评估和比较。特别方便的是，"嵌入式微处理器基准测试联盟（Embedded Microprocessor Benchmark Consortium, EEMBC）"网站提供了提交上来的 CoreMark 分数的数据库 [6]。通过这个数据库，可以确认 Zynq 比其他 ARM Cortex-A9 架构的实现要优秀。

4.3.1. 处理器操作

一个处理器的资源是固定的，通常也就是一个、两个或四个（也有更多的）需要以特定的时钟频率工作的处理器核。所需的软件，当然在确定的时钟频率上是需要一定的时间来执行的，它的实现成本是以（执行的）时钟周期为单位衡量的。所需的处理越复杂，执行的时间也会越长。所实现的算法的效率也是重要的，要保证没有冗余的运算。

　　作为例子，假设我们有一个工作频率为 1GHz 的单核处理器。如果某个特定的程序需要 1825 个执行周期，并且假设这个处理器是专用于这个特定的程序的，那么就要花 1.825 μs 来完成。如果做了后续修改，又增加了 500 个周期的计算，那么这个程序所需的时间就要延长到 2.325 μs。图 4.4 展示了这两个简单的例子。通过增加运算来增加程序的功能当然会增加执行的时间，对于对时间要求不严格的应用这也许是可以接受的 （基于一定的理由）。

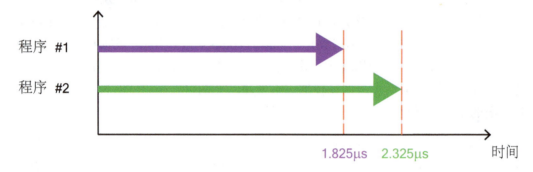

图 4.4: 　一个软件代码的两种变化的处理时间的可视化表达

非实时操作

　　如果考虑一个通用处理器的表现，它有有限个时间槽 （时钟周期），它们已经 （或还没有） 被计划要在其上执行的特定操作所占用。有些操作可能用单个周期就可以了，而有些要几个周期。更明确地说，处理器周期的占用可以表示为程序函数或任务。处理器要支持的可能是很多不同的规律性重复的任务，也可能是临时发生的、要根据优先级安排进处理器的任务。图 4.5 描绘了这种操作模式。要注意到处理器是一个串行的资源，在任何一个时间槽内，它只能满足一个任务，这反映了处理器操作的串行本质。当然，现在处理器正在不断地 " 多核化 "，就是说一个处理器具有比如说两个或四个处理器核，每个可以串行地处理任务。现在，我们先仅以单核来描述我们的例子，以免概念混淆。

随着处理器变得 " 繁忙 "，时间槽的占用程度会升高，于是以执行软件代码计数的性能就会变慢。这和在主干道上开车类似：当交通拥堵的时候，旅行所用的时间就可能会变长。而且，完成某个任务的时效，是随着处理器资源在不同的任务之间共享的状况而变化的。在某些应用中，这种缺乏确定性和无法保证时序的缺点是不可忍受的，那么就需要实时处理。

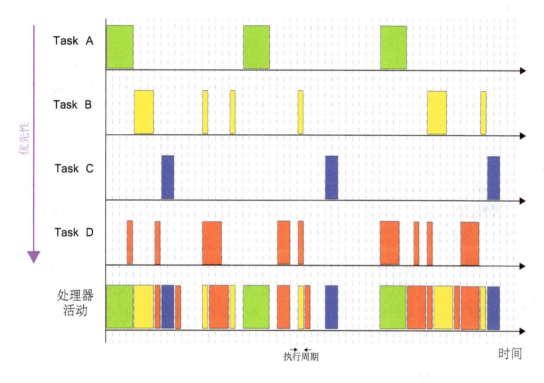

图 4.5： 处理器操作：执行周期

实时操作

追求实时操作的话，就应该考虑到存在着可用执行周期的 " 预算 "，在这个预算中，所需的软件应用或算法是必须被执行的。比如，一个实时视频处理应用需要的处理器资源是能让它跟上以所需的帧速率和分辨率源源不断到来的数据的节奏，否则的话，当新数据到来的时候，处理器还在忙着做之前的帧。图 4.6 描绘了这样的场景，注意图上实际上是有处理时限的，在那之前，和每个单独的帧有关的所有的处理都必须完成。

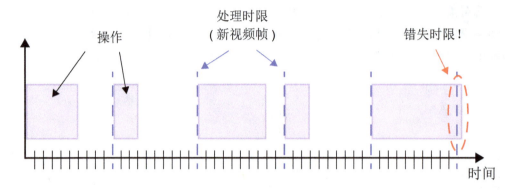

图 4.6: 实时操作

实时系统可以被分类为软实时或硬实时。如果是软实时，当错失处理时限的时候，系统的性能就好像是降级了，一般是临时性的；而如果是硬实时，那么系统就可能完全失效了。

在前面的视频处理应用的例子中，跳过时限而错失一帧的后果可能就是导致画面质量的小损失，而只要后续的处理时限能满足，系统还是能很快恢复的。另一方面，如果时限是和工业安全系统有关的话，那么就得考虑用硬实时系统，因为在最坏的情况下，错失处理时限会导致系统的灾难性失败。

4.3.2.　执行分析

在考虑处理器的活动的时候，经常要考虑它在必须要支持的各种任务下的活动。比如，如果处理器花了执行周期的 80% 在某个特定任务上，就应该研究确定其中能否识别出任何并行操作来。如果可以的话，就把这个功能划分到硬件去以便能获得整体速度的大幅提升。

比如，考虑我们有一个对数据做 FIR 滤波的软件代码，是以软件的方式在处理器上运行的。也许我们会观察到处理器花了很大部分的执行周期来做这个过滤算法去产生结果。由于 FIR 滤波是高度并行的 （就是说多个操作可以同时进行），所以拿来做硬件加速是很理想的。ARM Cortex-A9 处理器里的 NEON 单元具有 SIMD 能力，是适合的加速资源，虽然在第 2 章解释过它存在着处理器 " 道 " 的数量的限制，这样就会限制它的性能。还好，FPGA 逻辑部分支持要实现的滤波器的高速、全并行版本。把计算从处理器 " 卸载 " 到硬件，就可能大大地降低整体的执行时间，如图 4.7 所示。这还释放了处理器，这样它就可以用被加速了的函数腾空出来的处理器周期从事其他的操作。

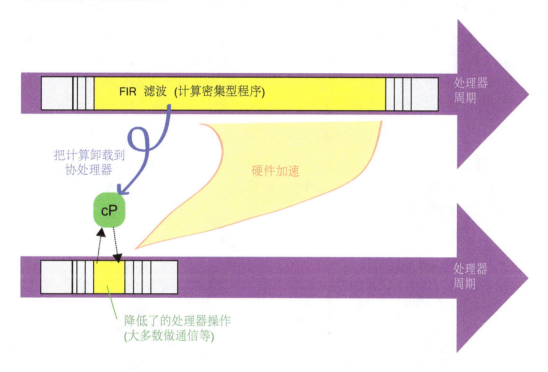

图 4.7：   FIR 滤波被硬件加速之前（上）和之后（下）的处理器活动

把功能从软件划分到硬件去，还有一个问题需要了解，就是这样会带来系统的这两个部分之间隐含的通信额外开销。在软件和硬件之间传递数据和指令所花费的时间造成了要叠加到处理器加速中去的额外的延迟。如果这个额外开销太大，硬件加速的好处就被抵消了。而下一节就会解释，用 Zyna 和用分立的处理器与 FPGA 比较，受益于芯片的 PS 和 PL 部件之间的紧密耦合，通信的额外开销是低的。

4.3.3. 总结说明

在这一节中，我们回顾了处理器的总的工作原理，并考虑了在某些应用中对实时处理的要求。我们还说明了如果某种计算密集的程序是可以在处理器上实现的，那么它可能会表现出对资源产生极大的负担，很可能导致处理器整体性能受损。

我们提出这个问题的一个解决方案，是把像这样的程序卸载到协处理器上，而且当被卸载的计算本质上是并行的时候，这样做是特别有效的，因此很适合像 ARM 里的 NEON 处理器这样的加速引擎架构。不过，PL 是终极加速器因为它支持任意级别的并行，因此能灵活地支持很多种算法，甚至能同时实现多个协处理器。

图 4.8 显示了一个简单的、概念性的图来比较一个孤立的处理器和 Zynq 芯片。即使只是加上了适量的可编程逻辑（等价于较小的 Zynq 芯片）就能获得巨大的硬件加速，因此可以成为单独处理器的令人心动的代替品，它能释放出处理器的资源来支持系统性能的其他方面。

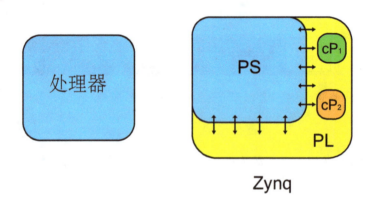

图 4.8: 单独处理器和小型 Zynq 芯片的比较

4.4. 比较三：Zynq 对分立的 FPGA- 处理器组合

最后一个要和 Zynq 比较的架构是处理器 -FPGA 组合，也就是说，这两个部分是物理上独立的元件。出现这种类型的系统，通常是因为系统需要同时支持计算密集型数据流类型处理（非常适合在 FPGA 上做）和高级的软件算法或应用（非常适合在专门的处理器上做）。也许是因为系统的软件部分超越了 MicroBlaze 实现的能力，从而导致 FPGA 和处理器都被认为是必须的了。

Zynq 则给出了另外的做法，用单片芯片替代了两者的组合，图 4.9 描绘了这两种可能性。

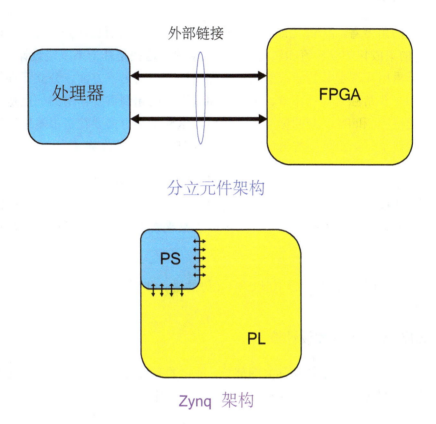

图 4.9: 分立元件与基于 Zynq 的处理器系统和可编程逻辑的组合的比较

Zynq 的解决方案在很多方面都具有优势。首先，根据 4.1 节所列出的最重要的参数，应该能看到，选择单片芯片可能降低 BOM。由于减少了元件的数量，板级系统的硬件架构就被简化了，从而有助于降低成本，还能提高可靠性。

使用 Zynq 芯片还能降低系统的物理尺寸, 而且由于 (一) 芯片操作和 (二) 芯片间通信, 使得产生的功耗也能大大降低。分立元件系统的外部连接比 Zynq 内部的 PS 和 PL 之间的相对更近的内部连接要消耗更多的功率。这使得 Zynq 解决方案的整体能耗更低。另外 Zynq 芯片的物理尺寸、28nm 的芯片工艺和紧密的存储器集成也有助于降低功耗。

从设计的角度看, Zynq 还能实现生产效率的提升, 从而加速开发过程。这要归功于 Zynq 的集成化的设计流和软件开发工具套件, 这些是基于系统级设计哲学的, 用上了设计重用和基于 C 的算法的快速、高级综合。而另一方面, 分立元件的系统可能得有两个非常独立的设计流、工具集和流程。还起到重要作用的一点是, Zynq 的设计流支持 PL 和 PS 之间的标准 AXI 接口, 这样就不再需要花费很多来设计和实现合适的接口了。丰富可用的第三方 AXI 兼容 IP 更是一种优势。

最后, 处理器和 FPGA 之间在外部连接上的通信开销不需要了。之前提过, 这可能造成两芯片模式下的带宽限制和延迟增加。Zynq 芯片里的内部连接本身就比外部连接安全, 实际上, 额外的安全措施还集成进来来实现安全引导过程, 以及对付非法篡改 [16][18]。

关于 Zynq 和两芯片分立模式比较的优势的进一步讨论在 [16]。

4.5. 拓展 Zynq 架构和设计流

Vivado 设计流的一个特别强大的部分, 是它的高级综合工具 ——Vivado HLS——能从基于 C 的软件描述中产生硬件 (注定在 PL 中实现的)。

第 14 和 15 章将详细讨论 HLS, 不过为了这里的讨论, 需要简单总结一下为什么要用它。HLD 设计方法可以在较高的抽象层次上描述功能, 而不是在传统的 RTL 级别 (就是 HDL 和相关的设计开始方法) 上, 从而可以快速创建设计。在使用 HLS 的过程中, 设计师可以运用与要产生的硬件特性相关的特定的分类 (directive) 和约束 (constraint), 来影响 C 代码如何综合进硬件。

在 Zynq 系统开发中, 使用 HLS 是特别有吸引力的, 因为它的架构是由 PS 和 PL 组成的。这就意味着只要简单地对 C 代码做很少的改动并重新定向, 系统的功能部件就可以很方便地从面向在 RAM 中执行的软件移植到在 PL 中实现的硬件中去。

改变系统部件的实现方式, 表达了不同的软 / 硬件划分, 从而能达到性能或实现上的收益。比如在图 4.10 中, 功能部件 F4 被从软件移到了硬件实现中 (可能是使用了 HLS), 而 F1 部件则从硬件实现中移到了软件代码中, 而调整后的系统架构可能具有, 比如说, 提升的数据吞吐率。

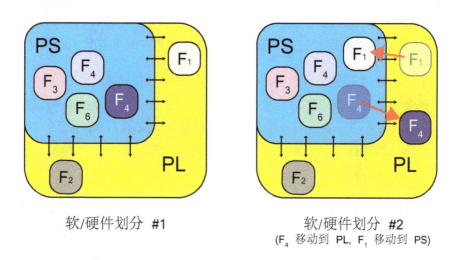

软/硬件划分 #1 软/硬件划分 #2
(F$_4$ 移动到 PL, F$_1$ 移动到 PS)

图 4.10: 基于 Zynq 的软 / 硬件划分的两个例子

在开发复杂系统的时候, 假如软/硬件划分可以非常方便地通过HLS方法的支持来实现, 会是非常有益的。根据需要, 设计团队可以在提出最终系统架构之前, 研究不同的划分方式, 而这样做所需的时间开销 (比之前的方法) 是有所降低的。

4.6. 本章回顾

本章一开始概述了从系统开发者的角度认为是影响目标芯片 (或芯片组) 选择的因素, 并列举了很多这样的因素, 包括 : 芯片的架构、配置和性能, 商业考量, 支持的设计流和开发工具, 物理属性和灵活性。带着这些因素, 通过与其他系统实现方式作比较而明确使用 Zynq 的原因, 就是与用独立的 FPGA 或独立的处理器, 以及用分立元件的 FPGA 一处理器组合方式都做了比较。

大多数嵌入式应用都必须要有处理器资源, 所以本章也总结了在 FPGA 里的处理器的情况, 包括了软处理器和硬处理器。用 Zynq 的 ARM 处理器和当前的及过去的几种基于 FPGA 的嵌入式处理器进行比较, 可以看到 ARM 胜出所有其他的可能选项。

本章概述了处理器的基本操作, 并指出, 如果能够找出软件中的并行, 那么就有很大的机会和动力来把这些功能重新布局到硬件中去, 因为这样做可以实现极大的加速。这样的软 / 硬件划分可以由分立的处理器和分立的 FPGA 组合来实现, 但是也讨论了, 这样的架构具有它自身的困难, 就是两个物理芯片之间所需的接口上存在很多问题。

根据所有这些因素, 我们对于 Zynq 在一块集成的芯片上同时实现了高性能处理和 FPGA 类型的可编程逻辑具有很大的兴趣。这呈现了两个世界的最好的东西, 给了设计师很大的灵活性以便根据需要在硬件和软件部件之间划分系统。帮助这样做的一个设备是 Vivado HLS, 这是一个能把 C 或 C++ 算法转换成适合于在 Zynq 的 PL 里实现的硬件描述的工具。这就意味着, 比如, 软件的计算密集型部分可以快速地重新部署来做硬件加速。HLS 会是本书后面的章节 (第 14 章) 的 "亮点", 然后会对 Vivado HLS 开发工具做特别的阐述 (第 15 章)。

接下来, 我们会根据这一章所做的观察, 来考虑一些特别适合于 Zynq 的应用。应用的领域包括无线通信和软件定义无线电、智能网络、汽车和工业应用、图像处理、机器人和很多其他应用。

4.7. 参考文献

说明：所有的 URL 最后在 2014 年 6 月被访问过。

[1] ARM, "CoreMark Benchmarking for ARM Cortex Processors", Application Note 350, Issue A, 2013.
位于 :
http://infocenter.arm.com/help/topic/com.arm.doc.dai0350a/DAI0350A_coremark_benchmarking.pdf

[2] ARM, "Cortex-M1 Processor" 网页 .
位于 : http://www.arm.com/products/processors/cortex-m/cortex-m1.php

[3] Aeroflex Gaisler, "LEON4 32-bit Processor Core", product information sheet, January 2010.
位于 : http://www.gaisler.com/doc/LEON4_32-bit_processor_core.pdf

[4] K. Chapman, "PicoBlaze for 7 Series FPGAs", KCPSM6 Release 8, March 2014.
位于 (作为下载的一部分) :
http://www.xilinx.com/ipcenter/processor_central/picoblaze/member/

[5] EEMBC 网站 , "CoreMark FAQ" 网页 .
位于 : http://www.eembc.org/coremark/faq.php

[6] EEMBC 网站 , "CoreMark Scores" 网页 .
位于 : http://www.eembc.org/coremark/index.php

[7] Xilinx, Inc., "LogiCore IP MicroBlaze Micro Controller System", Product Specification, DS865, v1.1, April 2012.
位于 :
http://www.xilinx.com/support/documentation/sw_manuals/xilinx14_1/ds865_microblaze_mcs.pdf

[8] Xilinx, Inc., "MicroBlaze Soft Processor Core" 网页 .
位于 : http://www.xilinx.com/tools/microblaze.htm

[9] Xilinx, Inc., "PicoBlaze 8-bit Embedded Microcontroller User Guide", UG129, June 2011.
位于 : http://www.xilinx.com/support/documentation/ip_documentation/ug129.pdf

[10] Xilinx, Inc., "PicoBlaze Soft Processor" 网页 .
位于 : http://www.xilinx.com/products/intellectual-property/picoblaze.htm

[11] Xilinx, Inc., "Virtex-II Pro and Virtex-II Pro X Platform FPGAs: Complete Data Sheet", DS083 (v5.0), June 2011.
位于 : http://www.xilinx.com/support/documentation/data_sheets/ds083.pdf

[12] Xilinx, Inc., "Virtex-4 Family Overview", Product Specification, DS112, v3.1, August 2010.
位于 : http://www.xilinx.com/support/documentation/data_sheets/ds112.pdf

[13] Xilinx, Inc., "Virtex-5 Family Overview", Product Specification, DS100, v5.0, February 2009.
位于 : http://www.xilinx.com/support/documentation/data_sheets/ds100.pdf

[14] Xilinx, Inc., "Virtex-5 FPGAs: The Ultimate System Integration Platform", Virtex-5 Family Brochure, 2008.
位于 : http://www.xilinx.com/publications/prod_mktg/Virtex_family_brochure.pdf

[15] Xilinx, Inc., "Xilinx Extends Platform FPGA Performance with Award Winning MicroBlaze Soft Processor", Xilinx Press Release #0695, 9th October 2006.
位于：http://www.xilinx.com/prs_rls/2006/embedded/0695microblaze5.htm

[16] Xilinx, Inc., "Zynq-7000 All Programmable SoC", Xilinx Backgrounder, 2013.
位于：
http://www.xilinx.com/publications/prod_mktg/zynq-7000-generation-ahead-backgrounder.pdf

[17] Xilinx, Inc., "Zynq-7000 All Programmable SoC Overview", Preliminary Product Specification, DS190, v1.5, September 2013.
位于：http://www.xilinx.com/support/documentation/data_sheets/ds190-Zynq-7000-Overview.pdf

[18] Xilinx, Inc., "Zynq-7000 Technical Reference Manual", UG585, version 1.7, February 2014.
位于：http://www.xilinx.com/support/documentation/user_guides/ug585-Zynq-7000-TRM.pdf

[19] R. York, "Benchmarking in context: Dhrystone", ARM White Paper, March 2002.

5

应用和机会
（"拿它能做什么？"）

Zynq 的应用领域和那些基于 FPGA 和某些处理器的芯片的是差不多的，因此可以先来看一下一般的应用产品和系统的基本状况。下面几页会展示的例子包括：汽车、军用装备、航空航天、图像处理、有线和无线通信、医药、工业控制和许多其他领域。

第 4 章和三种理论上的对照组比较过之后，应该已经理解 Zynq 提供了和其他方案相比更为独特的功能和特性。因此值得基于这些观察结果来探索和考虑什么是 Zynq 特别适合的应用。Zynq 的架构可以被用来满足那些对于高性能计算以及处理器顺序密集计算都有极高要求的应用。由此，我们会关注于三种应用来做例子研究：软件定义无线电（Software Defined Radio，SDR）、智能与网络系统（Smart Systems and Networks）和图像及视频处理（Image and Video Processing）。

另一个要探索的重要内容是 Zynq 的生态系统，和围绕着 Zynq 对开发者有些怎样的机会，比如 IP 包、操作系统和其他的软件解决方案。

5.1. 应用的概述

考虑 Zynq、FPGA 和相关芯片的应用，有几个重要的领域可以被点出来。虽然有大量的可能性应用，但这里的只是有代表性的一些选择。

5.1.1. 汽车

现在的汽车里都有大量的电子装置，从引擎管理到车窗、后视镜和灯光等控制功能，以及导航和资讯娱乐系统都有。先进驾驶辅助系统（Advanced Driver Assistance Systems，ADAS）专门指的就是汽车里为了驾驶员的安全和便捷所提供的系统的总和，包括：偏离车道告警系统、道路标识识别（如进入限速较低的路段时提醒驾驶员）、泊车辅助、抬头显示，以及甚至能监视驾驶员的清醒程度。图5.1是一些例子。

图 5.1：　汽车系统　（左：抬头显示；右：道路标识识别）

FPGA，以及现在的 Zynq 芯片，可以用来实现这些汽车系统 [10][50]。Zynq 的处理能力使它特别适合做这样的系统，而且能够降低元件的数量在一个对成本和功耗敏感并且还往往对物理空间有要求的市场中是一种优势。

5.1.2. 通信

FPGA 是对基于包交换的无线和有线通信进行计算密集型处理的平台。这个领域很多样化，包括地面和卫星传输的收发信机、移动通信骨干网络、有线网络设备、雷达、声纳、全球定位系统（Global Positioning System, GPS）和许多其他的通信系统。图5.2是其中的一小部分例子。

在无线通信中,无线电频谱日益紧张,而与此同时大量无线系统和标准不断在扩张。柔性无线电 (flexible radio) 的概念有可能更好地利用无线电频谱,并能把无线电设备稳固在一个能动态改变操作的单个设备上。Zynq 就是一个理想的柔性无线电平台 —— 在 5.3 节有更多的描述。在有线通信中,通过使用 " 软定义网络 (softly defined networks,SDN) " 使其达到类似程度的灵活性,SDN 能在软件的控制下升级功能 [39]。

© Xilinx   © Xilinx   © Xilinx

图 5.2: 通信系统 (左:无线基站;中:卫星地面站;右:有限网络交换机)

5.1.3. 防务和航空航天

防务系统包括各种通信、图像处理、航空、导航和运输系统,以及和武器相关的技术。军用电路通常需要比民用应用更高的稳固性,以及更大的温度范围和安全特性 [58]。

一个有意思的领域是 " 网络化的战场 " 的概念,在这样的战场上,军人和装备是与飞行器、卫星、信号情报装备及其他防务系统互联的 [38]。网络化战场的目地是搜集、过滤和分享情报,从而提升军事行动的效率。

民用航空应用包括导航和机上飞行系统、卫星和地面通信以及雷达系统。

5.1.4. 机器人、控制和仪器

从制造和加工到高能物理实验的工业和科学处理，都需要精密的控制和仪器。图 5.3 分别展示了工厂控制室、风力发电厂和 CERN 的高能物理实验装置 [4]。

© Xilinx　　　© Xilinx　　　© Xilinx

图 5.3： 控制和仪器仪表系统：（左：工业控制室；中：风力发电厂；右：高能物理实验）

FPGA 和 Zynq 芯片是非常合适的平台，因为借助于 PL 的能力，它们能快速、实时地同时处理多个传感器的输入并操作多个动作器的输出。Zynq 在系统集成和操作的灵活性上还有更大的潜力。比如，可以监视一个控制环的性能，如果有必要就可以改变它的配置转用软件控制。如果需要，PS 还可以支持实时操作系统及（或）GUI（图形用户界面）。

电机控制算法在工业的很多领域都是极为重要的。比如，对美国制造业工厂的调查发现，工业中消耗的大约 50% 的电力是用于"机器驱动"，也就是电机、泵和风扇 [48]。由于在 PS 和 PL 之间的高带宽连接，能够形成紧密的反馈回路，并能利用 AMS 包所提供的 DAC 采样能力，使得 Zynq 很适合做电机控制 [26]。

5.1.5. 图像和视频处理

图像和视频处理包含很多不同的应用，包括家用和专业用的摄像头、视频压缩和存储系统、广播设备、显示技术、工业过程监视、保安和监控、以及许多其他应用。

Zynq 的处理能力对于"嵌入式视频"应用是特别有价值的，嵌入式视频应用既需要对大量像素点数据的确定处理，也需要从图像中提取数据的软件算法（正好相应地适合 PL 和 PS）[8]。在 5.5 节会以具体的实例来进一步探索这个话题。

5.1.6. 医药

在医疗诊断中一个重要的问题是要 " 看见 " 人体的内部,这就需要像计算机断层摄影 (Computer Tomography, CT) 扫描、超声波和核磁共振成像 (Magnetic Resonance Imagers, MRI) 这样的医疗影像设备。为了增强和显示通过这样的设备所获得的图像,往往就需要对大量的数据做精密的图像处理算法。和其他图像处理应用一样,Zynq 综合了 PS 和 PL 的能力,既支持高速并行计算,也支持基于软件的算法。

医学领域所涉及到的进一步的应用包括机器人辅助手术中的仪器控制,以及实时手术图像,比如内窥镜设备、病人监视设备和家庭保健技术 [24]。

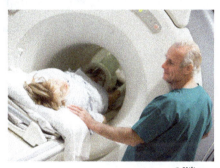
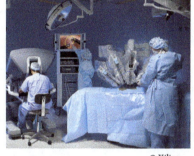

© Xilinx   © Xilinx

图 5.4: 医药应用: (左: MRI 扫描; 右: 机器人辅助手术)

5.1.7. 高性能计算 (HPC)

" 高性能计算 " 这个大帽子术语下面覆盖了需要快速处理大数据集的各种应用,这些应用往往可以通过专用硬件处理来加速 [44]。HPC 包括但不限于诸如金融建模 [54]、油气勘探分析、科学实验中得数据处理、射电天文 [15] 和捕获到的雷达信号分析这样的多样的应用。还包括数据中心和云计算那些常用于建立起 HPC 应用的基础设施。

5.1.8. 其他及未来的应用

接下去几页,会给出 FPGA 和 Zynq 的一些关键应用领域的概述。不过,还有很多正在开展的和潜在的应用没能详细列在这里,从音频信号处理到基于 Zynq 的无人机都有!

要跟上最新的发展,一个好办法是阅读 Xilinx 的 Xcell 杂志,它每季度一期,内容包括了和 Xilinx 技术与应用相关的各种有意思的文章。许多文章都关注 Zynq 或和 Zynq 相关的芯片。Xcell 杂志可以通过以下网站地址访问:

http://www.xilinx.com/about/xcell-publications/xcell-journal.html

另外,Xcell 每日博客常常会重点给出最新的 Zynq 相关的设计新闻、教程和应用报道。Xcell 每日博客位于:

http://forums.xilinx.com/t5/Xcell-Daily-Blog/bg-p/Xcell

最近出现在每日博客上的应用例子包括 Phenox,一个由在东京的研究人员通过 KickStarter 项目 [35] 开发的基于 Zynq 的无人机,开源仪器平台 ——Red Pitaya 以及做 "开放影院摄像头" 的协作开源项目 ——AXIOM,都是基于 ZedBoard 这块 Zynq 开发板的 [1]。

5.2.   何时 Zynq 真的有用...?

正如 5.1 节关于应用领域的总结所展示的,Zynq 适合各种应用,这里还有很多可能性可以展示。

许多应用都是既适合 FPGA 也适合 Zynq 的,因此有理由提出这个问题 "何时 Zynq 真的有用? "。为了回答这个问题,我们可以先分辨出在一个目标应用中可能需要的两种特殊的计算类型:

• 高速、并行、确定性的计算;和

• 连续、动态、非确定性的计算。

这两种计算类型各自很理想地适合 Zynq 的 PL 和 PS 部分。对于同时需要这两种计算类型的,特别是若不用 Zynq 实现就需要使用两片分立的处理芯片的 (比如一片用于高速向量处理的 FPGA,和一片运行操作系统的处理器),Zynq 提供了很大的便利。不仅如此,当应用涉及到这两个计算单元的密切合作的时候,统一的 Zynq 架构能保证降低功耗和简化设计。PS 和 PL 之间的低延迟、高带宽连接是一种优势,尤其在需要快速实时计算和反馈环路的系统中具有巨大的优势。

很可能 Zynq 的不同的特性对于不同的市场会有不同的吸引力。比如，有些应用领域会对成本特别敏感 —— 特别是出货量很大而售价很低的产品 —— 那么由于使用了单颗 Zynq 芯片，就能比两片分离的芯片的方案具有更低的物料价格，从而使这个产品受益。在其他的例子中，最有价值的可能是由于 Zynq 的基于标准和以 IP 为中心的设计流所实现的投放市场时间的加速、功耗的降低或是处理器和逻辑资源之间的低延迟链接。

正如第 4 章中所演示过的，Zynq 比单独的 FPGA 具有更强的嵌入式系统性能，因此传统上使用 FPGA 的某些产品，当引进新的功能和性能改进的时候，就可以自然地在下一轮产品迭代中转换到 Zynq 来。

接下去的三个小节，我们会呈现一个小型的实例研究，关注三个重要而且先进的领域：通信、智能网络和图像与视频处理。每个例子中，Zynq 对于任意一个应用都将表现出其特别的适合性。

5.3. 通信：软件定义无线电 （SDR）

我们首先要考虑的第一个应用，是灵活无线电。无线通信的变化之快，使得能调整功能的系统变得非常有价值。Zynq 是一个能实现这样的灵活性的平台。

5.3.1. 在无线通信中的趋势

最近几年一个明显的趋势，就是对于无线连接的需求的快速扩张，以及相继而来的所使用的无线电标准的数量的急剧上升。比如，你的智能手机很可能对于不同的移动网络有不同的无线电芯片，要支持 2G、3G 还有现在的 4G，还要支持 Wi-Fi（这就有几种变种）、蓝牙和 GPS 接收。每一种都会需要至少一片分立的集成电路。笔记本电脑、平板电脑、电子阅读器、电视机甚至汽车也装备了某些这样的功能。另外，除了普通消费者，运输、应急服务、军队和许多其他部门也需要多种标准的无线电装置。

在所有上面这些市场中，应该把各种标准用的无线电收发信机统一到一个单片可编程芯片上。这样做能得到很多有用的好处：

- 将所需的硬件从几个芯片降为可能只要一片，顺带能在无线电终端设备的成本、尺寸和功耗上有所收益。

- 改进地理便携性，也就是能根据不同的位置来调整无线电的功能，在不同的地方实施不同的操作。

- 实现对新标准的直接支持，不再需要更换硬件。

SDR 是使得这些优势得以实现的技术。

5.3.2. 介绍软件定义无线电 （SDR）

软件定义无线电的概念 —— 一个可以在工作中重新配置的电台 —— 并非新想法，在 1990 年代中期就已经以某些形式出现了 [29]。这个术语可以表达重配置的不同的方面，于是对于不同的人就有了不同的意思。不过，这里我们认为它是指在单一芯片上通过软件的控制来支持多种无线电标准的能力。因此，SDR 表示的就是前面所说的各种无线电功能统一的实现机制。

到今天，SDR 已经被大量地应用在军事上。特别是美国军队在 1998 年就开始了第一个 SDR 计划 —— 联合战术无线电系统（JTRS）（后来演变成了联合战术网络中心，JTNC [22]），基本的目标是降低战士在战斗中需要携带的无线电设备的数量。结果做出来的军用 SDR 电台还是典型的军用风格：又大又贵，这样的特性和大规模民用市场、商业和消费通信的需求是互不兼容的。在可接受的价格范围内，灵活的可用的硬件平台的情况已经有了很大的改变，在非军事领域中 SDR 的应用现在获得了很大的关注。与此同时，军用 SDR 还在继续发展，主要的目标集中在 SDR 的通用标准上，从而能支持和增强友军之间的通信 [62]。

5.3.3. SDR 的实现和授权技术

可配置的处理器平台的使用支撑了现代 SDR 的发展。早期的 SDR 部分地通过元件冗余来实现功能切换，而现在的 SDR 由于可适配的无线电能利用像 FPGA 和 Zynq 这样的芯片的能力，从而大大增强了其应用能力和可能性。要理解为何如此，我们必须首先考虑 SDR 的定义（根据 IEEE 和 SDR 论坛，[55]）。这些组织联合定义 SDR 为：

" 部分或全部物理层功能可以软件定义的无线电。 "

这个定义确定了软件定义的层面是在物理层(PHY),也就是直接和射频(Radio Frequency,RF)电路及空中接口直接打交道的部分。PHY 是计算密集型的,它要实现高速滤波和其他基于算术的 DSP 算法,并与 DAC 和 ADC 交换数据。由于 PHY 层的某些部分具有非常高的计算复杂度,因此软件只能用来定义这些部件的行为 —— 软件自行实现处理过程是不合适的。不那么复杂的计算,比如调制和编码,既可以用软件做也可以用硬件做。SDR 因此就需要运行软件来控制 PHY 功能的处理器和从事 PHY 运算的高速计算并行资源之间的紧密集成。FPGA 类型的可编程逻辑用来实现 PHY 是很理想的,特别是它能做动态重配置(5.6 节会进一步讨论),而 ARM 处理器正好为 SDR 软件提供了合适的平台。将 SDR 构架的这两个重要的部分结合到一个单个芯片,就像 Zynq,可以被认为是一个完美的解决方案,而且实际上市场上已经出现了基于 Zynq 的 SDR 产品 [60]。正如第 4 章讨论过的,相比两芯片的配置,Zynq 的好处是降低了材料花费,更低的功耗和更紧密的集成。所有这些特性都和 SDR 的目标高度一致。

在 [23] 中有过总结,无线标准可以在 PHY 计算中有几个层面的变化,包括帧格式、位速率、纠错编码、调制方式、脉冲形状和载波频率。读者请参考 [17],那是一个极佳的关于通信架构、SDR 以及为什么要开发这些更具适配性和互操作性的无线电的教程。实现一个能支持多种标准的架构是一个有趣的问题,特别是当位速率和所涉及的其他参数不能直接相关的时候。但是现代的 FPGA 和 Zynq 芯片的能力是可以实现这样的系统的。

图 5.5 给出了 SDR 的一个简单的例子,其中发射机的中频(Intermediate Frequency,IF)载波频率可以由软件设置寄存器来编程。寄存器按照步进数输入到数控振荡器(Numerically Controlled Oscillator,NCO),从而控制振荡的频率。

前面提过,无线电的很多方面也都可以重配置,比如调制模式可以从预先定义的模式组中动态选择,而脉冲形状可以通过对滤波器因数的重新编程来改变。而无线标准的改变需要的是计算的基础性结构的不同(比如从基于码分多址(Code Division Multiple Access,CDMA)的标准改变为频分多址(Orthogonal Frequency Division Multiplexing,OFDM)标准),改变这样的功能最好是通过 FPGA 硬件的

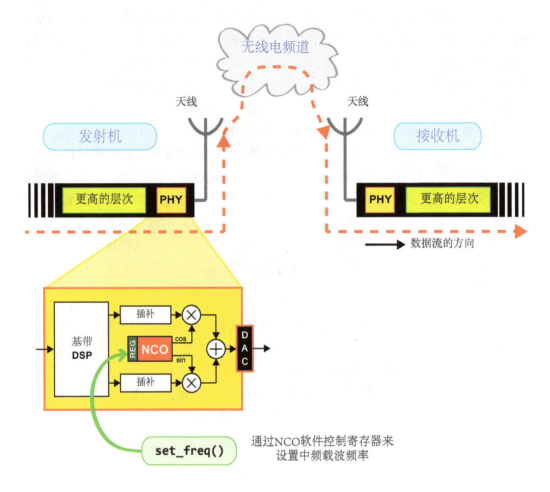

图 5.5: 中频载波频率可编程的 SDR 的例子

部分重新配置来实现。这可以用动态部分重配置 (Dynamic Partial Reconfiguration, DPR) 技术, 在 5.6 节会提到的。

5.3.4. 认知无线电

我们普遍看到 SDR 自然演进成了认知无线电 (Cognitive Radio), 在这种系统中, 利用了电台的适应性来增强对射频频谱的使用 [23] [41] [54]。当前, 大多数频谱是被授权而且还在使用中的, 即使频率波段对使用中的特定族类的支持还受到相当大的压力。动态频谱访问, 也就是让无线电设备能感知局部环境并作出相应响应，是一个有吸引力的建议，因为这最终能促使频谱更好的利用。但是，认知无线电的实现需要解决它固有的各种风险，尤其需要保护已经得到频谱授权的用户。

在学术界和产业界，认知无线电的研究都是活跃的领域 [20][32][52]。开发更好的访问和管理射频频谱的方法会具有巨大的商业和社会影响，但是这个问题的复杂程度也是巨大的。就像 SDR，认知无线电的现实的解决方案会需要综合高速、并行和可重配置的硬件并具有能支持复杂软件算法的处理器，因此 Zynq 显然是这个领域研究和开发的强有力的候选者。比如，在都柏林大学三一学院的研究人员已经为认知无线电开发了 Iris 软件框架 [45]，并在 [49] 中考虑了在 Zynq 上实现这个框架。在写本书的时候，第一个商业认知无线电已经开始出现 [56]，这可以被认为是一个非常激动人心的技术创新。

5.4. 智能系统和智能网络

还是在通信领域，"智能"这个术语正在快要变成无处不在的了。在我们周围添加智能系统可以提升我们的生活，同时还能实现成本的节约，并使环境受益。智能系统的实现就需要智能网络来支撑，因此下面几页我们来考虑这两个事情。

5.4.1. 什么是智能系统？

智能这个术语在很多应用领域都能找到，包括智能电网、智能建筑、智能家居、智能交通、智能城市、智能农业等等。一个中肯的问题是，是什么造就了这些特殊的智能系统？

其实对于智能并没有单一的确定的定义。然而，值得注意的是经济合作与发展组织（OECD）给出了一个定义 [33]，正好可以用于本章的讨论：

"一个应用或服务，能从之前的情况中学习，并能将这些情况综合告知其他设备和用户。然后这些设备及用户可以改变自己的行为来更好地适应这个情况。这就意味着关于情况的数据需要被产生、发送、处理、纠错、解释、适配及以有意义的方式显示，然后据此作出动作。"

智能系统因此可以被解释为对它所观察到的环境做出最优化的响应。可是这样的反应是什么？下面的小节选择了一些智能系统来阐述这个问题。

111

5.4.2. 智能系统的例子

这里给出的智能系统都是工业领域的例子 —— 并非只有这些智能系统，但是在写本书的时候，他们可以被认为是一部分最为突出的。明白这些系统实现了什么，相应的收获是什么，是很有帮助的。

- 智能电网这个术语指的是用传感器、通信网络和自动化来增强电力配电网络（电网），使它能更有效地被管理。智能电网主要的潜在收益是：（一）提高能源效率，这样有助于改善环境并能降低成本；（二）提高网络的可靠性和对局部故障的响应能力；以及 （三）自动收集测量数据。

- 智能农业指的是通过使用监视和自动化系统来增强对农作物、土地和牲畜的管理。这可能包括温室控制来实现最佳的温度和湿度；针对局部气候条件的农田灌溉及排水系统的控制；以及监视牲畜的健康状况并及时报告和提醒农户 [9]。

- 智能交通指的是运输网络、基础设施、信号和乘客数据的集成和动态管理。智能交通系统可以涵盖公共和私人交通，包括货运和客运。智能交通的目的可以包括交通流量的管理（使拥堵最小化）、降低排放，及更快更可靠连接会带来的可观的经济效益 [40]。在大城市中，智能交通被认为是智能城市的重要方面 [6]。

- 智能建筑用传感器和动作器网络，根据监测到的情况和当前的人数来调整建筑的运作，比如灯光、暖气和通风系统。智能建筑消耗较少的能源，因此是"绿色"的，运维成本低，同时还能为其中的住户提供更舒适的环境 [42]。智能建筑这个术语一般指的是非居住型的建筑，比如政府和私人办公室、学校、机场、商店和工厂。

- 智能家居用的是和智能建筑类似的原理，让民居也在成本和环境上受益。除了能管理暖气、灯光和电器的使用，智能家居可能还包括室内保安和娱乐方面的功能。图 5.6 是一个智能家居的展示。

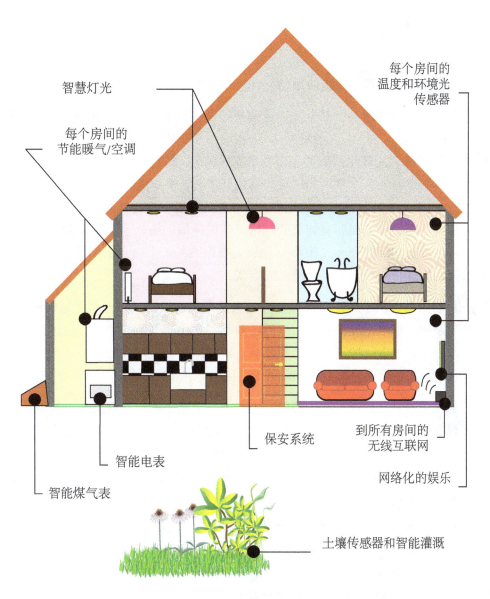

智慧灯光

每个房间的
节能暖气/空调

每个房间的
温度和环境光
传感器

保安系统

到所有房间的
无线互联网

智能电表

网络化的娱乐

智能煤气表

土壤传感器和智能灌溉

图 5.6： 智能家居的某些功能

- 智能城市的目标是集成并智慧地管理城市的各种系统，以实现可持续的发展和经济的增长，并保障市民的生活质量。这可能包括交通、建筑、设施等等，但是也包括在公共区域提供的互联网服务、基础设施的监测和维护、政府服务的提供、保安和疾病管理 [43][51]。

当然，这些只是智能系统的几个例子。还有很多其他的，而且"智能"的家族还会在未来不断扩大。

5.4.3.　智能网络：智能系统的通信

显然所有这些智能系统都会需要通信基础设施来支持它们。由于前面所描述的这些场景的多样性，这些"智能网络"也会很不一样。比如，我们提到过家居和建筑的网络（非常局部化，而且大多数是室内的）、农场的网络（大面积、室外农业环境）和城市网络（非常大的区域、室内外都有、密集的、动态的）。因此"智能网络"这个术语并非指一个特定的技术，甚至都没有指定是有线或无线网络，而是指一种可适配、可扩展和有智慧的网络。智能网络的拓扑也是灵活的。智能系统可能运用至少是初级的分布式计算（也就是在网络的各个结点上的计算），而不是所有的原始数据传输回一个中央结点的方式。

在所有引用的例子中，智能城市看起来是最有挑战的，但也是前景最诱人的。城市是复杂的，但也是经济的动力来源，教育、文化和创新的中心，也是数百万人的家。改善一座城市的经济、社会和环境表现的影响会是巨大的，从已经开展智能城市项目的城市的愿景中就能看出这点来 [16]。

智能化可以被渗透在城市生活的方方面面，但是不能一次性就把一座城市转换成一座智能城市，而不去考虑将来的发展。智能网络是会进化的，因此网络基础设施也必须具有进化的能力。它们还应该能适应对特定事件的响应，比如紧急情况或对网络本身的损害，这些事件会需要网络的路由传输做出巨大的调整。支持智能系统的智能网络因此就必须具有智慧性、动态性和可扩展性。

考虑到这些因素，那么智能系统、智能网络和 Zynq 之间的关系就好理解了。Zynq 所提供的资源能实现智能的嵌入（比如 PS 上运行的软件算法），支持数据的感知、计算和数据分析（PL 上的输入／输出功能），以及实现通信接口和网络支持 [57]。Zynq 是可重配置的、集成的并具有各种尺寸的芯片，用以应对智能网络和系统的各种复杂状况。

5.4.4. 相关概念

智能城市和智能网络是和另外一些当下流行的技术话题紧密联系在一起的，包括机器对机器（Machine-to-Machine，M2M）通信，即具有独立功能的网络化结点（不需要人为干涉）；以及物联网（Internet of Things，IoT），即由这样的结点组成的网络的一个集合名词。

智能网络所产生的数据，尤其是当存在大量这样的数据的时候，可以被称作大数据。大数据意味着是非常大量而且 / 或复杂的数据的集合，而且对大数据的有效分析可能需要专业的计算和方法，但是它的预期结果可以形成比其他可能的手段更好的决策 [5]。

可能这些术语中最广为熟悉的是云计算，这是一种远程居驻的计算资源，可以从任何地方访问。通常云计算资源是非常灵活而且可伸缩的，因此大家对于在云中处理大数据是有很大兴趣的。想象一下，一个智能城市能够由智能的、基于 Zynq 的结点所构成的智能网络会产生大数据，在云中分析，然后再反馈给城市的控制室，从而由智能系统本身及监控其运作的人类共同来形成更好的决策。

5.5. 图像和视频处理，及计算机视觉

图像和视频处理的领域是丰富多样的，经常出现在消费和商业产品中，也能在医药、工业、防务和安全及许多其他领域找到它的应用。

图像处理被认为是处理单个的，或者说"静止"的图像，而视频处理指的是一系列时序的图像（"帧"），通常以特定的帧速率构成。计算机视觉（或"机器视觉"或"嵌入式视觉"）系统则加上了诸如能从图像或视频数据中析取出有意义的数据的智能性。然后就可能基于这样的数据来做出相应的决策。

5.5.1. 图像与视频处理

有很多图像和视频处理专用的技术，总体上可以分类为：（一）增强或调整图像；（二）从中析取数据；或（三）压缩图像和视频数据。已经出过很多关于这些主题的书了，本书没有足够的篇幅来详细描述它们，只能提几个具有代表性的例

子。读者可以参考 [13] 中关于理论性的背景知识和例子，以及参考 [3] 中关于实现的前景。

图像处理的特征是它具有巨大的并行性：每个图像，或等价的视频的每个帧，是由二维的像素点的矩阵组成的，而且在 X 和 Y 轴上可能有超过 1000 个像素点。比如，全高清（HD）视频通常定义为 1920 x 1080 个像素点，也就是总共有 2，073，600 个像素点。还得考虑到每个像素点是由三个通道组成的才能表达颜色！如果用 8 位的通道来分别表达红色、绿色和蓝色的数据，这样每个像素点就需要 24 位，而每幅 HD 图像就需要 49，766，400 位。数码相机产生的图片可能还会更大。考虑到这么大的尺寸，因此任何对单个像素点的计算就需要大量的计算并行展开，这就是很适合在 FPGA 或是 Zynq 芯片的 PL 部分上做的事情了。当然，最好能降低要计算的数据的量，而且有些图像处理是可以在更高的抽象层级上做的，在较少的数据上执行更高级的算法，也就是可能由软件来做。在 5.5.3 节和后面的 5.5.4 节会继续讨论这个话题。

对于视频处理，更多的关注在压缩方面。单幅图片通常在空间域上压缩来缩减文件大小，但是在视频应用中，当帧速率达到每秒 100 帧（在某些特殊应用中更高）的时候，由于涉及到更为大量的数据，对压缩的需求尤为突出，还可能需要实时计算的约束。但是时间域给压缩提供了进一步的机会，因为连续的视频帧往往存在高度的重合。可以用算法来发送一小段时间片段内完整的、最新的帧，然后在这些帧之间，对帧与帧之间的不同进行编码。已经存在很好的视频压缩标准了，而且还在不断地发展和进步 [21][30]。

5.5.2. 计算机视觉

计算机视觉系统能够用于静止图像或视频，并且能够从图像的内容中析取出有意义的数据来。其中的一个实例就是能够在图像中识别出物体的形状、颜色或大小来。这有很多实际应用，范围从制造业到监控、交通管理、食物处理、医药、生物计量甚至空间探索。

作为一个说明性的例子，可以考虑如何在闭路电视（Closed Circuit Television，CCTV）画面中识别出每个人，这样被拍摄的区域中出现的人数就可以确定了。不仅于此，一个计算机视觉系统可能可以识别出诸如打斗或骚乱这样的事件。基于 Zynq 的计算机视觉的商业案例已经出现，比如视觉场景理解 [46]。当然，正如前面所提到过的,还有很多常规的计算机视觉应用,比如根据水果和蔬菜的大小、形状和表皮对其质量进行分类 [47] !

5.5.3. 抽象的层级

图像处理 (作为整体,也就是包括了视频处理和计算机视觉) 可以按照所处理的图像数据的数量和与图像内容有关的了解程度,被分成三个抽象层级。正如在 5.5.4 节中所谈到的,这样的抽象层级的选择,以及每个层级上所施加的计算的类型,使得 Zynq 成为图像和视频处理——尤其是计算机视觉——的非常合适的平台。

图 5.7 中所示的抽象层级详述如下 (按照从下到上的顺序):

- **像素点** — 像素级别的处理代表着最低层级的抽象,要处理最大数量的数据,并对内容有很少的了解,以及很少的图像意义。像素级别的处理可以包括对图像的色彩平衡或对比度的调整,或者是邻域滤波 (比如平滑操作来降低噪声,或 Sobel 滤波来高亮边缘 [3] [13])。通常这些像素级别的任务本身可能具有几个阶段,而且都是在其他操作之前完成的,因此被叫做 " 预处理 "。

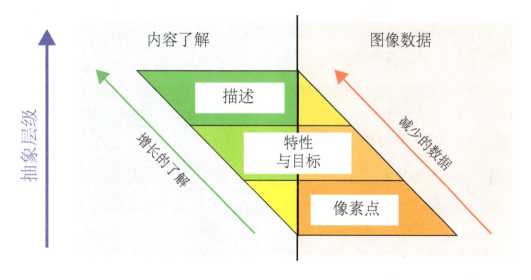

图 5.7: 图像处理中的抽象

- ***特征与目标*** — 作为从图像中析取数据的过程的一部分，特征与目标要被检测到。这包括线条、曲线、形状和区域的识别。有多种技术可以用来帮助实现从像素到特征和目标的转化，包括 Hough 变换、色彩识别、阈值和单一化 [3][13]。

- ***描述*** — 识别出图像中相关的特征或目标之后，最后的一关是获得这幅图像所表达的知识，也就是对它的内容的描述。在这个阶段，数据不再是图像了，而是文字或数字的描述。要实现描述可能会涉及到提取出已经识别出来的特征的参数并加以解释，或是根据预先确定的指标或训练集对图像做分类 [3][13]。

如前所述，计算机视觉需要识别出特征和目标来，这样就能从图像中析取出含义来。这就牵涉到复杂的运算和软件算法。比如，为了判断是否有车辆，就可能必须在图像中分析识别出来的线条，然后甚至可以把车辆的类型分类为摩托车、小汽车、大巴等。这个阶段表达了向图 5.7 中所示的最高抽象层级的转化，从而能得到图像内容的描述。比如，在图 5.8 中，图像显示的是交叉路口的小车。汽车的数量可以用计算机视觉算法被检测并记录下来，然后甚至还可以根据行驶的方向做出分类来。

视频处理应用还可能进一步调用目标追踪，比如如果在 CCTV 画面中识别出感兴趣的人了，那个人在画面中的进一步的运动就可以被追踪。类似的，如果路口的画面形成了视频，那么车辆就可以被追踪。

从图像处理和计算机视觉算法中获得的数据可以用作更高层级应用的数据。比如，在车辆识别的实例中，计算机视觉系统可以提供关于车辆通过一个路口的统计数据，可以用来做交通管理和城市规划。

5.5.4. 图像处理系统的实现

考虑图像处理系统的一般实现的话，显然对于不同的类型和不同的数据量，需要不同的处理类型。回顾图 5.7，起点可能是非常大量的像素数据，对它要做简单的、重复性的操作，而在更高的抽象层级上，计算机视觉技术是对较小数据集（可能就只表达了线条或形状）进行计算的，但是算法复杂得多。

Original Image

Cars Detected

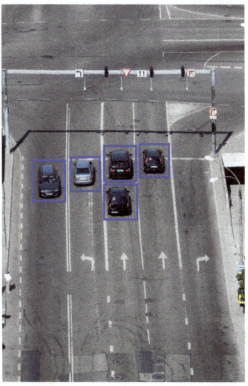

图 5.8:   可以用计算机视觉来检测路口车辆

因此，Zynq 是适合图像处理的高度优化的平台。PL 很适合诸如像素点级别的图像处理所需的快速、并行的操作。计算机视觉功能则可以由运行在 Zynq 的 PS 上的软件来实现，然后还需要与更高层级上的软件应用做集成。这两者之间通过对图像内的特征与目标的检测而进行的转换，可以由带着与 PS 之间恰当接口的 PL 来实现，也可以利用 NEON 处理器的 SIMD 功能。对 NEON 的丰富的支持在第三方图像和视频处理产品中可以找到 [28]。

除了芯片的架构，我们还应该考虑在促进为 Zynq 开发图像处理系统的设计中，Xilinx 和第三方开发工具的作用。以下罗列了一些值得一提的相关说明：

- **Xilinx IP 包** — 在 IP Integrator 里有很多 IP 包是用于图像和视频处理应用的，包括视频存储、图像增强和色彩调整功能。

- **OpenCV** — 开放计算机视觉 （Open Computer Vision）是一个开源项目，实现了一组用于图像和视频处理的 C/C++ 库 [34]。OpenCV 的工具可以用来开发运行在 PS 上的软件算法。

- **Vivado HLS 视频库** — Vivado HLS 包含一个能综合到 HDL 里去的函数库，实现了对图像和视频处理的特殊支持。这些函数可以替代部分 OpenCV 函数，因此如有需要，对应的功能就能方便地被划分到硬件中去 [31]。

- **MATLAB / Simulink** — MATLAB 和 Simulink 提供了丰富的用于图像和视频处理以及计算机视觉的工具 [27]。不仅提供相关的函数和开发环境，还可以把开发好的算法转换成能实现在 Zynq 上的 C/C++ 代码。

5.5.5. Zynq 上的计算机视觉的例子：道路标识识别

计算机视觉在汽车和交通管理领域有一些应用，包括驾驶员安全和辅助系统、智能运输系统、交通执法、交通流量分析、自动牌照识别等等 [7][14]。

文献 [37] 提出了一个有趣的应用，是基于 Zynq 平台的。要解决的问题是要基于捕获的图像来识别道路标识，目的是告知驾驶员辅助系统 （甚至可以直接告知自动化的车辆）车辆周边的环境，以及任何强行管制。系统由三个部分组成：在 ZynqPL 中的预处理 （色彩调整等），在 PS 中的进一步的处理 （形态、边缘和形状检测），以及最后经过与数据库的比对而对标识的分类 （也是在 PS 中做的）。作者指出，由于 AXI 的易用性、Xilinx 工具提供的支持以及 OpenCV 库提供的功能，这个系统只用了六个星期就设计出来了。

5.6. 动态片上系统

本章所提到过的所有的应用,要么需要一个灵活的平台,也就是在 PL 中实现的功能,要么是能从这当中受益的。接下来在本节中会讨论到,DPR 技术提供了一种可能,使得 PL 的一个部分 (或几个部分)可以在运行时刻被完全地重新配置。

5.6.1. 运行时刻系统灵活性

Zynq 全可编程 SoC 实现了设计时刻的灵活性,这是由于 Zynq 具有两个不同的部分,对开发工具和过程的支持,再加上用了 AXI 接口的结果。Vivado HLS 工具实现了更高程度上的易用性,而且无论是 PS 还是 PL 都能实现用 C 语言描述的功能。

PS 上运行的软件可以在运行时刻,藉由软件寄存器或共享内存,通过传递命令和诸如滤波器因数等的参数,来控制驻留在 PL 中的控制功能。这就形成了运行时刻的灵活性。

尽管对硬件做软件控制可以在运行时刻很好地调整功能,还是有一些时候需要的不仅仅是设置参数那样的灵活性,需要对硬件中实现的部件做更为基础性的改变。比如,可能想要实现一个支持不同架构的多种通信标准的 SDR,而在任一时刻,只会使用其中的一种。实际上,任何需要不同的硬件部件但又不会同时使用这些部分的应用,都可以从相关功能的时分复用中受益。

5.6.2. 动态部分重配置 (DPR)

DPR 技术涉及到指定 PL 的一块 (或多块)区域在运行时刻可重配置。这些区域需要被指定为可重配置分区 (Reconfigurable Partition,RP),并且在 PL 的其他部分还继续工作着的时候,它们的功能可以被完全改变。重要的是,RP 的重配置不会影响到 PL 的任何其他部分就能达成。

在一片 Zynq 或 FPGA 芯片中可能有多个 RP,而每个 RP 具有一组可重配置模块 (Reconfigurable Module,RM)。为了清楚起见,这里我们会关注单个 RP。

一个 RP 可能具有任意数量的相应的 RM,但是任一时刻,只有其中之一占据着 RP,因此,对应的功能就能在 PL 的一个特定的部位实现时分复用了。图 5.9 阐述了这个概念。

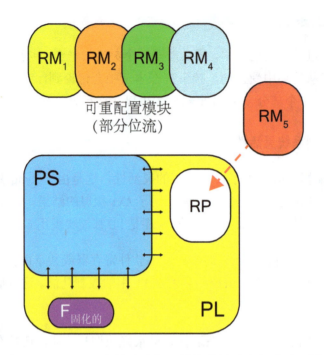

图 5.9：　对 PL 中的时分复用模块使用动态部分重配置

从设计者的角度看，RP 必须具有能放下要部署的最大的 RM 的容量，因为这样才能保证有足够的 PL 资源来用于要支持的所有的设计。使用 DPR 还表示有一组位流片段要事先创建（每个 RM 一个片段）并且恰当地保存起来，这样这些文件就可以在运行时刻被下载到 PL 中去配置 RP。在实际中，PS 上运行的软件应用通常负责协调 DPR 的运行。

5.6.3. DPR 应用的例子

DPR 显然和本章提出的两种应用特别有关系。

我们首先考虑 SDR 的例子。在这个例子中，我们假设一个无线通信收发信机的 PHY 是在 Zynq 上实现的，并带有软件控制。根据要支持的无线标准集的不同，SDR 可能需要实现根本不同的硬件结构。没有 DPR 的话，这就需要把所有会用到的架构都同时实现，那么就会需要可观的资源成本；而有 DPR，所需的功能就可以被统一在一个单一的架构中，这个架构包括：（一）所有标准都通用的部件；和 （二）带有相应的 RM 的 RP，用于在不同的标准上有不同的硬件结构的那些部分 [18]。

图 5.10 显示了这样一个灵活 SDR 发射机架构的概念, 图中假设 SDR 由四个功能块组成: 编码、调制、变换和数字升频器。我们假设最后的那些部件对于这个架构所有可能的变化都是通用的, 而其他每个部件都有不同的 RM。在运行时刻由 PS 负责来选择适当的编码 RM、调制 RM 和变换 RM。(请注意这是为了讨论的目的而简化了的架构, 而且数字升频器也是为了说明问题而假设是通用的 — 它其实未必如此。)

值得记住的是, DPR 是对功能灵活定义的其他方法的补充而不是替代。DPR 只有在底层硬件结构需要改变的时候才是合适的。电台的其他部件最好不要用 DPR 来实现, 而是直接用软件控制, 比如前面 110 页中图 5.5 中的 NCO。

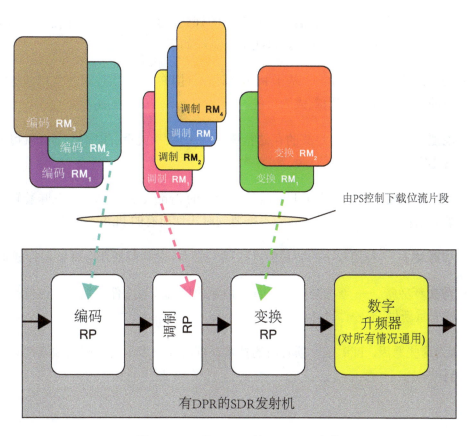

图 5.10: 使用 DPR 的灵活 SDR 架构

其次，考虑到图像处理算法通常由处理的几个不同的阶段组成，DPR 可能用来实现过滤器的动态选择。比如，在 [25] 中，DPR 被用来选择实现边缘检测的 Sobel 滤波器，或是实现调整图像颜色的 Sepia 滤波器。有一个用于 Sobel 的 RM 和一个 Sepia 的 RM，然后被选中的滤波器类型作为位流片段被下载到 RP 中去。

没有很紧的实时处理需要的图像处理应用也可以利用 DPR 来依次执行图像处理算法的各个阶段，甚至可以只有单个 RP。文献 [11] 展示了这种类型的一个设计，用 FPGA 实现了一个生物信息指纹识别系统，这个方法对 Zynq 也是一样适用的。类似的，[10] 提到了汽车领域的一个例子，根据汽车行驶的方向，系统可以在偏离车道告警和倒车影像之间切换。

5.6.4. DPR 的好处

DPR 所实现的运行时刻灵活性具有很大的好处，某种程度上也许轻易就忘了使用这项技术还有一些其他的优势。这些优势总结如下：

- **可能使用更小的芯片** — 基于 PL 的部件通过 DPR 可能实现时分复用，这样较小的 Zynq 芯片的使用就成为可能。

- **功能丰富** — 只要有足够的存储容量，RM 的数量就没有限制，那么就可能实现丰富的功能选择。

- **更低的功耗** — 如果用了 DPR 就能用较小的 Zynq 芯片，那么就意味着较低的静态功耗。动态功耗也会因为不需要同时实现所有的 PL 模块而降低。

- **节约成本** — 使用较小的芯片能直接降低成本。功耗降低还会降低运行成本。

- **增加新功能** — 新的功能可以直接由新的位流片段文件来加入，也就是说不需要重新做 PL 硬件设计。

因为这些原因，DPR 是一项有用的技术，同时在很多不同的应用领域都具有潜在的可行性。

5.7. 更多的机会：Zynq 的"生态系统"

本章迄今为止的讨论都是关于 Zynq 上的应用的，也许这些领域代表了基于 Zynq 的产品开发的方向。还有另一个方向 —— 尽管不那么明显 —— 就是 Zynq 用的软件和硬件的支持。这些支持产品给核心产品和相关的开发工具增加了价值，并因此扩展了它的可能性。许多第三方开发者已经在做这样的事情了。

本节接下去的部分，我们会描述当前 Zynq "生态系统"的样子，并概述开发者可以做出贡献并从这个生态系统中受益的一些机会 [61]。

5.7.1. 什么是生态系统？

如果你对消费电子产品有所体验，技术生态系统的概念就不会陌生。就拿智能手机来说，手机厂家提供了手机和基础的操作系统，然后可能提供一个"应用商店（app store）"或类似的机制，用户只要需要，就可以从那里获得在他们的手机上运行的额外的应用。应用商店里的 app 几乎无一例外是由手机厂家以外的其他公司开发的，而且有几千种不同的 app，从像是音乐管理、天气预报这样的主流兴趣，到像是记录骑车轨迹这样的特殊爱好都有。智能手机还有很多硬件附件，大多数也是第三方生产的，包括外壳和屏幕保护膜、便携音箱、充电器、车用套件等等。

Zynq 的情况有点类似。Xilinx 生产了芯片和一小套开发板，并提供了开发工具的核心集，但是还有很多机会留给其他公司来围绕 Zynq 开发软件工具、应用和基于硬件的产品。Zynq 的生态系统包括软件开发环境、专业的软件库、IP 开发工具、包装好的 IP、操作系统和中间件、用来在 Zynq 上做部署的软件应用、虚拟平台、硬件开发板、附件模块和其他的附件。久而久之，随着 Zynq 应用的稳定和多样发展，它的生态系统也会成为一个丰富的资源。另外，ARM 处理器也有它自己的生态系统，这也是可以利用的 [2]。

图 5.11 给出了 Zynq 生态系统的图形化表达，显示了有代表性的（而非全部）的精选的软件、硬件和支持资源。这个生态系统包括 Xilinx Alliance Program 伙伴和其他基于 Zynq 或 Zynq 相关的产品和服务的第三方开发者 [59][61]。

125

5.7.2. 有什么机会？

Xilinx 鼓励第三方开发和销售围绕 Zynq 的产品与服务。这些产品与服务的市场主要是开发基于 Zynq 的产品的公司的圈子，这个圈子正在稳定地成长。不过，由于这个芯片是由两个标准的部件（ARM 处理器和 FPGA 部分）组成的，还存在向这两个平台移植的可能。比如，IP 开发者的机会是创建 Zynq 用户用的 IP 包，而这些包也可以用于通用的 FPGA 上。因此 Zynq 生态系统代表了技术公司可以参与其中的商业机会。

除了商业运作，还有开源项目和免费软件的机会。其实图 5.11 里描绘的生态系统的某些部件就是开源的，比如广泛使用的用于计算机视觉的 OpenCV 库 [34] 和 FreeRTOS 实时操作系统 [12]。

从另一方的角度，也就是产品开发者的角度来看，生态系统提供了获得创建基于 Zynq 的系统所需的重要资源的机会。它代表了利用第三方 IP、软件部件、开发工具等的机会，使得开发者得以加速他们的设计和验证的过程，因此能更快地投入市场。

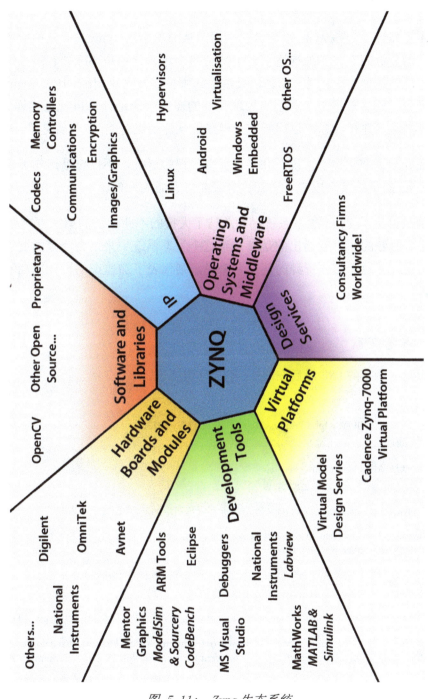

图 5.11: Zynq 生态系统

5.8. 本章回顾

本章精选了一些 Zynq 很适合的应用，从而展示了 Zynq 的广泛的应用能力。本章以实例分析的方式详细描述了三个特别的领域，分别是 SDR、智能系统与网络及图像与视频处理。每个例子都显示灵活性和可扩展性是重要的，因此 Zynq 是一个理想的平台。还着重指出了对不同处理类型的需要：像是计算机视觉这样的应用中，既需要高速、并行计算，也需要在处理器的软件上运行更为 " 智能 " 的算法。

还介绍了 DPR 技术，说明 DPR 可以提供很多好处，不仅仅是运作灵活性，还给基于 Zynq 的系统带来成本、功耗和升级能力方面的好处。

最后讨论了 Zynq 生态系统，并总结了大量的不断增长的第三方产品 （既有免费的也有商业的）。要指出的是参与到这个生态系统中来，为资源的提供者构成了商业机会，而对于这些资源的使用者来说，则代表了加速产品设计周期的有价值的机制。

5.9. 参考文献

说明：所有的 URL 最后在 2014 年 6 月访问过。

[1] Apertus.org, "AXIOM Alpha Progress Report" 网页 , May 2013.
位于 : https://www.apertus.org/article-axiom-alpha-update

[2] ARM Ltd., "ARM Community" 网页 .
位于 : http://www.arm.com/community/

[3] D. Bailey, *Design for Embedded Image Processing on FPGAs,* Wiley-IEEE Press, 2011.

[4] T. Barnaby, "FPGAs Help Measure Trajectory of Particles in CERN's Proton Synchrotron", *Xcell Journal*, Fourth Quarter 2009, pp. 22 - 26.

[5] BBC News, "How New York is Releasing its 'Big Data' to the Public", 12th October 2013.
位于 : http://www.bbc.co.uk/news/technology-24505860

[6] A. Bohandi, "Smart Transport", *Engineering & Technology*, Vol. 7, Issues 6, July 2012, pp. 70 - 73.

[7] N. Buch, S. A. Velastin and J. Orwell, "A Review of Computer Vision Techniques for the Analysis of Urban Traffic", *IEEE Transactions on Intelligent Transportation Systems*, Vol. 12, No. 3, September 2011, pp. 920 - 939.

[8] B. Dipert, J. Alvarez and M. Touriguian, "Embedded Vision: FPGAs' Next Notable Technology Opportunity", *Xcell Journal*, First Quarter 2012, pp. 14 - 19.
位于 : http://www.xilinx.com/publications/archives/xcell/Xcell78.pdf

[9] A. Dembosky, "Silicon Valley links with Salinas Valley to make Farming 'Smart'", *Financial Times (ft.com)*, 28th June 2013.
位于 : http://www.ft.com/cms/s/0/55656cf2-dff4-11e2-bf9d-00144feab7de.html#axzz2iIdk82Be

[10] F. Fons and M. Fons, "FPGA-based Automotive ECU Design Addresses AUTOSAR and ISO 262622 Standards", *Xcell Journal*, First Quarter 2012, pp. 20 - 31.
位于 : http://www.xilinx.com/publications/archives/xcell/Xcell78.pdf

[11] F. Fons and M. Fons, "Making Biometrics the Killer App for FPGA Dynamic Partial Reconfiguration", *Xcell Journal*, Third Quarter 2010, pp. 24 - 31.
位于 : http://www.xilinx.com/publications/archives/xcell/Xcell72.pdf

[12] FreeRTOS 网站 .
位于 : http://www.freertos.org/

[13] R. C. Gonzalez and R. E. Woods, *Digital Image Processing*, 3rd Edition, Pearson, 1998.

[14] A. Guan, S. H. Bayless, and R. Neelakantan, "Connected Vehicle Insights: Trends in Computer Vision", *Intelligent Transportation Society of America, Technology Scan Series 2011-2012.*
位于 : http://www.itsa.org/knowledgecenter/technologyscan/computer-vision-report

[15] G. Hampson et al, "Xilinx FPGAs Beam Up Next-Gen Radio Astronomy", Xcell Journal, Second Quarter 2011, pp. 30 - 35.
位于 : http://www.xilinx.com/publications/archives/xcell/Xcell75.pdf

[16] G. P. Hancke, B. de Carvalho e Silva, and G. P. Hancke Jr., "The Role of Advanced Sensing in Smart Cities", Sensors 2013, pp. 393 - 425.
位于 : http://www.mdpi.com/1424-8220/13/1/393

[17] f. harris and W. Lowdermilk, "Software Defined Radio: part 22 in a series of tutorials on instrumentation and measurement", *IEEE Instrumentation and Measurement Magazine*, Vol. 13, Issue 1, February 2010, pp. 23 - 32.

[18] K. He, L. Crockett and R. Stewart, "Dynamic Reconfiguration Technologies Based on FPGA in Software Defined Radio System", *Journal of Signal Processing Systems,* Vol. 69, Issue 1, October 2012, pp. 75 - 85.

[19] T. Hill, "Motor Drives Migrate to Zynq SoC with Help from MATLAB", Xcell Journal, Second Quarter 2014, pp. 32 - 37.
位于 : http://www.xilinx.com/publications/archives/xcell/Xcell87.pdf

[20] IMEC, "Wireless Communication: Cognitive Radio" 网页 .
位于 : http://www.imec-nl.nl/nl_en/research/green-radios/cognitive-radio.html

[21] International Telecommunications Union, "H265: High Efficiency Video Coding", Recommendation H.265 (04/13), April 2013.

[22] "Joint Tactical Networking Centre" 网页 .
位于 : http://www.jtnc.mil/Pages/Home.aspx

[23] F. K. Jondral, "Software-Defined Radio - Basics and Evolution to Cognitive Radio", *EURASIP Journal on Wireless Communications and Networking*, Vo. 2005, Issue 3, August 2005, pp. 275-283.

[24] K. Khan, "FPGAs Help Drive Innovation in Complex Medical Systems", *Medical Electronics Design* 网站 , April 2012.
位于 : http://www.medicalelectronicsdesign.com/article/fpgas-help-drive-innovation-complex-medical-systems

[25] C. Kohn, "Partial Reconfiguration of a Hardware Accelerator on Zynq-7000 All Programmable SoC Devices", Xilinx Application Note, XAPP1159, v1.0, January 2013.
位于 : http://www.xilinx.com/support/documentation/application_notes/xapp1159-partial-reconfig-hw-accelerator-zynq-7000.pdf

[26] Y. Lin, "Using Xilinx Devices to Solve Challenges in Industrial Applications", *Xilinx White Paper*, WP410, v2.0, October 2012.

[27] MathWorks, Inc., "Image and Video Processing" 网页 .
位于 : http://www.mathworks.com/image-video-processing/

[28] Mike Mitchell, "Zynq for Video Applications", Xilinx presentation, 2012.
位于 : http://www.xilinx.com/Attachment/52101/video_opps_rv3.pdf

[29] Joe Mitola, "The Software Radio Architecture", *IEEE Communications Magazine*, May 1995, pp. 26 - 38.

[30] Moving Pictures Experts Group website, "MPEG-4" 网页 .
位于 : http://mpeg.chiariglione.org/standards/mpeg-4

[31] S. Neuendorffer, T. Li and D. Wang, "Accelerating OpenCV Applications with Zynq-7000 All Programmable SoC using Vivado HLS Video Libraries", Xilinx Application Note, XAPP1167, v2.0, August 2013.
位于 : http://www.xilinx.com/support/documentation/application_notes/xapp1167.pdf

[32] Nokia Research Center, "NRC Presents Cognitive Radio" 网页 .
位于 : https://research.nokia.com/page/9401

[33] OECD, "Building Blocks for Smart Networks", *OECD Digital Economy Papers*, No. 215, OECD Publishing, 2013.
位于 : http://dx.doi.org/10.1787/5k4dkhvnzv35-en

[34] OpenCV 网站 ,
位于 : http://opencv.org/

[35] Phenox Lab, "Phenox" 网页 .
位于 : http://phenoxlab.com/?page_id=296

[36] Red Pitaya 网站 .
位于 : http://redpitaya.com/

[37] M. Russell and S. Fischaber, "OpenCV Based Road Sign Recognition on Zynq", *Proceedings of the 11th International Conference on Industrial Informatics*, Bochum, Germany, July 2013, pp. 596 - 601.

[38] M. Santarini, "Xilinx FPGAs to Power Next-Generation Networked Battlefield", *Xcell Journal*, Fourth Quarter 2009, pp. 8 - 14.
位于 : http://www.xilinx.com/publications/archives/xcell/Xcell69.pdf

[39] M. Santarini, "Xilinx's New SDNet Environment Enables 'Softly' Defined Networks", *Xcell Journal*, Second Quarter 2014, pp. 8 - 13.
位于 : http://www.xilinx.com/publications/archives/xcell/Xcell87.pdf

[40] J. Shankleman, "Public Transport Gets Smart", *The Guardian*, 9th January, 2013.
位于 : http://www.theguardian.com/public-leaders-network/2013/jan/09/centro-public-transport-travel-systems

[41] A. Shukla et al, "Cognitive Radio Technology: A Study for Ofcom - Volume 1", QinetiQ Ltd. consultancy report, February 2007.
位于 : http://stakeholders.ofcom.org.uk/binaries/research/technology-research/cograd_main.pdf

[42] D. Snoonian, "Smart Buildings", *IEEE Spectrum*, August 2003, pp. 18 - 23.

[43] E. Strickland, "Cisco Bets on South Korean Smart City", *IEEE Spectrum*, August 2011, pp. 11 - 12.

[44] P. Sundararajan, "High Performance Computing Using FPGAs", *Xilinx White Paper*, WP375, v1.0, September 2010.

[45] P. D. Sutton et al, "Iris: An Architecture for Cognitive Radio Networking Testbeds", *IEEE Communications Magazine*, September 2010, pp. 114 - 122.

[46] Teradeep 网页 :
http://www.teradeep.com/

[47] J.A. Throop, D. J. Aneshansley, W. C. Anger, and D. L. Peterson, "Quality evaluation of apples based on surface defects: development of an automated inspection system", *Postharvest Biology and Technology*, Vol. 36, Issue 3, June 2005, pp. 281-290.

[48] U. S. Energy Information Administration, "Electricity Use by Machine Drives Varies Significantly by Manufacturing Industry", October 2013,
位于 : http://www.eia.gov/todayinenergy/detail.cfm?id=13431

[49] J. van de Belt, P. D. Sutton, and L. E. Doyle, "Accelerating Software Radio: Iris on the Zynq SoC", *Proceedings of the IFIP/IEEE 21st International Conference on Very Large Scale Integration (VLSI-SoC)*, October 2013, pp. 294 - 295.

[50] G. Velez et al, "A Reconfigurable Embedded Vision System for Advanced Driver Assistance", *Journal of Real Time Image Processing*, Springer, March 2014.

[51] N. Walravens and P. Ballon, "Platform Business Models for Smart Cities: From Control and Value to Governance and Public Value", *IEEE Communications Magazine*, June 2013, pp. 72 - 79.

[52] B. Wang and K. J. R. Liu, "Advances in Cognitive Radio Networks: A Survey", *IEEE Journal of Selected Topics in Signal Processing*, Vol. 5, No. 1, February 2011, pp. 5 - 23.

[53] J. Wang, M. Ghosh, and K. Challapali, "Emerging Cognitive Radio Applications: A Survey", IEEE Communications Magazine, March 2011, pp. 74 - 81.

[54] S. Weston et al, "FPGAs Speed the Computation of Complex Credit Derivatives", Xcell Journal, First Quarter 2011, pp. 18 - 25.
位于 : http://www.xilinx.com/publications/archives/xcell/Xcell74.pdf

[55] Wireless Innovation Forum, "What is Software Defined Radio?" 网页 ,
位于 : http://www.wirelessinnovation.org/introduction_to_sdr

[56] xG Technology, "xG Technology Ships World's First Comprehensive Cognitive Radio System to Walnut Hill Telephone Company", press release, 16th October, 2013.
位于 : http://www.xgtechnology.com/2013-Press-Releases/xg-technology-ships-worlds-first-comprehensive-cognitive-radio-system-to-walnut-hill-telephone-company.html

[57] Xilinx, Inc., "A Generation Ahead: Smarter Networks", Backgrounder, 2013.
位于 : http://www.xilinx.com/publications/prod_mktg/smarter-networks-backgrounder.pdf

[58] Xilinx, Inc., "Defense Grade Zynq-7000Q AP SoCs" 网页 .
位于 : http://www.xilinx.com/products/silicon-devices/soc/zynq-7000q.html

[59] Xilinx, Inc., "Xilinx Alliance Program" 网页 .
位于 : http://www.xilinx.com/alliance/index.htm

[60] Xilinx Inc., "Xilinx's Zynq-7000 All Programmable SoCs Enable Mobilicom's Advanced Peer-to-Peer Software-Defined Radios", press release, 16th July 2013.
位于 : http://press.xilinx.com/2013-07-16-Xilinxs-Zynq-7000-All-Programmable-SoCs-Enable-Mobilicoms-Advanced-Peer-to-Peer-Software-Defined-Radios

[61] Xilinx, Inc., "Zynq 7000 AP SoC Ecosystem" 网页 .
位于 : http://www.xilinx.com/products/silicon-devices/soc/zynq-7000/ecosystem/index.htm

[62] C. Zammariello and A. Lorelli, "Towards SDR Standardisation for Military Applications", *European Defence Agency news article*, January 2012.
位于 : http://www.eda.europa.eu/info-hub/news/12-01-11/Towards_SDR_standardisation_for_military_applications

6

The ZedBoard

现在我们已经解决了一些关于Zynq设备的基本问题，是时候考虑Zynq最受欢迎的开发板之一 ——ZedBoard。它的名字，"Zed" 来自于 Zynq 评估和开发（Zynq Evaluation and Development）。ZedBoard 是截止到落笔为止可用的开发和评估板之一。它的价格非常适合于学生和爱好者，另外还有一个 ZedBoard 用户的在线社区。

在这章中，会介绍 ZedBoard 的架构和特性，以及一些入门的基础信息，还有 Xilinx 设计工具中为 ZedBoard 集成的支持。为创建 Zedboard 设计，当前可用的资源包括，教程，视频，支持，以及值得特别一提的 ZedBoard 社区也都将被提到。

6.1. 介绍 Zed

ZedBoard 是一款低功耗，基于社区的板卡，搭载了 XC7Z020 Zynq 设备。它是由 Xilinx, Avnet（分销商）和 Digilent （生产商）联合经营的。

尽管这是适合于工业的开发平台，ZedBoard 具有满足新 Zynq 用户的特定材料，符合初学者的学习曲线，因此也以学生、学者和爱好者为用户。由 Avnet 运营的网络社区 （ZedBoard.org） 致力于帮助用户，详细信息将在 6.7 节中被提到。

6.2. ZedBoard 系统架构

正如介绍中提到的一样，ZedBoard 搭载了一个 XC7Z020 设备。这是一种小型的 Zynq-7000 设备，拥有基于 Artix-7 的逻辑构造，以及 13300 个逻辑单元，220 个 DSP48E1，和 140 个 BlockRAMs。该尽管它没有高速收发器和 PCI 串行总线模块，但是设备有一个基于 XADC 的 IP 硬核。

ZedBoard 上有很多外设接口：

- GPIO：总共 9 个 LED 灯 , 8 个开关，7 个按钮

- 音频芯片 (Analog Devices ADAU1761，支持音频线路输入，音频线路输出，麦克风输入，耳机输出)

- 视频 (HDMI)

- 视频 (VGA)

- 有机发光二极管 (OLED) 显示器

- Pmod 接口 (5 个)

- 以太网

- USB-OTG (外设)

- USB-JTAG (用于烧写)

- USB-UART (用于通信)

- SD 卡槽 (位于板卡下方)

- FMC 接口

- XADC 接口

- Xilinx JTAG 接口

另外，Zynq 设备还被接到了一个 256Mbit 大小的闪存和 512MB 大小的 DDR3 内存上，这两者都可以在板卡上找到。还有两个振荡时钟源，其中一个频率为100MHz，另一个则是 33.3333MHz。

这些特征都在图 6.1 中重点标出。

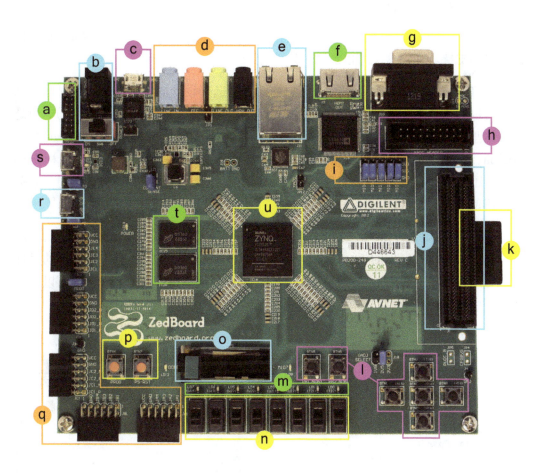

a Xilinx JTAG 连接器	**h** XADC 接口	**o** OLED 显示
b 电源输入与选择	**i** 配置跳线	**p** 编程和复位按钮
c USB-JTAG (用于编程)	**j** FMC 接口	**q** 5 个 Pmod 连接器接口
d 音频接口	**k** SD 卡 (底面)	**r** USB 转 OTG 外设接口
e 以太网口	**l** 用户按键	**s** USB 转 UART 接口
f HDMI 接口 （输出）	**m** LED	**t** DDR3 储存器
g VGA 接口	**n** 开关	**u** Zynq 芯片 (加散热片)

图 6.1: ZedBoard 布局和接口 （正面）

6.3.　ZedBoard 设计流程

　　ZedBoard 的设计流程已在第 3 章有所描述，另外工具链里还有为 ZedBoard 提供的专门支持，利用这个可以加速开发流程。

　　当在 Vivado 中创建工程时，用户会被提示选择设计的目标平台。这时，part 部分可以被选择为 zc7z020clg484-1（也就是 ZedBoard 上搭载的 Zynq 设备），但是注意这里还有另外一个方法就是选择 board 选项。在这里，选择 ZedBoard Zynq Evaluation and Development Kit 选项意味着设计工具不止知道了正确地目标 Zynq 设备，还知道了 ZedBoard 上特殊的特性和可用的外设（例如，LED 灯的数量，开关和按钮使用的 GPIO 接口）。

　　选择阶段如图 6.2。截止到写这篇文章的时候，ZedBoard 由两个的版次（c 和 d），因此你需要查阅你的板卡的文档以确定要选择哪个。同时还有许多其他的目标板卡可用，如果你使用这些中的一个 （比如 ZC702 或 ZC706 评估板），这可以在设计流程中确定目标板卡的独特支持功能。

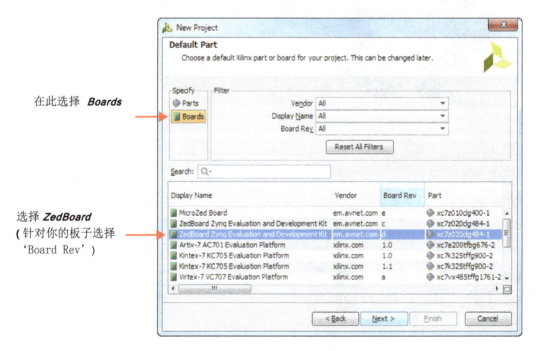

图 6.2:　当 ZedBoard 作为目标板卡时 Vivado 工程选项

6.4. ZedBoard 入门

本节中会提供 ZedBoard 工具包的简短概述，以及完成板卡硬件安装的初始步骤。

6.4.1. 盒子里有什么？

当你第一次打开盒子时，你会发现里面除了 ZedBoard 自身以外还有很多东西。这些会由 Avnet 提供的一段视频说明以及登载在 ZedBoard.org 的网站上。就像我们在图 6.1 中所见的那样，视频会提供 ZedBoard 与众不同的特点，以及关于运行开箱即用的设计的必须步骤。

确认一遍 ZedBoard 盒中的内容，你应该可以在里面发现如下物品：

- Zedboard，装在一个抗静电袋子中

- 一张包含软件设计工具的 DVD

- 一个可以安装美国或欧洲接口类型的电源适配器

- 一条 USB-A 到 micro-USB-B 的连接线

- 一条 micro-USB-B 到 USB-A 母口的适配线

- 一张 4GB SD 卡

- 一个刊有入门信息的小页 [7]

值得记住的是那些不住在使用美国或欧洲电源接口的地区的人们可能需要一个额外的适配本地接口类型的电源适配器。比如住在英国的人需要一个美国到英国，或者欧洲到英国的转换适配器。

还有一个普遍的需求，特别是当你遵循早期的教程，你将需要第二条 USB-A 到 micro-USB-B 的连接线（注意原本只提供了一根这样的连接线，你需要另找一根）。同时这也取决于你想要使用的 ZedBoard 外设，你可能需要额外的音频，视频和以太网的连接线等等。

6.4.2. 硬件安装

ZedBoard 需要连接到一个电源，并且被默认配置成让主机通过 USB 的 JTAG 来烧写（即 USB-A 到 micro-USB-B 的连接）。如果要通过终端程序使用 UART 来完成板

卡和 PC 之间的通信，则额外还需要一个的连接。这两个接口的位置如图 6.3 所示。如果要使用连接 USB 外设的话，注意这里还有第三个 micro-USB 接口是为此保留（这可以在图片的底部看到）。

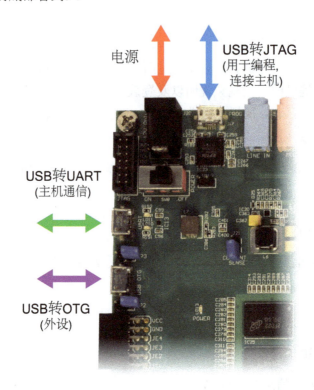

图 6.3:   ZedBoard 的正面左上角，明确电源与 USB 连接器位置

如果要使用USB-UART连接，需要安装正确的设备驱动。这些驱动可以从Cypress得到，安装过程的详细资料可以在文献 [2] 中找到，包括驱动文件的下载链接。

6.4.3.   烧写 ZedBoard

ZedBoard 可以通过四个不同的方法烧写，这些方法是：

- *USB-JTAG* — 这是默认的并且是最直接的烧写 ZedBoard 的方法，这只要通过 ZedBoard 工具包种的 USB 到 micro-USB 连接线就可以直接完成。

- **传统 JTAG** — 板卡上有一个可用的 Xilinx JTAG 接口，如果需要的话可用来替代 USB-JTAG 连接。这会需要一根未包含在 ZedBoard 工具包中的连接线：如一根 Xilinx Platform USB 连接线 [11]，或者一根 Digilent USB-JTAG 烧写线 [10]。

- **Quad-SPI 闪存** — 板卡上的闪存是非易失性的，因此它可以用来保存板卡上次断电时的配置信息。使用这种方法不需要连接线来烧写 Zynq 设备。

- **SD 卡** — ZedBoard 的背面有一个 SD 卡槽。利用这个特性可以通过 SD 卡中存储的文件来烧写 Zynq，并且不需要任何烧写线。这种方法在《ZedBoard Getting Started Guide》中有所描述 [6]。

其中 JTAG 方法尤其适合于开发阶段，因为此时可以很方便地在开发用 PC 和 ZedBoard 之间建立一个 USB/JTAG 连接。另外两种方法则更加便携，并且基本上更加适合于作为一种现场编程的方法。值得一提的是 JTAG 是一种不安全的机制，而其他方法都是安全的；这是在实验环境外需使用 flash 和 SD 卡配置法的另一个理由。关于引导的详细内容会在第 24 章讨论，届时使用基于 Linux 的操作系统。

ZedBoard 的用户可以通过一系列的跳线来选择引导 / 烧写方式，这些跳线位于 Digilent logo 的下方，并在图 6.4 中有所标注。在五个跳线中，中间的三个被用来定义板卡的烧写信息来源（JTAG，闪存或 SD 卡），最右边的控制 JTAG 的模式，最左边则决定内部 PLL 是否被使用。

这里面，最后两个选项需要更深入地讲解一下。JTAG 模式是关于 JTAG 的调试方式的：这可以是串联的，当使用一个 JTAG 同时连接 PS 和 PL 的调试接口时可以如此使用；也可以是独立的，当 PS 和 PL 的调试接口是被分开连接的时候使用，此时每一端都各自需要一根连接线。PLL 模式则决定了在开始引导过程之前，是否需要在设备配置过程中包含一个等待 PLL 锁定的阶段。如果决定绕过 PLL，则会在引导时花费更多的时间。

还有大量关于配置选项和配置过程的信息在《Zynq-7000 Technical Reference Manual》[13] 中。

表 6.1 中列出了被允许的跳线设置，其例子也在图 6.5 中给出。

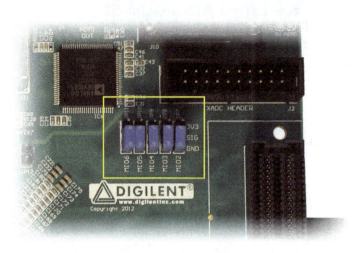

图 6.4: 跳线设置选项

表 6.1: ZedBoard 跳线配置设置 [8]

	MIO[6]	**MIO[5]**	**MIO[4]**	**MIO[3]**	**MIO[2]**
在 Xilinx 技术参考手册...	Boot_Mode[4]	Boot_Mode[0]	Boot_Mode[2]	Boot_Mode[1]	Boot_Mode[3]
JTAG 模式					
Cascaded JTAG[a]	-	-	-	-	0
集成 JTAG	-	-	-	-	1
启动芯片					
JTAG	-	0	0	0	-
Quad-SPI （闪存）	-	1	0	0	-
SD 卡[a]	-	1	1	0	-
PLL 模式					
使用 PLL[a]	0	-	-	-	-
不使用 PLL	1	-	-	-	-

a. 表示默认设置

140

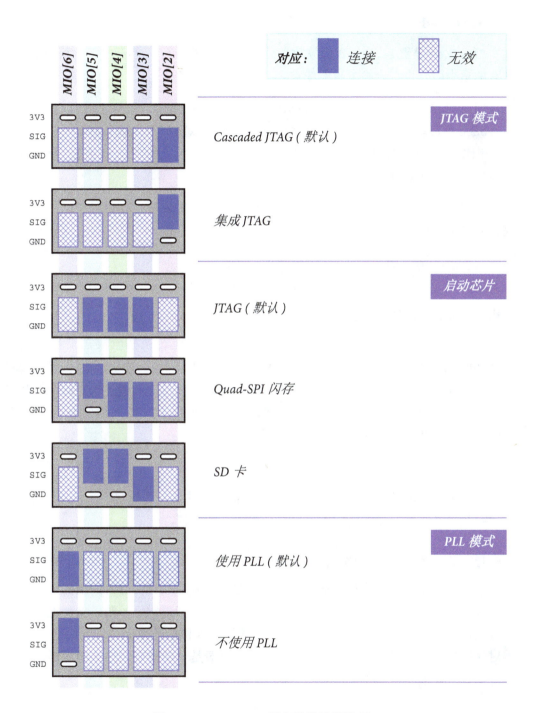

图 6.5: ZedBoard 所有跳线设置选项

6.5. MicroZed

MicroZed 是继 ZedBoard 的成功之后的又一块基于 Zynq 的开发板。板卡更小，拥有的更少的外设，价格上也更便宜。

MicroZed 的默认配置搭载 ZC7Z010 Zynq 设备 （比 ZedBoard 上的要小一些）。MicroZed 既可以当做一个独立的开发板来用，也可以附加在底板上当成一个模块来用。相比于独立操作，把 MicroZed 当成一个附加在底板上的模块来用的一个优势就是可以使用额外的输入输出功能。

尽管本章我们主要考虑 ZedBoard，MicroZed 和它的底板也都可以在以下网站上找到并获得支持。

www.ZedBoard.org

6.6. 文档，教程和支持

无论是 Zynq 的新用户还是老用户，都很有可能在某些阶段需要参考关于 ZedBoard 的文档。这些信息和关键文档可以从很多来源获取，特别是通过它们还可以获得更高级的知识。这些来源包括关于 ZedBoard 自身的文档，板卡的演示和教程，以及一些来自其他来源的支持。除此之外，所有之后提到的资料都可以在 Zedboard.org 的 Documentation 页面找到。

http://www.zedboard.org/support/documentation

虽然 ZedBoard 网站上的资料十分有用，但也要注意，这些网络资料是动态的，并且会随时间变化。尤其是版本变化时会出现新的资料。

6.6.1. 关于 ZedBoard 的文档

在关于板卡自身的文档方面，主要的信息来源就是 ZedBoard 的硬件用户手册 [8]，这里面涵盖了 ZedBoard 得各个功能，包括时钟和重置信号源，电源电路，配置方法，跳线设定，片上存储，外设接口，管脚电压和扩展接头。ZedBoard 勘误文档对这些信息提供了一些必要更新 [4]。硬件手册是一个很有用的参考文档，特别是对于想要在板卡上开发外设的用户。

Master constraints files 是所有关于输入输出连接配置集合的文件，这些约束文件同时可以在 ISE 设计流程中的 .ucf 文件和 Vivado 设计流程中的 .xdc 文件中包含使用。

另一重要文档关于 USB-UART 连接，这需要下载特定驱动并在主机上安装。这个过程可以在《Cypress CY7C64225 USB-to-UART Setup Guide》中找到 [2]。

包含图表、机械图纸和材料清单的更多地板卡相关信息可以在以下网站上找到，所有这些文档都可以在 Support/Documentation 板块下 [14]。

www.ZedBoard.org

6.6.2. 演示和教程

许多演示和教程可以协助入门。而以下这些是特别有用的:

- **Getting Started Instructions** 卡 [7] — 在工具包中得到的一个简短引导，用来确定 ZedBoard 是否工作正常。

- **Overview of the ZedBoard Kit** 视频 [3] — 演示如何检查 ZedBoard 工具包中的部件，以及如何连接板卡开始工作。

- **Getting Started Guide** [6] — 包含许多 ZedBoard 的功能演示。

- **ZedBoard: Zynq-7000 AP SoC Concepts, Tools, and Techniques (CTT)** 指南 [12] — 一个介绍 PL 和 PS 的教程，十分有用。

一些引导可能会含有一系列文件，以及可能会针对某一特殊版本的 Xilinx 工具，所以在开始前检查一下版本是否正确是很重要的。

6.6.3. 在线课程

在 ZedBoard.org 上有许多可用的课程，并且对于网站的注册用户来说都可以免费获得。另外，教育机构的成员（教师，研究者和学生）可以通过 Xilinx 大学计划获取更多资源。教学材料会在第 7 章提到。

ZedBoard.org 上的最主要的练习资料是 Avnet 提供的 SpeedWay Training。在本文起草时候，已经有四个课程可用，分别是《Introduction to Zynq》，《Implemeting Linux on Zynq-7000 Soc》，《Software Defined Radio on Zynq》和《Debugging Arm Procesor System》。

另一个非正式的练习来源是 ZynqGeek，一个 ZedBoard.org 社区成员发布的博客。它一般会给出一些特定的程序（有时也发布在 ZedBoard.org 的论坛中），还有比如 "HelloWorld" 的例子；如何在 PL 上创建并连接外设；以及创建 Linux 内核等话题。关于 ZedBoard 社区的内容会在之后的 6.7 小节讨论。

6.6.4. 其他 ZedBoard 资源和支持

一般来说，看一些其他人的设计很有好处，因此在 ZedBoard.org 发布的多个参考设计十分有用。它们被放在 Support/Reference Design 板块下，主要由 Avnet 和其他 ZedBoard 人员开发的标准工程组成。这些工程包括一个四相移相键控（QPSK）演示，一个使用基于 Zynq 的 HDMI 视频设计，以及 Zynq 上的桌面 Linux 系统。其中有部分需要不包含在 ZedBoard 工具包中的额外的模块，比如 Pmod 或 FMC 板卡。

6.7. ZedBoard.org 社区

这是 ZedBoard 的社区板块，由 www.ZedBoard.org 网站维护。让 ZedBoard 区别于其他开发板，并且创建了一个环境使 ZedBoard 用户可以获取资源，交流想法以及相互帮助以解决问题。这里着重点出该网站的社区方面，至于其他方面，尤其是文档，在之前的章节以及有所涵盖。

6.7.1. 社区工程

除了参考设计外，社区中还有一个页面发布社区工程，这些设计由 ZedBoard 网站成员贡献，既可以分享完整的设计，也可以是未完成的工程，放在那里寻找帮助，或者促进参与度。所有社区成员都可以提交社区工程，这需要经过一个简短的审核程序。

这些工程按照贡献日期，包含 OLED 显示、电机控制、使用 AMS101 附加模块的混合信号处理程序。这些工程包含了一系列的从简单系统开始的主题。其中也一部分需要使用额外的模块，但是大部分都只需要 ZedBoard 本身即可。

6.7.2. 博客

ZedBoard.org 社区也有部分被链接到 Zynq 爱好者的博客。直到本文起草，其中有两个特别活跃的博客，ZynqGeek 和 Zynq from scartch。个人博客的发表经常会基于一些难题，以及解释 Zynq 设计中一些疑杂的地方，无论是关于基本原则，硬件设计还是软件开发。这之中许多都遵循着教程的格式。博客的发表经常会激励其他人的提问和评论，这也增加了社区的感觉。

6.7.3. 支持论坛

在发布后一年之内，超过 3000 块 ZedBoard 卖给了社区，另有差不多数量卖给了学术机构 [9]，因此该平台拥有强力并且高速增长的用户群。他们论坛的形式转化成了一个健康的 ZedBoard 社区。这些论坛给 ZedBoard 用户提供了一个问答平台，特别是为初学者提供了一个寻找帮助的优质环境。这些设施同时提供中英文两种语言。

ZedBoard 用户也可以在 Xilinx 官方论坛中提问和解答：

http://forums.xilinx.com/

6.8. 本章回顾

本章节主要介绍了 ZedBoard, 一款搭载 Zynq XC7Z020 设备的低功耗评估和开发板。本章中包含了 ZedBoard 的重点特性，同时重点阐述了板卡上多种物理接口以及它们的作用。我们同样看到了设计工具对于 ZedBoard 的特殊支持 （同样对于其他开发板也是），这可以帮助加快设计进程。

ZedBoard 的一部分目标是鼓励学术和爱好者社区使用 Zynq，因此特别为初学者入门 Zynq 提供了大量的可用资源。在之前的几页中，我们确认了 ZedBoard 工具包中的内容，解释了如何安装，以及总结了 ZedBoard 入门信息的几个关键来源。之后，我们讨论了 ZedBoard 得社区方面，尤其关注了社区工程，以及论坛之类的，"活的" 资源以解决技术问题以及和相同平台内的其他人交换想法。

ZedBoard 拥有大量用户，特别是学术机构。在下一章，我们的主题继续聚焦于 Zynq 和 ZedBoard 的教育，研究和练习。

6.9. 参考文献

说明：所有的 URL 最后在 2014 年 6 月访问过。

[1] Analog Devices, "Analog Devices FMC - Communications Board: Analog Connectivity with Xilinx Zynq", 2012.
位于 :
http://www.analog.com/static/imported-files/overviews/FMC-Communications_Product_Highlight.pdf

[2] Avnet, "Cypress CY7C64225 USB-to_UART Setup Guide", version 1.3, January 2014.

[3] Avnet, "Overview of the ZedBoard Kit", 视频 .
位于 : http://www.zedboard.org/videos/overview-zedboard-kit

[4] Avnet, "ZedBoard Rev C.1 Errata", revision 1.4, January 2014.

[5] Avnet, "ZedBoard Rev D.2 Errata", revision 1.1, January 2014.

[6] Avnet, "ZedBoard Getting Started Guide", version 7.0, January 2014.

[7] Avnet, "ZedBoard Getting Started Instructions".

[8] Avnet, "ZedBoard (Zynq Evaluation and Development) Hardware User's Guide", version 2.2, January 2014.

[9] BusinessWire 网站 , "Avnet Electronics Marketing Celebrates One Year of ZedBoard", 23rd July, 2013.
位于 :   http://www.businesswire.com/news/home/20130723005579/en/Avnet-Electronics-Marketing-Celebrates-Year-ZedBoard

[10] Digilent, Inc., "XUP USB-JTAG Programming Cable" 网页 .
位于 : http://www.digilentinc.com/Products/Detail.cfm?NavPath=2,395,716&Prod=XUP-USB-JTAG

[11] Xilinx, Inc., "Platform Cable USB II" 网页 .
位于 : http://www.xilinx.com/products/boards-and-kits/HW-USB-II-G.htm

[12] Xilinx, Inc., "ZedBoard: Zynq-7000 AP SoC Concepts, Tools, and Techniques", Vivado 13.2, July 2013.
位于 : http://www.zedboard.org/support/design (requires login)

[13] Xilinx, Inc., "Zynq-7000 Technical Reference Manual", UG585, version 1.7, February 2014.
位于 : http://www.xilinx.com/support/documentation/user_guides/ug585-Zynq-7000-TRM.pdf

[14] ZedBoard.org "Documentation" 网页 .
位于 : http://www.zedboard.org/support/documentation

7

教育、研究和培训

本章来看看 Zynq 用于学术研究和教学，以及对业界和更广泛的社区的培训的机会与可能性。我们是基于不断增长的对于创建联网的嵌入式系统的兴趣，和在各种 SoC 领域中能满足当前和未来的技术挑战的工程技能的兴趣来提出这个话题的。

作为教育内容的一部分，我们会着重于用 Zynq 做 SoC 设计的各种方面所带来的机会，以及在一些相关的学术方向上用 Zynq 作为通用平台的可能性。Zynq 所具有的可扩展性，加上相关的学术开发板，可以形成一个既适合正式课堂教学也适合基于项目的学习的平台。我们会给出每种情况的例子。

就研究而言，Zynq 具有广泛的适用性，因此在学术研究（尤其是以应用为主的研究）中存在着各种各样的可能。我们着重给出一些已经发表的论文，并会提到一些值得研究和探索的深入话题。

我们还会介绍 Xilinx 大学计划（XUP），并介绍 XUP 在大学的教学和研究中所起到的支持机制的角色。最后，本章会概述特别针对于企业和爱好者社区的培训的资源。

7.1. 技术趋势和 SoC 教育

最近几年主要的技术趋势之一，是互联网连接的飞速发展。10 年前，互联网的连接主要是通过 PC 进行的，而现在，消费者是通过智能手机和平板电脑获得无线数据的，不仅仅是在家里或办公室里，而是随时随地的。许多家庭还用上了基于互联网的电视、机顶盒或游戏机来做视频点播，从而能在任何合适的时间观看喜爱的节目了。这些以及其他一些技术的使用，使得总的互联网流量正在稳步上升，实际上全球 IP 流量到了 2015 年预计会超过每年 1.0 泽字节（10 的 21 次方）[4]。

与此同时，我们还见证了连接了互联网的设备的数量的大幅上升。要知道，大约在 2008/2009 年间，全球范围内这样的设备的数量已经超过了当年全球人口的数量 [8]！

互联的设备的数量激增是得益于第 6 版互联网协议（IPv6）的支持的，IPv6 要取代 IPv4，来消除互联网地址空间的压力 [3]。部分由于 IPv6 带来的连接能力的提升，M2M 从 2010 年初开始发展了，成为互联网流量中的一个巨大的来源。在第 5 章中说过，M2M 指的是不需要人的直接干预就能连接到互联网来产生、使用或共享数据的一类设备。M2M 和 IoT（物联网）的概念是紧密联系在一起的，IoT 清晰地表达了对能相互之间进行独立通信和连接的自动化设备的需求 [2]。

这样的 M2M 终端也可以被看作是嵌入式系统，这些系统不是通用的计算机，而是被设计并优化为做特定功能的计算机。比如，M2M 可能带有分布在工业过程中的传感器和动作器来监视和调整生产条件，以提高生产率、降低浪费等。在第 5 章中讨论过，IoT 的应用领域包括：智能城市：一个松散的概念，覆盖了城市生活的几个方面；智能电网：能动态感知和调整的电力输送网络，来使得电力输送性能最大化，并能对失效实现自我保护；以及智能家居：以一种环保经济的方式让传感器和动作器来管理灯光亮度、温度、保安和娱乐系统。

M2M 型互联网流量还会在接下来的几年中继续增长，甚至会超过普通类型流量的增长 [4]。一份 2013 年的报告显示到了 2020 年将会有 2120 亿个设备接入互联网，其中大约 300 亿是机器人 [14]。这表明需要更多的连接互联网的嵌入式系统来实现智能电网、智能城市、智能大厦、智能健康（还有其他的智能！）、资产追踪、"大数据"，工业互联网和许多将要出现的应用。在这个领域中，创新、商业成功和社会受益的潜在机会是巨大的。由于需要以适当的成本、较低的功耗以及往往要求较小的物理尺寸来实现完全自动化的系统，SoC 对这样的应用的重要性是显而易见的。

在考虑电子和通信的课程体系改革时，技术进步的因素是巨大的。理工类院校要教育年轻工程师用于下一代互联网的联网的嵌入式系统的开发的技术和概念，这些是非常重要的。

当然，IoT 并非驱动 SoC 发展的唯一因素。正如在第 5 章中所述，应用是多种多样的，包括先进通信和雷达系统、广播技术、机器视觉、汽车和航空航天，以及很多很多。总的来说，这些技术领域会激发新的商业机会，也会给工程师带来未来要解决的心的问题。

7.2.   大学用 Zynq 教学

这一节主要关注在电子和计算机专业开发课程，找出可以使用 Zynq 全可编程 SoC 和相关的设计流来演示、支持或加强的教育场景。在这之前，应该先从总的局面来看看在学术环境下对 Xilinx 开发工具和板的使用情况。

7.2.1.   用 Xilinx 工具和板教学

Vivado Design Suite 可以用在大学教学中让学生获得业界相关的经验，知道如何使用高级设计工具来构建 SoC 设计。有时间限制的课程实验也许和企业环境有所不同，但是商业开发所带来的效率的提高也能类似地作用于学术环境中，从而使的学生能在有限的实验时间内收获更多。过去，学生用 VHDL 或 Verilog 做 FPGA 设计的话，由于课表时间的限制，也由于采用了底层基于 HDL 的设计方法，是无法期望能开发大型或复杂的 IP 包的。

用了 Zynq 和 Vivado 所带来的系统级的设计方法，学生就有可能构建更高级的 SoC 设计，在大学的课程或项目所限定的时间内，同时完成定制的硬件和软件。

从实际 " 操作 " 的角度看，Zynq 的学术开发板提供了一些板上的外设，能实现嵌入式系统开发所需的所有东西，包括从简单的输入 / 输入到终端通信、音频、视频和数据接口，用附加模块还可以进一步扩展板子。用上像这样的功能，往往就能把学生的作业加强成实现这类和真实世界交互的内容。用了 Zynq 还有一个隐含的好处，就是这块开发板实际上还可以用做几个不同的教学领域的通用平台，跨越电子工程和计算机科学，让大学的院系可以更有效地利用已有的硬件平台。对于正在学习很多不同学科的学生来说，使用相同的实验平台能简化熟悉开发工具和板子的学习曲线，从而获得更多的时间来做学科相关的实际工作和项目。

我们特别指出 Zynq 实际上可以成为几个相关学科的基础，还能支持其他的实际例子，图 7.1 描绘了这种方式，随后会详细讨论。

7.2.2. 数字设计和 FPGA 教学

在之前的章节中叙述过，Zynq 芯片的 PL 部分和 FPGA 芯片是等价的，用起来可以和 PS 部分完全无关。这就使得 Zynq 可以像标准的 FPGA 一样来用，从而能支持 VHDL/Verilog、数字设计和 FPGA 技术这样的课程，或是用在通信、控制系统、信号处理和机器人这样的领域里的基于项目的教学中。

7.2.3. 计算机科学

Zynq 中的双核 ARM 处理器可以和 FPGA 部分隔绝开来使用，因此用户看起来就是一个标准的 ARM 处理器。于是 Zynq 就可以被用作典型的计算机科学教学的实践平台，包括嵌入式系统、软件设计、操作系统和更有挑战性的应用，包括同构双核的对称多处理器（Symmetric Multi-Processing，SMP）和非对称多处理器（Asymmetric Multiprocessing，AMP）—— 参见第 21 章关于最后这个话题的进一步资料。

7.2.4. 嵌入式系统和 SoC 设计

讲授嵌入式系统设计涉及到教育学生嵌入式系统的概念、功能和运作，还要给学生介绍一些实际的嵌入式系统设计。

用了 Zynq 平台，学生可以学习关于通用嵌入式系统的概念，诸如总线、中断、处理器、外设和存储器访问，因为这些 Zynq 平台都能覆盖到。而且因为 Zynq 是组合而成的，对于流行的 ARM 处理器架构和 FPGA 可编程逻辑，学生都能获得大量的经验。

7.2.5. 算法实现 （如信号、图像和视频处理）

还有一种可能的学习模式，就是给学生提供一个已经准备好了的系统，其中有一个或多个 " 黑盒子 "，他们可以加入自己定制的功能进去的。这样就让学生有机会来关注系统的某个特定功能，并从子系统被集成进已有的系统后造成的影响中获得直接的反馈。

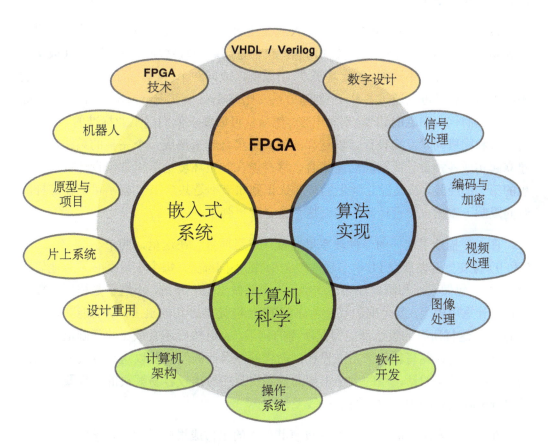

图 7.1： Zynq 相关的学术主题

这样的 "黑盒子" 方法的例子,可以带有软件和硬件的功能。比如,可以在 SDR 中插入特定的滤波级,在图像处理应用中可以加入边缘检测算法,或是在捕获到的传感器数据流中可以加入新开发的软件算法来识别出特定的模式。有一个不错的演示例子是实时视频系统,从摄像头来的流数据送进 Zynq 芯片来做计算,然后输出到视频显示器上。可以要求学生实现图像过滤或特征识别算法,而且能有机会得到结果的直接的可见的反馈。如有需要,可以用不同的设计方法和工具来实现算法功能,如果要在 Zynq 的 PL 部分实现的话,可以用 HDL、System Generator for DSP (* 一个在 FPGA 上设计 DSP 的软件 *),或 HLS,而要在处理器上实现功能的话可以用软件。

7.2.6. 设计重用

以在 7.2.5 节所描述的方式来加入或改变功能的意义还能被进一步用来点出嵌入式系统设计中另一个产业相关的内容:设计重用。在教室环境中,学生 (或学生组) 可以各自开发不同的 "黑盒子" 子系统,或同一个 "黑盒子" 的可互换的不同版本。后者可以通过各种 IP 创建方法,比如 System Generator for DSP、HDL 或 C 层面的代码产生的 HLS,来做出来。然后就可以要求他们用工业标准的 IP-XACT 格式来和同班同学互换设计,以这样的方式来集合起来形成一个完整的系统,或是建立起实现各种设计所需的功能集合。这样能在教室环境给学生带来设计重用的理想的第一手经验。要是能让学生们共同认识到如果不是共享 IP,就不可能在这样的时间限制下做出一个设计来,那么这个意义就更强了。

图 7.2 描绘了这样的一种教室里的设计重用项目。在这里,四个小组 (A、B、C 和 D) 被安排开发要在 PL 中实现的一个 IP 的不同部分。每个小组都必须对他们所分配的 IP 包做设计和测试并编写文档。为了能做出整个系统,小组于是被要求接受一种设计重用模型,就是他们要让所作的 IP 包能提供给其他组用,从而能获得其他组的 IP,这样所有的组就都能得到所需的包了。A 组然后还必须在此基础上开发出整个硬件系统,并写软件来完成设计,同样的,其他的组也要以这个方式来完成他们的系统。这样的话,组的大小不同的问题也是相对比较容易解决的,只要给较大的组分配较复杂的 IP 去开发就好了。

在分享开发出来的 IP,并试图重复其他人的工作成果的过程中,学生们还能获得在真正的工程中测试和文档重要性的真实感受。这就是说,不是让老师满意、获

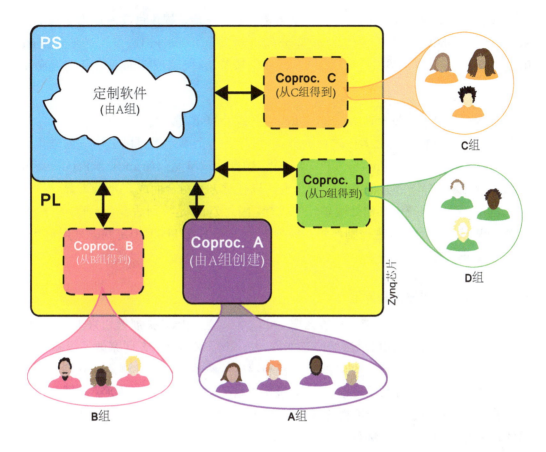

图 7.2：   在教室环境中的设计重用 （从 A 组的角度看）

得分数，而是确保健壮的计算，并且清晰地将所需的技术细节传递给其他工程师来重用自己的设计。同时作为 IP 的生产者和他人的 IP 的消费者的体验，能促使学生思考这样做在开发过程中的重要意义。

7.2.7.   新的和正在出现的设计方法

Zynq 还可以用来教授和研究新的和正在出现的设计方法、语言和技术，比如 HLS、OpenCV 和 OpenCL。

HLS 是第 14 和 15 章要讨论的主要内容。

OpenCV（开源计算机视觉）是一个免费的 C/C++ 库，提供做实时图像处理的函数 [16]。OpenCV 是基于伯克利软件分发开源许可（Berkeley Software Distribution, BSD）方式发布的 [17]，这意味着它对于学术和商业使用都是免费的。

OpenCL（Open Computing Language，开放计算语言）是一个开发标准，给出了在异构的计算机单元上运行软件的框架 [15]。一个单元组可以由中央处理单元（Central Processing Units, CPU）、DSP、图像处理单元（Graphics Processing Units, GPU）、FPGA 和其他类型的计算资源以任意方式组合而成。OpenCL 靠一个宿主处理器来控制系统中其他处理单元的执行，因此 Zynq 是特别适合 OpenCL 的平台：一个 ARM 核可以实现宿主控制，将功能分配到（一）在 FPGA 中定制的处理单元，及（二）第二个 ARM 核中。

7.2.8. 传感、机器人和原型

Zynq 学术开发板上还带有扩展插座，可以用来接上 Pmod 扩展模块来扩展功能，如果是 ZedBoard 的话，可以接 FMC 连接器。Pmod 厂家和第三方厂家做了很多 Pmod 模块 [5][12]，包括传感器（光线、声音和温度传感器、接近检测器、陀螺仪、加速度计等）、动作器和数据变换器（如步进电机驱动器、DAC 和 ADC）、通信接口（蓝牙、GPS、Wi-Fi 等）和可视化显示输出（LCD 和 OLED 显示器）。Pmod 还能做简单的定制接口和测试点，还能在面包板上用。

有了这么多附件，就能基于 Zynq 开发板做很多实用作品了。比如，可以为智能建筑感知环境光线和温度，或搭建一个机器人车，甚至可能通过蓝牙和手机交互。作为这类应用的例子，Xilinx 大学计划已经做了一个"ZRobot"来作为教学开发平台，如图 7.3 所示 [11]。学生可以进一步加上传感器和动作器，或修改软件程序改变行为来增强或扩展这个机器人的功能。

7.2.9. 一个例子课程

美国加州 Claremont 的 Harvey Mudd 学院的 Karl L. Wang 教授，在他和 Digilent 来的同事共同发表的《An Effective Project-Based Embedded System Design Teaching Method（一种有效的基于项目的嵌入式系统设计教学方法）》论文中所呈现的基于 Zynq 的教学是一个有意思的例子 [20]。论文总结了一个新开发的课程的内容和结构，这个课程是用 ZedBoard 作为课堂教学平台的。这门 16 周的课程由一

图 7.3： ZRobot，基于 ZedBoard 开发平台做的

系列的讲课和结构化组织起来的实验构成，然后有一个小组为单位做项目的阶段，在这个阶段中，学生要运用他们的知识和技能来提出自己定义的问题。这些小组看起来选择了各种各样的题目，包括弹球游戏、音乐合成器和带有避撞感知的机器人。论文的作者报告了对教学方法的正面反馈，并提出了将来可能的一些发展。

7.3. 项目和竞争

ZedBoard 和其他学术开发板的厂家 Digilent（德致伦），会定期举办学生设计竞赛。这些竞赛是对全世界的学生开放的，致力于围绕 Digilent 的产品（包括 FPGA、Zynq 和单片机板）激发出创新的设计理念和作品。在最近举行的设计竞赛中，在写本书的时候（2013 年），学生提出了诸如图像处理的形状识别、电力线通信和加密算法的实现这样的问题，这些问题能利用 Zynq 的 PL 来做硬件加速。

Xilinx 大学计划偶尔也会组织遍布全球的区域性设计竞赛，这些竞赛的目标也是为了激发学生的参与和创新 [24]。

7.4. 学术研究

正如 Zynq 在工科教学计划中和很多相关课题有关一样，Zynq 在电子工程和计算科学的研究中也具有很大的潜力。在写本书的时候，Zynq 还很 "年轻"，因此在其上所形成的创新的范围和方向还没有完全展现出来，不过，值得我们来看看目前做过的一些研究活动。

受第 5 章标识出来的那些研究领域的影响，你可能会认为围绕 Zynq 的研究会主要是应用驱动的，比如图像与视频处理、软件定义无线电、通信网络等等。不过，甚至在这些关键领域之外，Zynq 也广受欢迎，从至今已经发表的论文可以看出 Zynq 可以发挥作用的研究领域是丰富多彩的。

其中具有特色的有：

- **光流 (optical flow) 加速器** —— 作为图像处理的一个应用，光流关注的是连续的视频帧之间的运动特征。在 [13] 中，研究人员报告了用 HLS 和 OpenCV 在 Zynq 芯片上实现的光流算法。在这个项目中，直接观察到了用 HLS 做设计方法（在第 14 章深入讨论）的好处。比如，能扫描设计空间来找到最合适的实现。论文的结果表明所开发的设计达到了能与桌面处理器相提并论的性能，但是只消耗了大约七分之一的功率。

- **远程健康／安全监视** —— 有一篇论文介绍了一个监视志愿者个体的系统的实现，这些志愿者可能容易跌落而受伤 [19]。系统从病人所戴的医学传感器上获得数据，这些传感器由一个三轴加速度计采集运动数据。传感器的数据是稀疏的，因此需要重构，这个重构是用实现了正交匹配追踪（Orthogonal Matching Pursuit, OMP）算法的基于 PL 的加速器来实现的。另一个 PL 加速器基于重构的数据来检测跌落，而软件程序则用来识别出跌落，从而决定应该采取何种措施。

- **图像处理和嵌入式视觉** —— 正如第 5 章中所讨论过的，Zynq 是图像处理非常适合的平台。[9] 的作者介绍了一个系统，在 ZC702 板上作的原型，利用了

ARM 处理器和 PL 来分别实现 Linux 上运行的软件框架和图像处理硬件加速器。所实现的功能包括图像稳定化、对比度自然化和运动目标的识别。论文提到了所实现的资源成本和帧速率，以及系统的可扩展性。

- **"可进化"的硬件** — 在第 5 章中介绍过，DPR 是一种对 FPGA 或 Zynq 的 PL 的某个区域实现重新编程，而芯片的其他部分能继续不受影响工作的技术。用基于 ARM 的软件控制做的 DPR 的实现（以及用于可进化硬件的相关技术）是非常受关注的领域，[6] 和 [7] 的作者介绍了这样的做可配置（或"可进化"）的图像过滤系统。他们介绍了主要归功于 Zynq 架构所带来的巨大的性能提升，并提出了进一步研究的领域。

- **Zynq 硬件虚拟化** — 在 [18] 中提出了 Zynq 平台虚拟化的课题，目标是抽象细节，尤其是实现 PL 的更具动态适应性的使用。换句话说，这是使得 PL 不仅仅是用来实现静态的协处理器，而且能根据计算的需要来实现功能的调整。作者评估了在 Zynq 上用标准管理程序（hypervisor）来支持这种计算模型的潜力，并展示了 Zynq 上的一个软硬件虚拟化框架。

- **气体识别** — 在 [1] 中，提出了一个基于 Zynq 的 SoC 设计，来识别气体。用了主成分分析（Principal component analysis，一种基于矩阵的方法）来做机器学习，从而识别出气体来。论文介绍说成功地用了 Vivado HLS 来做计算并行矩阵运算的硬件加速，并给出了用来优化实现的指导。论文的结果表明 Zynq 的解决方案比在 64 位的 Intel i7 处理器上的基于软件的解决方案要快。

- **生物传感** — [10] 提出了实现具有大量通道的灵活的生物传感平台的问题。这样的平台需要支持从大量传感器（1000 以上）采集到的数据，然后要对数据做后续的基于 FFT 的信号处理。所设计的系统被映射到 Zynq 架构上（在 ZedBoard 上），由 PL 来做 FFT 计算的加速。论文说这个系统支持比上一代平台多 8 倍的传感器，而且采样频率比之前的高 1000 倍。论文还指出了 Zynq 的可重配置的本性和它的灵活性，能扩展设计来适应更多的通道。

这不是一个面面俱到的列表，围绕着 Zynq 平台的研究的深度和广度无可限量。

7.5. Xilinx 大学计划 (XUP)

学术活动是由 Xilinx 内部的 XUP 部门直接支持的。在学术圈子里提升这个组织的知名度、宣传它所提供的服务是重要的 [23]。

7.5.1. 介绍 XUP

XUP 由一支专门的全球团队管理和运作，致力于支持全世界的大学使用 Xilinx 的工具和技术。XUP 建立的目标是促使大学在课程和研究中使用 Xilinx 的技术，XUP 团队采取了各种手段来鼓励和支持学术活动。本节接下来简要地总结一下

7.5.2. 软件技术和许可

Vivado System Edition（系统版）的学术版许可以低价提供，用以支持课堂教学和研究中使用完整功能的 Xilinx 软件。合格的机构可以从全球范围内的本地 Xilinx 经销商或教育伙伴购买许可。某些情况下，若符合捐助计划的条件，XUP 还可以免费提供许可。

另外，学生可以获得 Xilinx WebPACK 来做个人和家庭的使用，这意味着课程作业可以在实验室之外的地方完成，如果愿意，学生可以在自己的笔记本电脑上做作业。WebPACK 包括了 Vivado 工具的核心功能（FPGA 设计、软件开发和仿真），是直接从互联网上免费下载的 [21]。

软件的最新的 WebPACK 版本通常会支持大多数过去的和某些当前的 Xilinx 芯片，但是没有每个产品系列中最新的、最高端的和受限制的芯片。比如，在写本书的时候，Vivado WebPACK 2014 支持 Zynq 系列中较小的芯片，但是不支持最大的，最大的芯片需要 Vivado 的完整版本。一般来说，WebPACK 对学术教学或学生和爱好者在家里使用是足够的，因为大多数开发板（特别是那些用作教学用的板）用的是产品系列中较小的芯片。

读者请参考第 49 页上的表 3.1，上面列出了 WebPACK 所提供的功能，并比较了 Vivado 的 Design 及 System 版的不同。

7.5.3. XUP 开发和教学板

XUP 与合作伙伴合作来生产专门为学术设计的 FPGA 和 Zynq 开发板。这些板子会装备一系列的 I/O 外设，包括 LED、开关和按钮、视频输入 / 输出、音频输入 / 输出、以太网以及扩展口和引脚。

在写作本书的时候，有两种 XUP 的 Zynq 板：

- **ZYBO** — 一块低成本的板，配有 XC7Z010 Zynq 芯片和一组关键的 I/O 外设。ZyBo 板的尺寸很小，非常适合用作课堂教学。在第 69 页的 3.6.5 节介绍过 ZYBO，图 3.9 有这块板的照片。

- **ZedBoard** — 一块增强的开发板，基于 XC7Z020 Zynq 芯片，带有扩展的外设。适合课堂使用，但是也适合做项目和较实际的应用。

XUP 的板是由生产厂家支持的，也由 XUP 直接支持，他们提供针对这些板子的教学和培训材料。用户可以通过 XUP 网站得到 Zynq 的教学材料。

ZedBoard 特别适合做研究工作，当然某些研究课题可能需要更大的芯片或专门的外设支持，那么就需要用专业级的板子，比如 ZC702 或 ZC706。除了做课堂教学和课程作业，ZYBO 对某些类型的研究也会是有用的，比如传感器和网络应用。

7.5.4. XUP 研讨会和培训材料

XUP 的另一个作用是开发内部教学和培训的材料，包括对 Zynq 的特别支持，目的是培训教授、研究人员和助教有效地使用 Xilinx 工具和芯片。这些材料是提供给学术机构在自己的教学中反复使用的，可以是直接使用，也可以合成进其他教育材料中使用。学生也可以下载材料来自学。

这些教学材料构成了 XUP Professor Workshops（教授研讨会）的基础。此研讨会由 XUP 职员和学术伙伴运作，在全世界各地定期举办。研讨会是免费参加的，通常要两天时间，是对教授、教学人员和研究人员开放的。目前办的几次研讨会都关注于 Zynq。

7.5.5. 对大学的技术支持

作为 XUP 的会员，学术机构可以获得技术支持，在开发课程或支持课程作业上可能会很有用。我们希望学生先向自己的教授和大学技术人员寻求技术帮助，不能解决的问题再由他们的教授通过 XUP 的渠道提交上来。

7.5.6. 资格

所有能颁发奖学金的大学和某些研究机构具有成为 XUP 学术成员的资格。在一所有资格的机构中工作的教授、助教和研究人员从而就可以申请成为会员。要成为会员，首先要在 Xilinx 网站创建一个账号，然后申请 XUP 会员资格。

一旦得到批准，会员可以通过 XUP 获得资源和技术支持，下载培训材料，并注册参加教授研讨会。

7.5.7. 联系 XUP

关于 XUP 的进一步的资料在它的网站 [23]：

http://www.xilinx.com/university

包括最新版本的教学材料，当前的研讨会排期和联络信息。

7.6. 企业培训

在讨论了对学术圈的支持之后，下面来看一下对企业培训的支持。

7.6.1. 课程的授权的培训提供者

Xilinx有一个全球的授权培训提供者（Authorised Training Providers，ATP）的网络，它会提供 Xilinx FPGA 技术和设计工具的培训。这些课程的核心内容是由 Xilinx 开发和设计的，覆盖了 Zynq 架构、Vivado Design Suite，以及许多其他相关的话题。培训以三种主要的模式提供：在教室里的"实时"课程，和录制的及实时的交互在线培训。

7.6.2. 其他资源

除了正式的课程，Xilinx 还提供文档、参考设计和教程辅导，覆盖了 FPGA 设计概念、Xilinx 开发工具的使用和特定的应用例子。通常你所买到的任何开发板都会带有一套适合这块板子的教程辅导、例子和参考设计，这些东西能成为用户设计开发的基础。这种 " 即拆即用 " 的支持和对大学开发板的支持是类似的，具体的在 7.5.3 节中介绍过了。

7.6.3. 在线视频

Xilinx 还提供了丰富的 QuickTake 培训视频，视频演示了设计概念和技术，着重介绍了 Xilinx 开发工具中有用的特性。视频从几分钟到一个小时的都有，提供的视频，正如名字所暗示的，是针对特定问题的简短而专注的内容。

QuickTake 视频是按照主题组织的，给读者看一下这个机制都提供了怎样的培训支持，在写本书的时候，视频的主题包括：Vivado 设计流的各个方面；实施设计约束；系统级的设计；编程与调试； Vivado HLS 和一些其他内容。除了在 Xilinx 网站 [22] 提供以外，这些视频还可以在 YouTube 观看 [25]。

7.7. 本章回顾

本章我们展示了 Zynq 在工科课程体系，尤其是联网的嵌入式系统中的应用能力。值得指出的是 Zynq 和相关的设计工具及开发板可以成为一些相关课题的基础，包括 FPGA 设计、计算机科学和算法实现，以及嵌入式系统设计。我们还看到 Zynq 很适合基于项目的学习，通过设计竞赛来提供附加的、外部的激励来源。

我们还考察了 Zynq 作为研究平台的潜力，介绍了一些基于 Zynq 做的研究工作的早期例子。可以期待，更深入的研究会不断出现，更多的项目会完成、传播并激励其他人。

我们介绍了 XUP，解释了它对大学教学和研究的支持机制的作用，以及所提供的支持的类型。在有资格的机构中的教授、教师和研究人员可以成为 XUP 的会员来获得特定的学术资源。

最后，我们总结了企业培训的资源，包括 Xilinx 的 ATP 提供的课程和在线视频培训。这些是对较为标准的支持资源的补充，比如在 Xilinx 网站的文档和教程辅导。

7.8. 参考文献

说明：所有的 URL 最后一次访问是在 2014 年 6 月。

[1] A. A. S. Ali, A. Amira, F. Bensaali and M. Benammar, "Hardware PCA for Gas Identification Systems Using High Level Synthesis on the Zynq SoC", *Proceedings of the 20th IEEE Conferences on Electronics, Circuits and Systems (ICECS)*, December 2013, pp. 707-710.

[2] L. Atzori, A. Iera, G. Morabito, "The Internet of Things: A Survey", *Computer Networks*, Vol. 54, Issue 15, October 2010, pp 2787-2805.

[3] H. Chao, H. Stuttgen, and D. Waddington, "IPv6: The Basis for the Next Generation Internet", Guest Editorial, *IEEE Communications Magazine*, January 2004, pp. 86-87.

[4] Cisco, Inc., "The Zettabyte Era - Trends and Analysis", 白皮书 , May 2013.
位于 : http://www.cisco.com/en/US/solutions/collateral/ns341/ns525/ns537/ns705/ns827/VNI_Hyperconnectivity_WP.pdf

[5] Digilent, Inc., Sensors / Peripherals / Interfaces (Pmods^{TM}) 网页 ,
位于 : http://www.digilentinc.com/Products/Catalog.cfm?NavPath=2,401&Cat=9

[6] R. Dobai and L. Sekanina, "Image Filter Evolution on the Xilinx Zynq Platform", *Proceedings of the 2013 NASA/ESA Conference on Adaptable Hardware and Systems,* Torino, Italy, June 2013, pp. 164 - 171.

[7] R. Dobai and L. Sekanina, "Towards Evolvable Systems Based on the Xilinx Zynq Platform", *Proceedings of the 2013 IEEE International Conference on Evolvable Systems*, Singapore, April 2013, pp. 89 - 95.

[8] D. Evans, "The Internet of Things: How the Next Evolution of the Internet is Changing Everything", 白皮书 , Cisco, April 2011.
位于 : http://www.cisco.com/web/about/ac79/docs/innov/IoT_IBSG_0411FINAL.pdf

[9] E. Gudis et al, "An Embedded Vision Services Framework for Heterogeneous Accelerators", *Proceedings of the IEEE Conference on Computer Vision and Pattern Recognition Workshops*, Portland, Oregon, USA, June 2013, pp. 598 - 603.

[10] J. Leitão, J. Germano, N. Roma, R. Chaves and P. Tomás, "Scalable and High Throughput Biosensing Platform", *Proceedings of the 23rd International Conference on Field Programmable Logic and Applications (FPL)*, September 2013, pp. 1 - 6.

[11] P. Lysaght, "All Programmable Technologies in Academia", keynote presentation, *International Symposium on Applied Reconfigurable Computing*, March 2013, Los Angeles, USA.
位于 : http://www.isi.edu/events/arc2013/Xilinx-ARC2013-Invited-Lysaght.pdf

[12] Maxim Integrated, *Pmod-Compatible Plug-in Peripheral Modules* 网页 .
位于 : http://www.maximintegrated.com/en/design/design-technology/fpga-design-resources/pmod-compatible-plug-in-peripheral-modules.html

[13] J. Monson, M. Wirthlin, and B. L. Hutchings, "Implementing High-Performance, Low-Power FPGA-Based Optical Flow Accelerators in C", *Proceedings of the 24th IEEE International Conference on Application-Specific Systems, Architectures and Processors (ASAP)*, Washington DC, USA, June 2013, pp. 363-369.

[14] D. Nagel, "212 Billion Devices to Make Up 'The Internet of Things' by 2020", *THE Journal online*, October 2013.
位于 : http://thejournal.com/articles/2013/10/07/212-billion-devices-to-make-up-the-internet-of-things-by-2020.aspx

[15] OpenCL 网站 ,
位于 : http://www.khronos.org/opencl/

[16] OpenCV 网站 ,
位于 : http://opencv.org/

[17] Open Source Initiative, "Open Sources Licenses By Category" 网页 ,
位于 : http://opensource.org/licenses/category

[18] K. D. Pham, A. K. Jain, J. Cui, S. A. Fahmy, and D. L. Maskell, "Microkernel Hypervisor for a Hybrid ARM-FPGA Platform", *Proceedings of the 24th IEEE International Conference on Application-Specific Systems, Architectures and Processors (ASAP)*, Washington DC, USA, June 2013, pp. 219-226.

[19] H. Rabah, A. Amira, and A. Ahmad, "Design and Implementation of a Fall Detection System Using Compressive Sensing and Shimmer Technology", *Proceedings of the 24th International Conference on Microelectronics (ICM)*, pp. 1 - 4, December 2012.

[20] K. L. Wang, C. S. Cole, T. Wang, and J. Harris, "An Effective Project-Based Embedded System Design Teaching Method", *Proceedings of the 120th American Society for Engineering Education (ASEE) Annual Conference and Exposition*, Atlanta, USA, June 2013.

[21] Xilinx, Inc., *Vivado Design Suite Evaluation and WebPACK* 网页 ,
位于 : http://www.xilinx.com/products/design_tools/vivado/vivado-webpack.htm

[22] Xilinx, Inc., *Vivado Video Tutorials* 网页 ,
位于 : http://www.origin.xilinx.com/training/vivado/

[23] Xilinx, Inc., *Xilinx University Program* 网站 ,
位于 : http://www.xilinx.com/university

[24] Xilinx, Inc., Xilinx University Program Design Contests 网页 ,
位于 : http://www.xilinx.com/support/university/design-contests.html

[25] YouTube, *Xilinx Channel*,
位于 : http://www.youtube.com/user/XilinxInc?feature=watch

8

Zynq 的第一个工程

　　这是本书中有关实践的第一个章节，因此在它的第一页使用的是绿色的数字和竖条来表示。在这些以绿色标识的章节被编排在书中合适的位置，为那些在相应网站上会介绍的教程和实用的练习提供一个简单的概述。由于设计工具和设计流程的不断变化，在网络上提供详细的介绍会比在书中提供实际练习显得更好。

　　由于是第一个实践章节，相应的练习将会相当简短，主要目的是让熟悉读者所需的软件工具和相应的 Zynq 设计流程。

　　虽然不是设计教程，网上将会提供一个关于必要工具和 ZedBoard 设备驱动程序的循序渐进的操作步骤。建议你即使安装了软件工具，你也需要阅读下本指南，以确保所有的所需工具都已经配置为后续联系的设置，且所需的工作目录结构都已经配置在你的主机中的正确位置。

　　第一个实践教程侧重于介绍 Zynq 设计流程，指导读者在导出软件应用程序的设计前，通过创建一个新的设计工程时来创建硬件设计。

　　在开始前，阅读 Zynq Book 网站的概述十分有用。

8.1.　软件安装指导

在 Xilinx 给出的《Vivado Design Suite User Guide: Release Notes Installation and Licensing》[1] 中提供了关于 Vivado 设计套件的综合安装指南。与此相关的两章是：

- **第三章**：详细介绍了如何下载安装 Vivado 设计套件；

- **第五章**：详细介绍了如何获取和管理产品证书。

8.2.　目标和结果

这个最初的实践练习的总体目标是介绍设计流程和相关工具。在这个过程中，一个针对 ZedBoard 的简单设计会被构建。

本教程完成后，你将能够：

- 建立一个 Zynq 硬件设计新工程；

- 针对 ZedBoard 配置 Zynq PS 部分；

- 创建和连接 Zynq PS 和 PL 的内部互联；

- 在 Zynq PL 中实现一个 IP 模块；

- 为 Zynq 硬件设计生成 HDL 文件，并创建一个为 Zynq PL 做硬件描述的比特流文件；

- 创建一个在 Zynq PL 上执行，且实现 IP 通信的简单应用软件程序。

本教程的主要目标是提供一个介绍 Zynq 设计流程，其最重要的结果是，你熟悉开发基于 Zynq 的系统所需的软件工具。

8.3.　练习 1A 概述

第一个针对 ZedBoard 的实践练习将会涉及在 Vivado IDE 上如何逐步创建一个硬件工程。必要步骤如下：

1. 首先打开 Vivado IDE ;

2. 调用新工程向导;

3. 为设计知道工作目录;

4. 指定 ZedBoard 为工程默认使用的开发板。

此练习十分简单,其唯一目的是使你正确配置第一个 Vivado 工程,从而帮助你更好的完成进一步的练习。

练习 1A 可以在如下网站上找到: www.zynqbook.com

8.4. 练习 1B 概述

在联系 1A 的基础上,下一步是了解 Vivado IDE 的环境,关注其默认布局,在 PL 部分实现 GPIO 控制器,配置 ZedBoard 的 Zynq PS 部分后创建简单 Zynq 嵌入式系统。Vivado IP Integrator 工具可用于创建系统使用的图形环境,预置的 Designer Assistance 工具将会使用 AXI 总线连接器自动配置连接 Zynq PS 和 PL 端的 IP 模块。GPIO 控制器将会连接的 ZedBoard 上可用的 LED 上。

练习将会涉及以下步骤:

1. 介绍 Vivado IP 的工作环境和特性;

2. 创建一个新的 IP Integrator 设计;

3. 添加和配置一个针对 ZedBoard 的 Zynq PS 模块;

4. 添加一个连接 ZedBoard 上 LED 的 GPIO 控制器;

5. 使用 IP Integrator Designer Assistance 工具建立和配置 Zynq PS 和 GPIO 控制器间的连接;

6. 生成 HDL 文件,并创建做硬件描述的比特流文件;

7. 导出最终的硬件设计到 SDK。

图 8.1 中提供了一个硬件设计的概要。

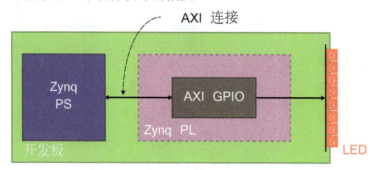

图 8.1: 练习 1A 的 Zynq 硬件设计

练习 1B 可以在如下网站上找到 www.zynqbook.com

8.5. 练习 1C 概述

在这第一个教程中的最后一个练习介绍了 Zynq 软件设计过程，它将基于已经创建了的硬件设计练习 1B 完成。软件工程将会控制 ZedBoard 上的 LED。这个应用程序将会在 Zynq PS 上运行且与 PL 上的 GPIO 控制器进行通信。在 ZedBoard 上建立和执行软件应用前，软件和 PL 上实现的硬件模块通信的软件驱动被 IP integrator 创建。

练习将会涉及以下步骤：

1. 创建一个新的应用程序；

2. 添加源代码并构建应用程序；

3. 探索生成的软件驱动程序和相应的功能，实现软硬件通信；

4. 使用练习 1B 中生成的比特流文件烧写 Zynq PL；

5. 在硬件上执行软件应用程序，并确认 ZedBoard 上的 LED 是否如预期控制。

练习 1C 可以在如下网站上找到 www.zynqbook.com

8.6.　可能的扩展

完成了练习 1C 后，可以针对开发的系统进行个性化的变化。例如，你可以：

• 改变 LED 闪烁频率；

• 为 LED 闪烁定制模式；

• 添加一个更多的连接到 ZedBoard 的拨码开关的 GPIO 控制器。使用 GPIO 驱动函数完成通过拨码开关控制 LED 输出。
  提示: 这个扩展需要改变硬件，系统需要在 SDK 中添加额外的软件更新前，从 Vivado IDE 中重新导出硬件。

8.7.　接下来是什么？

这组实际练习总结了本书 A 部分：" 了解 Zynq"。

接下来，我们将进入 B 部分，它将更详细的讲述创建 Zynq SoC 硬件组件。接下来将会有更多的实践练习来说明这些理念。

8.8.　参考文献

说明：所有的 URL 最后在 2014 年 6 月访问过。

[1] Xilinx, Inc, "Vivado Design Suite User Guide: Release Notes, Installation and Licensing", UG973, June 2014.
位于：
http://www.xilinx.com/support/documentation/sw_manuals/xilinx2014_2/ug973-vivado-release-notes-install-license.pdf

PART B
Zynq SoC & 硬件设计

9
嵌入式系统和 FPGA

在描述很多不同的应用的时候都会广泛使用 " 嵌入式系统 " 这个术语。现在也出现了大量的嵌入式系统平台，从小的单片机和 DSP，到大的 FPGA 和 GPP 的平台都有，要准确定义嵌入式系统由什么组成已经变得越来越有挑战了。

本章的目的是介绍嵌入式系统的概念，并给出一些例子来说明嵌入式系统会被部署在怎样的实际应用中。然后我们就集中关注使用在 FPGA 上搭建的嵌入式系统，并探索一般性的嵌入式系统。这个架构的每个部件会从处理器开始详细讨论，还会从高层概要讨论某些基础的操作，比如中断和执行周期。另外也会涉及到一些基础的总线操作和特性，比如总线属性、存储器传输和带宽等。

9.1.　什么是嵌入式系统？

嵌入式系统是一种专门的计算系统，优化以执行单一或非常少的特定功能。嵌入式系统形成了更大的设备的组成部分，作用是在那些机器中控制特定的功能。嵌入式系统的预先设定的功能性和 GPP 正好相反，就是个人计算机（PC）那种系统，那种系统中，单个处理器会从事很多非常不同的工作。

GPP 不是设计来做任何特定的任务的。比如桌面计算机可以用来做大量的任务，包括文档的创建和编辑、家庭娱乐系统、图像和视频编辑系统或互联网终端。嵌入式系统是指定应用的，因此能精密优化来得到所做应用所需的特性。那些特性可以是提供一定范围内非常高的性能，或低的功耗。只有让系统是服务于特定应用的，才能让它实现如此的性能。GPP 也许能做到嵌入式系统的功能，但是无法达到相同的系统性能，或相同的功耗需求。GPP 的通用可编程能力还带来了成本问题，因为GPP 一般比用于嵌入式系统的要贵很多。

9.1.1. 应用

嵌入式系统被部署在广泛领域的大量的设备中。图 9.1 给出了嵌入式系统主要用于的一些领域。

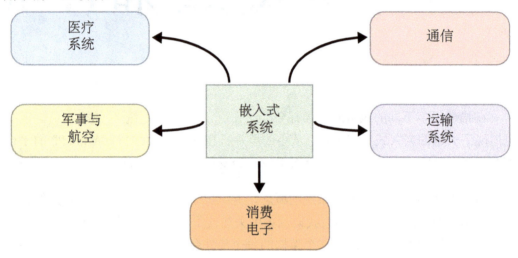

图 9.1: 嵌入式系统应用领域

下面详细列出了每个重点领域中的一些应用：

- **通信** — 移动电话、路由器、消费无线电和电视。

- **医疗电子** — 人体扫描设备如 MRI、听诊器和心脏起搏器。

- **消费电子** — 数字相机、视频游戏和洗衣机。

- **军事和航空** — 雷达和声纳、制导导弹系统、卫星站和飞行导航系统。

- **运输系统** — 防抱死刹车系统（ABS）、气囊、车载娱乐、GPS 和卫星导航系统。

9.1.2. 一般嵌入式系统架构

一般来说，一个嵌入式系统的架构遵循图 9.2 的框图。

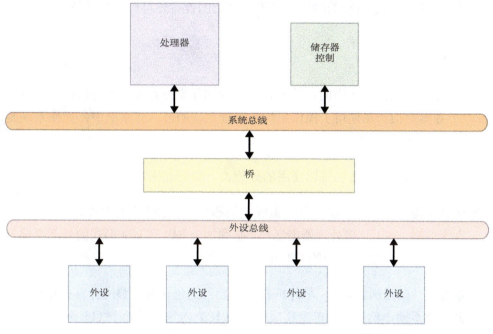

图 9.2: 一般嵌入式系统架构

图 9.2 中的每个部件定义如下：

• **处理器** — 这是系统的 " 大脑 "。它被编程来执行嵌入式系统的特定应用。

• **储存控制器** — 存储控制器管理嵌入式系统中的主存储器的数据读写。存储控制器位于片内的软核中，实现系统存储器和所有其他部分之间的接口。

• **外围设备** — 这些是围绕着中央处理单元的部件。外设可以实现为单独的集成电路芯片，也可以包含在片内与处理器一起，还可以位于像 FPGA 这样的可编程逻辑的某个区域中。

• **系统总线** — 在有多个总线的嵌入式系统中，系统总线把处理器、存储控制器和其他高速器件连接在一起。因此，它是系统中具有最大带宽的总线。

- **外设总线** — 第二条总线创建了系统的两个独立的部分，让两个仲裁器可以控制和管理跨越两条总线的通信。这样，即使高优先级的处理器－存储器会话正在系统总线上进行的时候，外设总线上的设备还可以互相通信。

9.2. 处理器

处理器是嵌入式系统中的主控单元。它控制和安排系统、支持软件并协调与外设部件的数据交换。在使用了操作系统来管理系统的嵌入式系统中，操作系统是运行在处理器上的。

在嵌入式系统中有各种可以使用的处理器，简列如下：

- **微处理器** — 微处理器是单片集成电路芯片，包括完整的中央处理单元，此外别无他物。为了让微处理器能运作，必须加上 RAM 和 ROM 形式的外部存储器和其他的外围设备。PC 中的 CPU 正是一种微处理器。

- **单片机（微控制器）** — 单片机在单片芯片上包含有完整的计算机系统。与微处理器不同，单片机在单个集成电路 （IC）内包括了一个 CPU 和一定数量的 RAM/ROM 和外围设备。

- **数字信号处理器 （DSP）** — DSP 是一种设计专用于数字信号处理的处理器，它的指令集的设计目的是数字信号处理。DSP 设计成能快速执行算术运算，能在单个时钟周期里开展多重累加运算。这使得 DSP 在用作特定的音频／视频处理时非常高效，性能高而且功耗低，但是由于它的指令集有限，用作其他任务时非常糟糕。

- **嵌入处理器** — 嵌入处理器是物理上位于 FPGA 芯片内的可编程部分内的处理器。嵌入处理器有两种类型 —— 硬处理器和软处理器。硬处理器是在专门的硅面积内，在 FPGA 芯片的通用逻辑之外构建的。而软处理器则必须综合进FPGA 部分。无论哪种，无论硬的还是软的，内部存储器、总线互联、存储控制器和内部外围设备都必须是由 FPGA 通用逻辑来实现的。

9.2.1. 协处理器

协处理器是一个处理核心，它弥补了主处理器的功能不足，优化于从事单一特定的任务。通过把计算任务从主处理器卸载到一个甚至多个协处理器上，整个系统的性能可以得到加速。

与主处理器可能用于各种不同的任务不同，协处理器一般用于从事专门的任务。可能在专门的协处理器上运行的任务的例子包括：

- 高速计算

- 图像与视频处理

- 数字信号处理

- 数字加密

对于基于 FPGA 的嵌入式系统，可编程逻辑提供了一个完美的平台，可以在其中创建协处理器核心来利用它的并行执行能力。这意味着需要大量连续 CPU 时钟周期来计算的复杂任务可以在基于 PL 的协处理器上执行地快很多。这就是软处理器核心。还有其他形式的用专门硬件处理核心但不在 FPGA 上的加速方式。总的来说，这种任务卸载处理方式叫做硬件加速。

9.2.2. 处理器 cache

Cache 是一小块位于 CPU 和主存储器之间的存储器。它具有比主存储器低的访问时间，而且不能通过系统总线访问。cache 用来保存被处理器从主存储器中频繁访问的数据。因此使用在 cache 中的数据就比只在主存储器中的数据快很多。

通常一个处理器读数据的速度比系统的主存储器要快很多，因此处理器的速度是受到存储器的速度的制约的。通过在系统中引入 cache 存储器 —— cache 中存放了频繁访问的数据，能以比主存储器更高的速率读取 —— 处理器就不再受到主存储器速度的限制了。这导致了数据访问效率的提升。不过，在 cache 失配时，处理器的速度还是受限的 —— 这个时候，处理器要读写的数据不在 cache 中。这样就要读写主存储器中的数据，从而提高了访问延迟。

一个系统中可以有不同级别的 cache。图 9.3 给出了概图，随后做了解释。

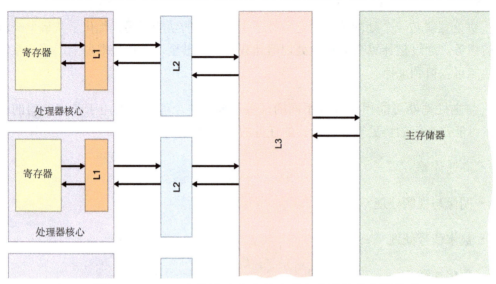

图 9.3： cache 级别和它们与核心及主存储器的位置关系

在进一步讨论 cache 的不同级别之前，首先应该来介绍要用到的两种类型的存储器 — 动态 RAM（DRAM）和静态 RAM（SRAM）。

动态 RAM（DRAM）

DRAM 是在计算机系统中最常见的存储器类型。DRAM 芯片包括大量存储单元，每个单元用电容保存 1 位的数据。每个存储单元还配有一个晶体管，它像一个开关一样让控制电路可以读或写这个电容的状态。由于电容和晶体管都极为微小，单个 DRAM 芯片中可以放几百万个独立的存储单元。

由于电容会自己漏电，每个存储单元所保存的一位的数据的状态最终会消失，除非这个电容上的电荷能周期性地被存储控制器所刷新。存储控制器通过读每个存储单元的状态然后再写回去来实现这个刷新。这正是动态 RAM 得名的由来。

静态 RAM（SRAM）

SRAM 采用与 DRAM 不同的技术来保存数据。DRAM 的每一位是存储在电容中的，而 SRAM 用了锁存器来保存数据。每个存储单元需要 4 或 6 个锁存器来保存数据的一个位，因此比 DRAM 需要更多的芯片面积，从而导致它更贵。SRAM 的好处是不需要刷新，因此比 DRAM 快很多。由于 SRAM 的高价，通常只用于高速、低容量的存储芯片中。

1 级 (L1) Cache

L1 cache 是最小的 cache 存储器，典型的大小是 8 到 128kB。它是以在处理器核心所在的硅片上的 SRAM 来实现的，因此具有与处理器相同的时钟速度。L1 cache 通常分成两个部分：数据 cache 和指令 cache。

L1 cache 用来保存常用数据和指令的本地拷贝，使得处理器能瞬间访问它们。

2 级 (L2) Cache

L2 cache 通常是独立于处理器核心之外的，但是离得非常近。它比 L1 cache 大，通常在 256 到 1024kB 之间，但是访问速度较慢。L2 cache 是 DRAM 的形式，只有统一的一块区域（不像 L1 那样分成两块区域）。较大量的数据会不断地由主存储器读入 L2 cache，然后再馈送给 L1。

3 级 (L3) Cache

L3 cache 是在所有的处理器核心之间共享的，它也是 DRAM 的形式，是最大的 cache 存储器，通常具有 2MB 甚至更大的容量。

9.2.3. 执行周期

为了让一个保存在存储器中的程序能被处理器执行，程序必须经过一个指令执行的周期。这个过程是系统从存储器获取一条指令、判断指令所需的动作然后执行这样的动作。每条指令的执行可以被划分成三个独特的部分，如图 9.4 所示。由于一些明显的理由，这个过程有时候被称作取值–执行周期或取值–译码–执行周期。

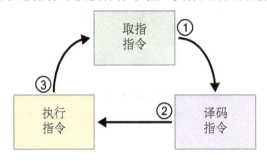

图 9.4：指令执行周期的步骤

在详细了解指令执行周期的每个阶段之前，应该先来理解一些会用到的术语：

- **机器码** —— 在写软件程序的时候，通常用的是高级语言（比如 C/C++），这种语言易于被程序员所理解，而且是人可读的。这种形式的代码对于处理器系统是无意义的，必须被转换，或者说编译成处理器可以理解的形式。这最后的低级的能被处理器所阅读的输出结果，就是机器码 —— 一串和程序相关的、处理器能解释和操作的二进制数据。

- **操作码** —— 一个操作码是一个运算编码，唯一地定义了要做的一个功能 —— 一条机器码代表了一个处理器指令。一个处理器可以执行许多不同的运算，因此每条指令都被指定了唯一的数字编码。

- **CPU 指令集** —— 某个处理器的指令集是处理器能理解的命令的基本集合。它包含了每个操作码的定义和可以由处理器执行的本地命令。

取指

取指是指令执行周期的第一个阶段。图 9.5 描绘了下面的操作流程:

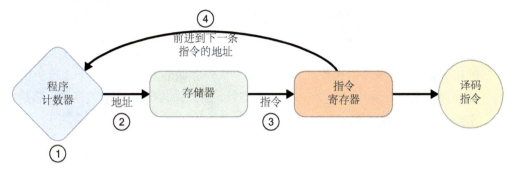

图 9.5: F 取指的流程

根据图 9.5,取值的流程是这样的:

1. 程序计数器寄存器里有表示存储器里要执行的下一条指令的地址。

2. 这个值被传送给存储器的地址寄存器,在那里,控制单元检查这个值并从存储器中获得相应的指令。

3. 那条指令于是就被保存在存储器缓冲寄存器中,然后再被传输给指令寄存器。

4. 控制单元改变程序计数器寄存器,让它的值符合下一条要执行的指令的地址。

译码指令

一旦指令被从存储器中取出,下一步就是把指令变成处理器能理解的形式。这就是译码阶段。在这个时刻,控制单元检查保存在指令寄存器里的指令。这个检查识别出操作码和所用的寻址方式,以及接下来必须要执行什么动作来正确地执行这条指令。

有三种主要的寻址方式:

- **立即寻址** — 这是不需要找数据的，因为所有要用到的数据都在指令的操作数部分里了。因此立即寻址是最快，但是最不灵活的方式。

- **直接寻址** — 指令的操作数部分包含了所需的数据的存储器地址。所需的数据必须从这个地址获得。

- **间接寻址** — 指令的操作数部分包含了一个存储器地址。在这个地址上的存储器内容是一个指向所需数据地址的指针。因此间接寻址是最灵活的，但是由于要做两次数据查找，所以也是最慢的。

执行指令

根据译码阶段所决定的操作码，在这个阶段可能做各种不同的动作。总的来说，有四大类动作：

- 在处理器和存储器之间传输数据。

- 在处理器和 I/O 设备之间传输数据。

- 处理数据，比如用算术逻辑单元 （Arithmetic Logic Unit，ALU）。

- 会改变后续操作的顺序的控制操作。这些可能是基于某个标志寄存器的值的条件操作。

一旦指令被执行了，下一条要处理的指令就被取了过来。

图 9.6 表示了一个执行周期的流程。

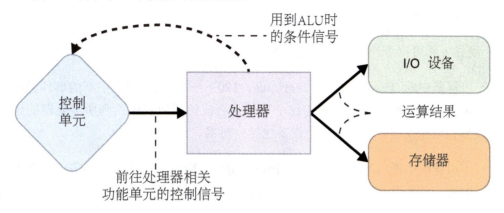

图 9.6: 执行指令的流程

根据图 9.6, 流程是这样的:

1. 控制单元把译码阶段的译码数据 (作为控制信号的结果) 传送给所需的处理器功能单元。比如, 可能是要从寄存器读值或写入一个寄存器。

2. 处理器做所需的操作, 而输出可能是保存在存储器中, 也可能要发送给输出设备。

3. 如果用到了 ALU, 就会有一个条件信号被转发回控制单元。比如, 这个信号可能要改变程序计数器的地址, 这样新地址上的下一条指令就会被取过来。

9.2.4. 中断

中断是一个信号, 产生来通知处理器引起它的注意。中断可以由硬件处理单元和外部设备产生, 也可以由软件本身产生。对硬件来说, 中断信号是一个由某个处理单元产生的异步信号, 用来引起处理器的注意。对软件来说, 中断还是一种异步事件, 用来通知处理器需要改变代码的执行了。不过, 轮询所产生的中断的过程是同步的。

当处理器收到中断, 它会停下当前正在做的任务, 然后跳转到需要引起注意的地方去。这和轮询的方式是相反的, 轮询是由软件同步获取设备的状态。在中断方式中, 不需要由处理器不断地轮询设备的 I/O 端口来查看是否需要注意, 设备本身会中断处理器的。

硬件中断可以进一步被分类为以下几种类型:

- **可屏蔽中断** (Maskable Interrupts, IRQ) — 触发可屏蔽中断的事件源不总是重要的。程序员需要决定这个事件是否应该导致程序跳到所需处理的地方去。可能使用可屏蔽中断的设备包括定时器、比较器和 ADC。

- **不可屏蔽中断** (Non-Maskable Interrupts, NMI) — 这些是不应该被忽视的中断, 因此绝对比可屏蔽中断重要得多。需要 NMI 的事件包括上电、外部重启 (用实际的按钮) 和严重的设备失效。

- **处理器间中断** (Inter-Processor Interrupts, IPI) — 在多处理器系统中, 一个处理器可能需要中断另一个处理器的操作。在这种情况下, 就会产生一个 IPI。

9.3. 总线

总线实现了处理器和其他处理器及外围设备之间的接口。处理器、存储控制器和外围设备通过标准总线接口连接到总线上。具体所使用的总线架构会具有具体的总线接口, 不过基本上, 一个总线包括地址、控制 (读 / 写请求和确认) 及数据信号 [2]。图 9.7 给出了详细描述, 其中高亮了三种主要的总线信号:

- 地址线将存储器地址或目标端口识别号传输给 I/O 设备。

- 控制线管理系统的控制和时序、同步操作和发送控制信号, 比如中断请求和确认。

- 数据线负责数据的传输。

数据传输发生在一个总线周期内。

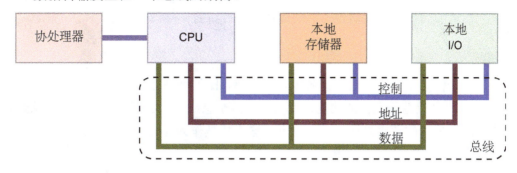

图 9.7: 总线由控制、地址和数据线组成

嵌入式系统中出现的所有协处理器都是通过处理器总线直接连接或紧密耦合到主处理器上的。在多处理器的系统中,每个处理器的子系统是通过系统总线连接的。

总线还带有控制总线访问的仲裁机制。并非所有连接的模块都可以请求总线访问,模块被分成总线主机和总线从机两类 [2]。

9.3.1. 系统与外设总线

在较大型的嵌入式系统设计中,可能最好用多个总线来提供所有的处理器和外设之间的足够的通信带宽。在这样的系统中,两类主要的总线是系统总线和外设总线。

系统总线

在一个嵌入式系统设计中,系统总线是实现各种外设和处理器核心之间通信的主要方式。在较小的嵌入式系统设计中,系统总线可能是设计中唯一出现的总线。在较大的、多总线的设计中,系统总线会是连接存储器控制器和处理器,及任何高速设备之间具有最大带宽的总线。剩下的不需要这么高的处理器访问速度的外设和存储器控制器,会通过外设总线连接。

外设总线

为了把嵌入式系统设计分割成独立的领域,可以加上第二个总线,就是外设总线。有很多理由要这样做,比如让低速和高速设备之间有所区分,或是为一组外设核心之间的通信提供专门的带宽。这样就让一组外设之间能互相通信，而同时系统总线上的诸如处理器 - 存储器访问的通信能并行进行。

总线桥

为了让位于不同总线上的设备能互相通信，比如处理器（在系统总线上）请求外设核心（外设总线上）的数据，就需要在两个总线之间的桥。桥连接两个总线，并传递两者之间的请求。在一个总线上，这个桥是作为总线主机挂着的，而在另一个总线上则是作为从机的。

9.3.2. 总线主机和从机

在一个嵌入式系统中，连接到总线的模块可以分成两种不同的类型：

- **总线主机**具有请求访问总线的能力，因此负责给出地址和控制信号来发起数据传输。它发起总线周期，而其他的总线模块则获得这个总线周期的类型。

- **总线从机**不具有发起总线周期的能力，而只能监视总线活动。它要对地址和控制线上的信号做译码，而做了寻址后，就可以在总线上放置数据或接受总线上的数据。

9.3.3. 总线仲裁

由于在一个嵌入式系统中，总线是在所有设备间共享的，在任一时刻，就需要决定哪个总线设备被允许使用总线。决定这个访问的方法叫做总线仲裁。如果同一个时刻有多个主机设备请求访问，就需要由总线仲裁器来决定哪个设备应该首先获得访问。简而言之，如果总线的下一个周期还没有开始，那么具有最高优先级的主机（最小的分配编码）会优先获得总线的访问。较低优先级的主机（较大的分配编码）会被放入一个等待队列，在较高优先级的请求处理完成后会得到处理。

9.3.4. 存储器访问

一个嵌入式系统中存储控制器的访问方式能极大地影响整体的性能。即便使用了非常高效的存储器类型和存储控制器，系统的性能也会遭受到糟糕的存储访问控制的影响。重要的是系统以能最大化存储带宽的方式来构造和访问，同时保持最少的资源需求。

可编程输入 / 输出 （I/O）

管理存储控制器和其他外设之间的数据移动的手段之一，是让所有的数据传输都通过处理器。这样的存储传输叫做可编程 I/O，它让系统能以最少的资源来处理存储传输。这个方法需要外设和处理器位于同一个总线上，处理器成为所有外设和存储器通信的中心点。如果外设和存储器之间的存储传输请求的数量很大，处理器就会花费大量时间来做存储传输，那么做其他计算的时间就少了 [2]。

如果系统在可编程逻辑中实现大多数功能，那么可编程 I/O 是能用最少的资源管理存储事务的有效方法。不过，如果处理器需要从事大量其他计算，其他的方法也许更好 [2]。

直接存储器访问 （DMA）

降低处理器负担的一种办法是用直接存储器访问 （Direct Memory Access, DMA） 来做存储传输。用了这个方法，处理器向 DMA 控制器发出一个存储传输请求，然后 DMA 控制器将来做这个存储事务。这样当 DMA 控制器在做传输的时候，处理器就可以从事其他任务了。在这种情况下，DMA 控制器既是总线主机也是总线从机。作为主机，DMA 控制器要和存储控制器通信，也会要请求总线仲裁。作为从机，DMA 控制器回应从总线主机 （大多数时候就是处理器） 而来的请求，建立起存储传输。为了发起传输事务，DMA 控制器必须得到以下数据 [2]:

• **源地址** ── 数据将要被读出的地址。

• **目的地址** ── 数据应该被写入的地址。

• **传输长度** ── 应被传输的字节数。

图 9.8 提供了一个 DMA 储存传输的概览。

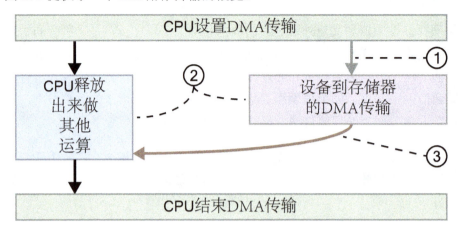

图 9.8: DMA 存储传输操作

参照图 9.8, DMA 存储传输的过程是:

1. 为了配置想要用 DMA 来传输数据到存储器的那个设备, 处理器发出一个 DMA 命令然后禁止所有的 DMA 中断。

2. DMA 控制器把数据从外设传输到存储器, 而让 CPU 腾出手来做其他计算。

3. 数据传输完成后, 向 CPU 发出一个中断来通知它 DMA 传输可以关闭了。

9.3.5. 总线带宽

总线带宽是总线上一定的单位时间内可以传输的总的数据量。总线带宽的值取决于两个因素:

- **总线数据宽度** — 这是总线同时传输数据的物理的线路的数量。32 位独立数据线的总线可以同时传输 32 位的数据。

- **总线频率** — 这是总线操作的速度。这指的是每秒总线可以发送 / 接收的数据位的数量, 是以赫兹 (Hz) 为单位的。

这些参数和总线带宽之间的关系如公式 (1) 所示:

$$Bus\ Bandwidth\ \text{(Mbits/s)} = Bus\ Width\ \text{(bits)} \times Bus\ Frequency\ \text{(MHz)} \qquad (1)$$

比如，一条32位宽的工作在10MHz的总线的总线带宽，也就是最大的吞吐率是：

$$Bus\ Bandwidth\ = 32\ \text{bits} \times 10\ \text{MHz} = \textbf{320 Mbits/s (40 MBytes/s)}$$

显然，连接到总线的外设越多，总线上所需的吞吐率就越高。因此，总线带宽需要足够高，以避免系统出现总线饱和的问题。

9.4. 本章回顾

本章我们介绍了嵌入式系统的概念，研究了一般嵌入式系统的架构。我们讨论了嵌入式系统中处理器的角色，还有处理器的一些功能，谈到了比如处理器 cache 和执行周期的问题。还介绍了协处理器的功能以及软件/硬件中断的使用。

嵌入式系统中各个部分之间的通信是依赖于所使用的总线系统的，本章讨论了总线的功能，也介绍了对于多总线系统的需求，以及总线主机和从机设备之间的区别。还总结了总线仲裁和存储访问技术，并讨论了总线带宽的重要性。

9.5. 参考文献

[1] D. Liu, "Introduction" in *Embedded DSP Processor Design: Application Specific Instruction Set Processors*, Morgan Kaufmann, 2008, pp 1 - 46.

[2] R. Sass and A. G. Schmidt, "Managing Bandwidth" in *Embedded Systems Design with Platform FPGAs: Principles and Practices*, 1st. Ed, Morgan Kaufmann, 2010, pp 295 - 346.

[3] R. Sass and A. G. Schmidt, "System Design" in *Embedded Systems Design with Platform FPGAs: Principles and Practices*, 1st. Ed, Morgan Kaufmann, 2010, pp 115 - 196.

10

Zynq 片上系统概述

本章我们要检验 Zynq SoC 设计的所有问题。我们要近距离观察 ARM 处理器核心及其操作模式的某些问题，要奠定本书后续某些章节的基础。本章着重要介绍 Zynq 片上的各种可用的互联、接口信号、中断和存储器功能，然后本书会进一步展开深入的细节。

本章的一个主要目标，是详细描述存在于 PS 和 PL 之间的连接和共享的资源。这包括互联系统、存储器和各种不同的接口。进一步的，本书还要描述 Zynq SoC 的各种操作模式以及 PS 和 PL 在用作各种不同的任务和用途时的配置。

由于所有的 Zynq-7000 AP 芯片都配备有相同的基于双核 ARM Cortex-A9 的 PS，若非特别指出，本章所涉及的内容可以用于整个 Zynq 系列。在某些型号上有些小的差异，主要集中在 PS 的最大工作频率，这些会在相关的章节中明确指出。

10.1. 接口与信号

在这一节要详细讨论 Zynq-7000 AP SoC 芯片上用户可见的接口和信号,特别关注的是 PS 和 PL 之间的接口。图 10.1 高亮出了主要的信号组和接口。

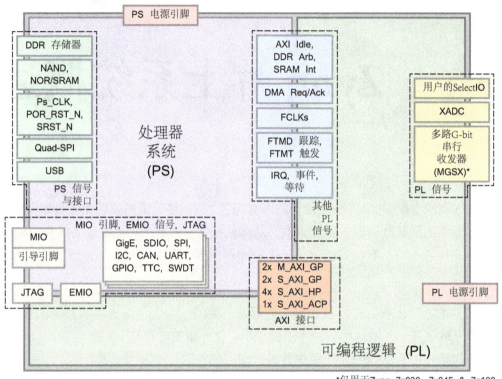

*仅用于Zynq 7z030, 7x045 & 7z100

图 10.1: Zynq-7000 AP SoC 的接口、信号和引脚

10.1.1. PS-PL AXI 接口

Zynq 里的 PS 和 PL 部分之间的主要连接形式是 AXI 接口,它在芯片的这两个部分之间实现了高带宽、低延迟的连接。在 PS 侧的每个 AXI 接口包括多个 AXI 通道,九个 PL 接口是用了上千个信号来实现的。这些详细列举在表 10.1 中。

表 10.1: PS-PL AXI 接口

接口名称	接口说明	主机	从机	信号
M_AXI_GP0	通用端口，带有到 OCM 的链路和到 DDR 存储控制器上的端口的访问。	PS	PL	见 10.2.6 节 AXI_GP 接口。
M_AXI_GP1		PS	PL	
S_AXI_GP0		PL	PS	
S_AXI_GP1		PL	PS	
S_AXI_ACP	加速器一致端口（ACP），cache 一致性会话和到 L2 cache 的链路。	PL	PS	见 10.2.5 节 AXI_ACP 接口。
S_AXI_HP0	带有读写 FIFO 的高性能端口，带有到 OCM 和到 DDR 控制器上的两个专用存储端口的链路。AXI_HP 接口又叫做 AFI。	PL	PS	见 10.2.4 节 AXI_HP 接口。
S_AXI_HP1		PL	PS	
S_AXI_HP2		PL	PS	
S_AXI_HP3		PL	PS	

10.1.2. PL 协处理器接口

这一节概述能用于 PL 和 PS 之间通信的接口。

加速器一致端口（ACP）接口

ACP 是 SCU 上的一个 64 位从机接口，实现从 PL 到 PS 的异步 cache 一致性接入点。ACP 是可以被很多 PL 主机所访问的，用以实现和 APU 处理器相同的方式访问存储子系统。这能达到提升整体性能、改善功耗和简化软件的效果。ACP 接口的表现和标准的 AXI 从机接口是一样的，支持大多数标准读和写的操作而不需要在 PL 部件中加入额外的一致性操作。因此，当 PL 上的任一本地存储器都不是与 CPU 保持一致的时候，ACP 实现了从 PL 到 CPU 的 cache 的 cache 一致性访问 [2]。

通过 ACP 到存储器的一个一致性部分的任何读取的操作都要经过 SCU 来检查所需的数据当前是否在 CPU 的 L1 cache 中。如果数据在 L1 cache 中，所需的数据就会直接返回给请求的部件。如果数据不在 L1 cache 中，就会先检查 L2 cache 然后才能向主存储器发出数据请求 [2]。

写入到一致性存储区域的过程，在写入到主存储器之前，由 SCU 实现了一致性强化。可选的是，写入的过程也可以在 L2 cache 上进行，这样就消除了写入到片外存储器时的性能和功耗的影响 [2]。

ACP 的使用

ACP 提供了 PL 中所实现的加速器和 PS 之间的低延迟的链路。在 PS 和 PL 加速器之间的通信所需的步骤总结如下 [2]：

1. 给加速器的输入数据是在 CPU 的本地 cache 空间内准备的。

2. 一条从 CPU 发送给加速器的信息，通过一个到 PL 的 AXI 通用主机接口（AXI_GP）实现。

3. PL 加速器通过 ACP 获取数据。数据被处理后，结果通过 ACP 返回。

4. 加速器通过在一个已知的地方写入来设置一个标志，表明数据处理已经完成了。这个标志的状态可以被 PS 轮询，或产生一个中断。

与紧密耦合的协处理器相比较的话，ACP 具有相对较高的访问延迟。因此，ACP 不被建议用做细粒度的指令级别的加速。由于和会话时间相比，ACP 的额外开销相对较小，所以 ACP 与传统的用于粗粒度（比如视频帧级别的处理）的存储映射 PL 加速方式相比也不具有明显的优势。因此 ACP 用于中等粒度的加速是最好的，比如块级别的加密算法的加速 [2]。

表 10.2 详细列出了基于当前 cache 状态的 ACP 读写表现。表中可以清楚看出，当 cache 的命中发生的时候，访问延迟是低的 [2]。

表 10.2: 基于当前 cache 状态的 ACP 读写表现 [2]

动作	说明
ACP 读 — I(无效)	数据由 SCU 通过一或两个 AXI 主机接口从外部存储器中得到，然后直接传送给 ACP。CPU 的 L1 cache 状态未受影响。
ACP 读 — M(修改)	数据由 SCU 从 L1 cache 获得，状态置为 M。CPU 的 L1 cache 状态未受影响。
ACP 读 — S(共享)	数据由 SCU 从 L1 cache 获得，状态置为 S。CPU 的 L1 cache 状态未受影响。
ACP 读 — E(独占)	数据由 SCU 从 L1 cache 获得，状态置为 E。CPU 的 L1 cache 状态未受影响。
ACP 写 — I(无效)	数据通过一或两个 AXI 主机接口写入外部存储器。CPU 的 L1 cache 状态未受影响。
ACP 写 — M(修改)	在 ACP 数据写入外部存储器接口之前，在 CPU L1 cache 中的数据被送入外部存储器。L1 cache 的状态从 M 变更为 I。 如果 SCU 覆盖了整条 cache 线，L1 cache 中的数据就不被送入到外部存储器。
ACP 写 — S(共享)	数据通过一或两个 AXI 主机接口写入外部存储器。CPU 的 L1 cache 状态从 S 变更为 I。
ACP 写 — E(独占)	数据通过一或两个 AXI 主机接口写入外部存储器。CPU 的 L1 cache 状态从 S 变更为 I。

ACP 的局限性

ACP 存在着一些局限性 [2]:

- 一致性存储器不允许做访问加锁。

- 一致性存储器不允许做独占访问。

195

- 从其他 AXI 主机来的访问会由于通过 ACP 来的对 OCM 的持续访问（用完了 ACP 带宽）而无法进行。ACP 的带宽应该降低到小于 OCM 峰值带宽的程度，以允许其他主机的访问。这可以通过调整数据包大小为小于八个 64 位的字而实现。

- AWLEN=3、AWSIZE=3 和 WSTRB 不等于 11111111 的写入操作会导致 CPU 中的 cache 线崩溃。

- 让写入请求比读取请求优先的模块，比如 PCI Express（PCIe），不应该被接入到 ACP 上，因为它们会产生死锁。它们应该被接到 AXI GP 或 HP 端口来避免死锁。。

10.1.3. 中断接口

PS 和 PL 之间的中断是由通用中断控制器 （Generic Interrupt Controller, GIC）所控制的，它支持 64 条中断线。六个中断是从 APU 内产生的，包括 L1 校验失败、L2 中断和性能监视单元 （Performance Monitor Unit, PMU）中断。

从 GIC 输出的中断，驱动 IRQ 或快速中断请求 （Fast Interrupt ReQuest, FIQ）作为 CPU 输入信号。对于中断的处理器目标的选择是由 APU 里的 SCU 寄存器实现的。表 10.3 详细列出了中断指标 [2]。

表 10.3: APU 特有的中断 [2]

中断	说明
32	从 CPU0 而来的错误，包括 L1 数据 cache、L1 指令 cache、后援转换缓冲 （Translation Look-aside Buffer, TLB）、全局跳转历史缓冲 （Global branch History Buffer, GHB）和跳转目标地址 cache （Branch Target Address Cache, BTAC）校验错误。
33	从 CPU1 而来的错误，包括 L1 数据 cache、L1 指令 cache、TLB、GHB 和 BTAC 校验错误。
34	任何从 L2 cache 控制器而来的错误，包括校验错误。
92	从 SCU 而来的校验错误产生第三个中断。
37	CPU0 的 PMU。
38	CPU1 的 PMU。

10.2. 互联

在 PS 里的互联提供了主机和从机之间读、写和响应事务的通信，它由多个开关用 AXI 点对点通道来连接系统资源。作为 ARM AMBA 总线系列的一部分，这个互联实现了大阵列的互联通信容量，以及在之上的服务质量（Quality-of-Service，QoS）、调试和测试监视。多种重要的事务由这个互联所 . 管理，而它就是被设计用来为 ARM CPU 提供低延迟链路的。从 PL 主机控制的角度来说，这个互联能实现高吞吐率和 cache 一致性数据通路 [4]。

10.2.1. 互联特性

AXI 互联系统是 Zynq 芯片上主要的数据通信机制。下面总结了这个互联的特性 [4]：

AXI 高性能数据通路开关：

- 窥探控制单元

- L2 cache 控制器

- 基于 ARM NIC-301 的互联开关：

  - 中央互联

  - 主机互联

  - 从机互联

  - 存储器互联

  - OCM 互联

  - AMBA 高级高性能总线（Advanced High-Performance Bus，AHB）和高级外设总线（Advanced Peripheral Bus，APB）桥

PS-PL 接口：

- AXI_ACP，用于 PL 的一个 cache 一致性主机端口

- AXI_HP，用于 PL 的四个高性能 / 大带宽主机端口

- AXI_GP，四个通用端口，两个主机端口和两个从机端口。

10.2.2. 互联、主机和从机

整个互联结构实现了很多不同的独立的互联开关，以及两类连接：主机和从机。这一节描述这些。

互联开关

下面总结了互联中可用的各种互联开关 [4]：

- **中央互联** — 中央互联是基于 ARM NIC-301 的互联开关的核心。

- **主机互联**—主机互联控制从 AXI_GP 端口、设备配置（Device Configuration，DevC）和设备访问端口（Device Access Port，DAP）到中央互联的低速到中速通信的开关。

- **从机互联** — 从机互联控制从中央互联到 I/O 外设、AXI_GP 和其他块的低速到中速的通信的开关。

- **存储器互联** — 存储器互联控制从 AXI_HP 端口到 DDR DRAM 和 OCM（通过 OCM 互联）的高速通信的开关。

- **OCM 互联** — OCM 互联控制 OCM 和中央及存储器互联之间的高速通信。

- **SCU** — 由于具有寻址过滤功能，SCU 类似为一个从它的 AXI 从机端口向它的 AXI 主机端口通信的开关。

- **L2 Cache 控制器** — 由于具有寻址过滤功能，L2 cache 控制器的功能类似为一个从它的 AXI 从机端口向它的 AXI 主机端口通信的开关。

下面给出了这两种互联连接类型的例子。

互联主机

互联主机包括 [4]：

- CPU

- ACP

- 高性能 PL 接口 AXI_HP{3:0}

- 通用 PL 接口 AXI_GP{1:0}

- DMA 控制器

- AHB 主机 — 带有本地 DMA 单元的 I/O 外设 （IOP）

- 设备配置 （DevC）和调试访问端口 （DAP）

互联从机

互联从机包括 [4]：

- 通用 PL 接口 M_AXI_GP{1:0}

- OCM

- DDR DRAM

- 全局编程器视图 （GPV） — 互联的可编程寄存器

- AHB 从机 — 带有本地 DMA 单元的 IOP

- APB 从机 — 各种单元里的可编程寄存器

10.2.3. 连接性

互联并没有实现能够让所有的主机连接到所有的从机的完全的交叉横杆结构。表 10.4 详细列出了哪些主机可以连接到哪些从机。

表 10.4: 互联的主机 – 从机连接性 [4] （ "X" 表示能访问）

主机 / 从机	OCM	DDR 端口 0	DDR 端口 1	DDR 端口 2	DDR 端口 3	M_AXI_ GP	AHB 从机	APB 从机	GPV
CPU	X	X	----	----	----	X	X	X	X
AXI_ACP	X	X	----	----	----	X	X	X	X
AXI_HP{0,1}	X	----	----	----	X	----	----	----	----
AXI_HP{2,3}	X	----	----	X	----	----	----	----	----
S_AXI_GP{0,1}	X	----	X	----	----	X	X	X	----
DMA 控制器	X	----	X	----	----	X	X	X	----
AHB 主机	X	----	X	----	----	X	X	X	----
DevC, DAP	X	----	X	----	----	X	X	X	----

10.2.4. AXI_HP 接口

有四个 AXI_HP 接口来实现从 PL 总线主机到 OCM 和 DDR 存储器的高带宽数据通路。每个接口里有两个做读写通信的 FIFO 缓冲器。连接 PL 到存储器的互联把高速 AXI_HP 端口连接到两个 DDR 存储器端口或 OCM 上。在某些 Xilinx 文档中，AXI_HP 接口也被叫做 AXI FIFO 接口 （AFI），来表明它们的缓冲能力。

AXI_HP 接口的特性包括 [4]:

• 32 或 64 位数据主机接口，每个端口可以独立编程。

• 对于未对齐的 32 位传输，可以自动扩展传输尺寸从 32 位到 64 位。

• 写命令的可编程的阈值。

• 对于所有的 PL-PS 接口的异步时钟频率跨域。

• 读写 FIFO。

• 命令和通信数据 FIFO 填充程度计数是 PL 可见的。

PL 端口支持 QoS 信令。

图 10.2 是 AXI_HP 接口的框图。

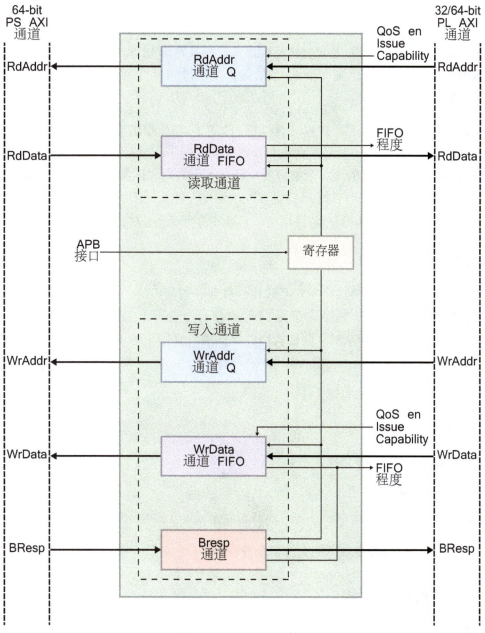

图 10.2: AXI_HP 接口

AXI_HP 接口的进一步数据在 《Zynq-7000 All Programmable SoC Technical Reference Manual》[4] 的第 5 章。

10.2.5. AXI_ACP 接口

ACP 实现了 PS 和 PL 之间的低延迟连接，而且对于 L1 和 L2 cache 带有可选的一致性操作能力 [4]。这是一个 64 位的接口，使得 PL 可以实现一个能访问 OCM 和 L2 cache 的 AXI 主机。

从系统的角度看，ACP 接口具有可与 APU 中的 CPU 相比较的连接性。由于这个原因，ACP 是和 APU 的 CPU 直接竞争 APU 之外的资源 [4]。这意味着当 ACP 接口在使用的时候，cache 空间的段将会被协处理器任务所占据。因此，依赖 CPU cache 来实现高性能或甚至是实时性能的 CPU 进程，也许不能满足所需的时间期限。如果这样的话，最好还是使用 AXI_HP 接口来在 OCM 中存储任务的数据。

10.2.6. AXI_GP 接口

AXI_GP 接口是直接连接主机互联和从机互联的端口的。AXI_HP 接口具有一个 1kB 的数据 FIFO 来做缓冲 [4]，但是 AXI_GP 接口与它不同，没有额外的缓冲。因此性能就受到主机端口和从机互联的制约。这些接口仅用于通用的目的，而且不应该被用于高性能的任务。

AXI_GP 接口的特性包括 [4]：

- 32 位数据总线宽度。

- 12 位总线端口 ID 宽度。

- 6 位从机端口 ID 宽度。

- 主机和从机端口接受一次 8 个读取和 8 个写入。

AXI_GP 接口的每个端口能支持多个外设。

10.3. 存储器

Zynq-7000 AP 芯片实现了很多不同类型的存储器和存储器接口工具。本节将介绍这些存储器工具。

10.3.1. 存储器接口

所有 Zynq-7000 AP 芯片上的存储器接口单元包括一个动态存储器控制器和几个静态存储器接口模块。动态存储器控制器可以用于 DDR3、DDR3L、DDR2 和 LPDDR2。静态存储器控制器支持一个 NAND 闪存接口、一个 Quad-SPI 闪存接口、一个并行数据总线和并行 NOR 闪存接口 [9]。

动态存储器接口

这个多协议双数据速率 (Double Data Rate, DDR) 存储器控制器包括三个主要的模块: 一个核心存储器控制器和调度器 (DDRC)、一个 AXI 存储器端口接口 (DDRI) 和一个数字 PHY 以及控制器 (DDRP) [3]。

DDR 存储器控制器可以被配置为 16 位或 32 位模式,能在配置为 8、16 或 32 位的单个块的 DRAM 存储器中访问 1GB 地址空间。也支持 EEC 存储器,但是只能以 32 位模式访问。用 DDR3 的时候支持最大 1333Mb/s 的速度 [9]。

对 PS 和 PL 的共享存储器的共享访问是通过多端口 DDRI 来支持的,它具有四个 AXI 从机端口来满足这个要求 [9]:

- PL 通过两个专用的 64 位端口 (AXI_HP) 来访问。

- 一个 64 位端口通过 L2 cache 控制器专用于 ARM CPU。这个端口可以被配置为低延迟。

- 所有其他 AXI 主机通过中央互联共享剩下的端口。

  每个 AXI 接口配备有专用的事务 FIFO。

DDRP PHY 处理从控制器来的读 / 写请求,并在 DDR 存储器的时序约束下,把请求翻译为信号。PHY 用控制器来的信号创建内部信号,通过数字 PHY 传递到 DDR 引脚上。最后通过 PCB 上的走线把 DDR 引脚接到实际的 DDR 芯片上。

图 10.3 是 DDR 存储器控制器的框图。

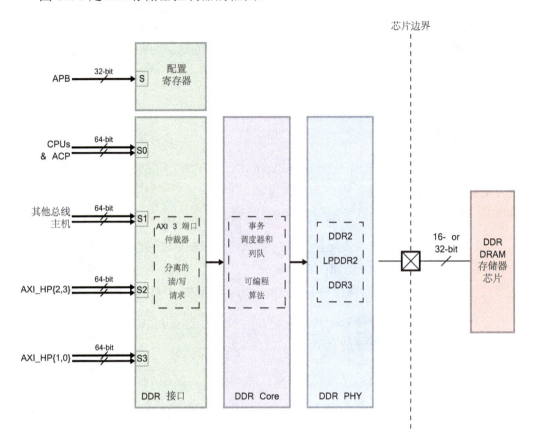

图 10.3: DDR 存储器控制器框图

DDR 存储器控制器的功能是很丰富的，基于本书的目的，没能全部提及。对于 DDR 存储器控制器的深入信息，请参考《Zynq-7000 All Programmable SoC Technical Reference Manual》的第 10 章 [3]。

DDR 存储器控制器所支持的芯片是与表 10.5 列出的条件有关的。

表 10.5: 存储器可连接性限制 [9]

参数	数值	注释
最大总的存储密度	1 GB	1GB 的地址映射分配在 DRAM 中
总的数据宽度 （位）	16, 32	ECC 只有一个 32 位配置：16 个数据位、10 个校验位
成分数据宽度 （位）	8, 16, 32	4 位芯片不支持
最大组块	1	----
最大行地址 （位）	15	----
最大组块地址 （位）	3	----

表 10.6 给出了 Zynq 芯片存储器配置的一些例子。

表 10.6: 可能的 Zynq-7000 SoC 存储器配置

存储器类型	组成部件配置	部件的数量	部件密度	总的带宽	总的密度
DDR3/DDR3L	x16	2	4 Gb	32	1 GB
DDR2	x8	4	2 Gb	32	1 GB
LPDDR2	x32	1	2 Gb	32	256 MB
LPDDR2	x16	2	2 Gb	32	512 MB
LPDDR2	x16	1	2 Gb	16	256 MB

静态存储器接口

静态存储器控制器 (Static Memory Controller，SMC) 可以用做 NAND 闪存控制器，或并口存储器控制器。SMC 支持下列存储器类型 [8]：

- NAND 闪存

- NOR 闪存

- 异步 SRAM

所有的地址、命令、数据和存储器芯片协议都是由 SMC 处理的，允许用户通过向功能寄存器读取或写入来访问这个控制器。而 SMC 的选项寄存器是通过 APB 接口来配置的。这个 SMC 是基于 ARM PL353 静态存储器控制器的。

表 10.7 总结了 NAND 闪存和并行 (SRAM/NOR) 接口的特性。

表 10.7：SMC 接口特性 [8]

NAND 闪存接口	并行 (SRAM/NOR) 接口
高达 1GB 芯片	8 位总线宽度
可编程 I/O 周期时序	每个芯片可选的可编程 I/O 周期时序
16 字读取和 16 字写入数据 FIFO	16 字读取和 16 字写入数据 FIFO
8 字指令 FIFO	8 字指令 FIFO
有单芯片选择的 8 或 16 位 I/O 宽度	单芯片选择最多 26 个地址信号
开放 NAND 闪存接口 (ONFI) 规范 1.0	两芯片选择最多 25 个地址 (32+32MB)
异步存储器操作模式	异步存储器操作模式
1 位 ECC 硬件，带有软件辅助	-----

图 10.4 给出了 SMC 的框图。

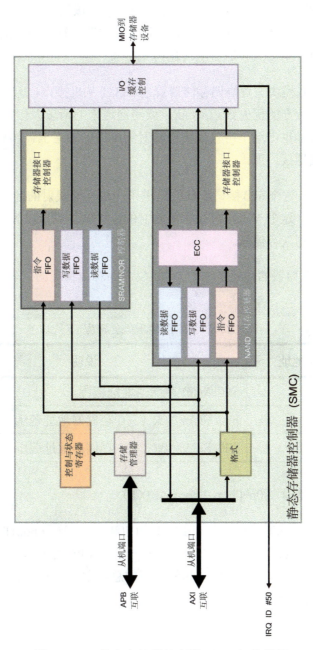

图 10.4: 静态存储器控制器 (SMC) 的框图

根据图 10.4 的框图，某些模块的功能描述如下 [8]：

- **存储器管理** — 存储器管理控制和跟踪 CPU_1x 域的状态机的当前状态。它负责控制发送给存储器的直接命令，更新在存储器时钟中使用的寄存器值，并经由 APB 接口控制进入和退出低功耗模式。

- **格式** — 格式模块负责协调存储器管理和 AXI 从机接口，其中从存储器管理来的请求具有较高的优先级。从 AXI 读写通道来的请求大体以轮转的形式来协调。AXI 传输也由这个格式模块被映射到可用的通道上，然后经由命令 FIFO 传送到存储器接口上。

- **互联接口** — 这个 APB 接口给软件提供了一块存储映射的区域，来读写控制和状态寄存器。这个 AXI 接口是存储映射的，让软件可以以 NOR/SRAM 控制器模式来读取和写入存储器。

对这个 SMC 存储器的访问是由一个 32 位 AHB 总线实现的。表 10.8 给出了 SMC 存储器地址映射。

表 10.8: SMC 存储器地址映射 [8]

寄存器基地址	说明
0xE100_0000	SMC NAND 存储器地址范围
0xE200_0000	SMC SRAM/NOR CS 0 存储器地址范围
0xE300_0000	SMC SRAM/NOR CS 1 存储器地址范围

10.3.2. 片上存储器 (On-Chip Memory, OCM)

片上存储器包括 256kB 的 RAM 和 128kB 的 ROM —— 这是 BootROM 驻留的地方。OCM 支持两个 64 位 AXI 从机接口端口 —— 一个端口专用于通过 APU SCU 的 CPU/ACP 访问，而另一个是由 PS 和 PL 内其他所有的总线主机所共享的。BootROM 对于用户是不可见的，专门保留只用于引导的过程 [6]。

由于 RAM 被实现为一个双宽度的存储器（128 位），OCM 能支持 RAM 访问时高吞吐率的 AXI 读写。为了充分利用这个 RAM 访问的高吞吐率，用户应用程序必须使用 128 位对齐的地址和偶数的 AXI 批量大小 [6]。

TrustZone 安保手段支持 4kB 的存储器块，而这个 256kB 的 RAM 可以被分割为 64 个 4kB 的块，每个可以赋予不同的安全属性。

图 10.5 是 OCM 的一个结构图。

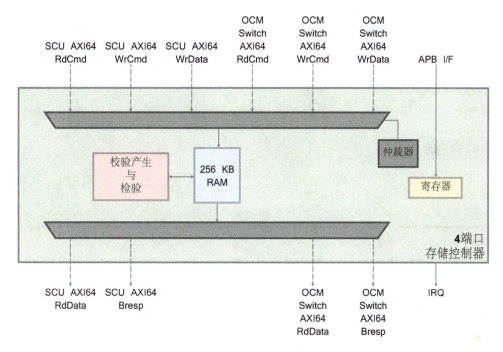

图 10.5：OCM 结构图

根据图 10.5 的结构图，OCM 关联着 10 个 AXI 通道 [6]：

• 5 个用于 CPU/ACP (SCU) 端口的 AXI 通道

• 5 个用于其他 PS/PL 主机（OCM 切换端口）的 AXI 通道

SCU 和 OCM 切换端口的读写通道仲裁是在 OCM 模块内控制的。只有 RAM 的访问要接收校验发生和检验。一个寄存器访问 APB 端口和中断信号（IRQ）是另一个进出 OCM 模块的主接口 [6]。

209

这个 OCM 模块的关键特性包括 [6]：

- 256kB 片上 RAM

- 128kB 片上 BootROM （用户不可见）

- 两个 AXI 3.0 64 位从机接口

- 支持完整的 AXI 64 位带宽用于 OCM 互联端口上的同步读写指令（施加了优化了的地址对齐限制）

- 对片上 RAM 的 TrustZone 安保支持 （4kB 页粒度）

- 对 RAM 的以字节为单位的校验发生、检验和中断支持

OCM 存储器寻址映射和寄存器设置的进一步细节在《Zynq-7000 All Programmable SoC Technical Reference Manual》的第 29 章 [6]。

10.3.3. 存储器映射

Zynq-7000 AP SoCs 支持 4GB 的地址空间，表 10.9 给出了存储器映射。

表 10.9: Zynq-7000 SoC 的存储器映射 [9]

起始地址	大小	说明
0x0000_0000	1024 MB	DDR DRAM 和 OCM
0x4000_0000	1024 MB	PL AXI 从机端口 0
0x8000_0000	1024 MB	PL AXI 从机端口 1
0xE000_0000	256 MB	IOP 器件
0xF000_0000	128 MB	保留
0xF800_0000	32 MB	通过 AMBA APB 对可编程寄存器的访问
0xFA00_0000	32 MB	保留
0xFC00_0000	64 MB — 256 KB	4 线 SPI 线性地址基址 （除了顶端的 256kB OCM），保留了 64MB，目前只支持 32MB
0xFFFC_0000	256 KB	当映射到高地址空间时的 OCM

10.4. 中断

Zynq 芯片的中断结构是和基于双核 ARM A9 的 PS 紧密链接的，也和 GIC PL390 中断控制器是协作的。这一节介绍这个中断控制器的功能和系统级的中断环境，如图 10.6 所示。

本节剩下的部分会涉及一些关键的话题，包括：

- GIC 的功能

- 私有、共享和软件的中断

- 中断优先级和处理

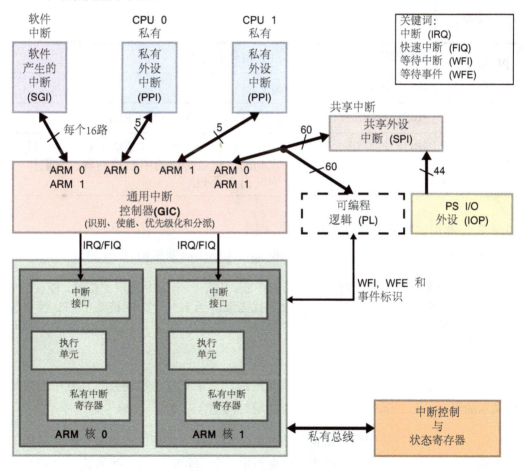

图 10.6: 系统级中断环境

211

10.4.1.　中断信号

PS 的 IOP 中断信号被走线到 PL 并与 FCKL 时钟异步触发。另一方面, PL 可以触发至多 20 个异步中断给 PS, 其中最多 16 个中断信号会映射到中断控制器作为外设中断。每个中断信号会设置一个优先级, 然后被映射给一个 CPU 或两个 CPU 都给。剩下的四个 PL 中断信号, 被反转然后直接传递给中断控制器的私有外设中断 (Private Peripheral Interrupt, PPI) 单元作为 nIRQ 和 nFIQ 信号。每个 CPU 具有自己的 nIRQ 和 nFIQ 信号。表 10.10 总结了 PS 和 PL 之间相关的中断信号 [5]。

表 10.10: PL 中断信号 [5]

类型	PL 信号 名称	I/O	目的地
PL 到 PS 中断	IRQF2P[7:0]	I	SPI: 编号 [68:61]
	IRQF2P[15:8]	I	SPI: 编号 [91:84]
PS 到 PL 中断	IRQP2F[19:16]	I	PPI: nFIQ, nIRQ (两个 CPU)
	IRQP2F[27:0]	O	可编程逻辑。这些信号是从 I/O 外设上接收到的, 然后传递给中断控制器。它们作为输出给了 PL。

10.4.2.　通用中断控制器 (GIC)

通用中断控制器是基于非向量的 ARM 通用中断控制器架构 v1.0 的。

控制器管理从 PS 和 PL 发送给 CPU 的中断。它是一个集中管理的资源, 能使能、禁止、屏蔽中断源, 并且能对中断源设立优先级, 当下一个中断被某个 CPU 接口接受时, 能以可编程的方式把中断发送给恰当的 CPU[5]。控制器还支持有安全机制的系统实现的安全扩展 [5]。

GIC 寄存器是通过 CPU 私有总线来访问的, 这条私有总线避开了互联中的瓶颈和偶尔的阻塞, 从而确保了读写的快速响应时间 [5]。

所有的中断源都被中断分配器集中起来, 然后其中最高优先级被分派到具体的某个 CPU 上去。GIC 还要确保那些目标是不止一个 CPU 的中断一次只被一个 CPU 所捕获。有一个唯一的中断 ID 编号来标识每一个中断源, 对应有它自己的可配置的优先级和目标 CPU 的列表 [5]。

关于 GIC 的进一步的资料，可以从《ARM Generic Interrupt Controller Architecture Specification》获得 [1]。

10.4.3. 中断源

本节概述每个中断源的情况，包括：

- CPU 私有外设中断 （PPI）

- PL 和 PS 共享的外设中断 （SPI）

- 软件产生的中断 （SGI）

图 10.7 勾勒了中断源的结构图。

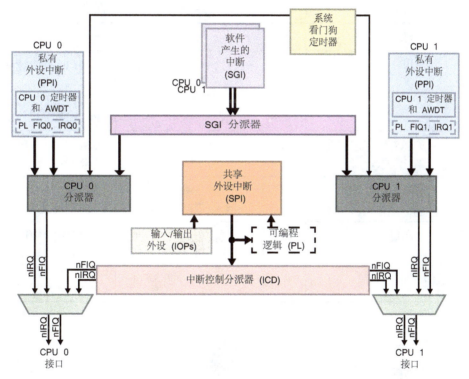

图 10.7: 中断控制器架构图

CPU 私有外设中断 （PPI）

如表10.11所总结的，每个CPU核连接到了一个有五个外设中断的私有组上[5]。

GIC 必须被编程以实现让所有的 PPI 敏感性类型都与请求源绑定，而且不能被改变。这些寄存器不能被 Boot ROM 所编程，因此 GIC 必须被 SDK 芯片驱动程序编程来配合这些 PPI 敏感性类型 [5]。

值得提及的是，从 PL 来的中断（IRQ）和快速中断（FIQ）信号在发送给中断控制器之前，会在传输给 PS 的时候被反转。这些信号因此在 PL 内被反转为低电平有效前，在 PS 内的 PS-PL 接口上是高电平有效的。

表 10.11：私有外设中断 (PPI) [5]

IRQ ID #	名称	PPI #	类型	说明
26:16	保留	-----	----	保留
27	全局定时器	0	上升沿	全局定时器
28	nFIQ	1	在 PL 内低电平有效（在 PS-PL 接口上高电平有效）	从 PL 来的快速中断信号 CPU0：IRQF2P[18] CPU1：IRQF2P[19]
29	CPU 私有定时器	2	上升沿	从私有的 CPU 定时器来的中断
30	AWDT{0, 1}	3	上升沿	每个 CPU 的私有看门狗定时器
31	nIRQ	4	在 PL 内低电平有效（在 PS-PL 接口上高电平有效）	从 PL 来的中断信号 CPU0：IRQF2P[16] CPU1：IRQF2P[17]

共享的外设中断 (SPI)

有大约 60 个来自各种模块的中断可以被传送到 PL 或一个或两个 CPU。那些目标为 CPU 的中断的优先级和中断的接收情况是由中断控制器管理的 [5]。

和 PPI 类似，SPI 的中断敏感性类型是与请求源绑定的，不能被修改。SDK 驱动程序必须对 GIC 编程来适应这些敏感性类型。

表 10.12 总结了各种 SPI 中断。

表 10.12：PS 和 PL 共享的外设中断 [5]

来源	中断名称	IRQ ID#	状态位	请求类型	PS-PL 信号名称	I/O
APU	CPU 1, 0 (L2, TLB, BTAC)	33:32	spi_status_0[1:0]	上升沿	----	----
	L2 Cache	34	spi_status_0[2]	高电平	----	----
	OCM	35	spi_status_0[3]	高电平	----	----
保留	----	36	spi_status_0[4]	----	----	----
PMU	PMU [1,0]	38, 37	spi_status_0[6:5]	高电平	----	----
XADC	XADC		spi_status_0[7]	高电平	----	----
DVI	DVI	40	spi_status_0[8]	高电平	----	----
SWDT	SWDT	41	spi_status_0[9]	上升沿	----	----
定时器	TTC 0	43:42	spi_status_0[11:10]	高电平	----	----
保留	----	44	spi_status_0[12]	----	----	----
DMAC	DMAC Abort	45	spi_status_0[13]	高电平	IRQP2F[28]	O
	DMAC [3:0]	49:46	spi_status_0[17:14]	高电平	IRQP2F[23:20]	O
存储器	SMC	50	spi_status_0[18]	高电平	IRQP2F[19]	O
	Quad SPI	51	spi_status_0[19]	高电平	IRQP2F[18]	O
调试	CTI	----	----	高电平	IRQP2F[17]	O
IOP	GPIO	52	spi_status_0[20]	高电平	IRQP2F[16]	O

表 10.12 : PS 和 PL 共享的外设中断 [5]

来源	中断名称	IRQ ID#	状态位	请求类型	PS-PL信号名称	I/O
IOP	USB 0	53	spi_status_0[21]	高电平	IRQP2F[15]	O
	以太网 0	54	spi_status_0[22]	上升沿	IRQP2F[14]	O
	以太网 0 唤醒	55	spi_status_0[23]	上升沿	IRQP2F[13]	O
	SDIO 0	56	spi_status_0[24]	高电平	IRQP2F[12]	O
	I2C 0	57	spi_status_0[25]	高电平	IRQP2F[11]	O
	SPI 0	58	spi_status_0[26]	高电平	IRQP2F[10]	O
	UART 0	59	spi_status_0[27]	高电平	IRQP2F[9]	O
	CAN 0	60	spi_status_0[28]	高电平	IRQP2F[8]	O
PL	FPGA [2:0]	63:61	spi_status_0[31:29]	高电平	IRQF2P[2:0]	I
	FPGA [7:3]	68:64	spi_status_1[4:0]	高电平	IRQF2P[7:3]	I
定时器	TTC 1	71:69	spi_status_1[7:5]	高电平	----	----
DMAC	DMAC [7:4]	75:72	spi_status_1[11:8]	高电平	IRQP2F[27:24]	O
IOP	USB 1	76	spi_status_1[12]	上升沿	IRQP2F[7]	O
	以太网 1	77	spi_status_1[13]	上升沿	IRQP2F[6]	O
	以太网 1 唤醒	78	spi_status_1[14]	高电平	IRQP2F[5]	O
	SDIO 1	79	spi_status_1[15]	高电平	IRQP2F[4]	O
	I2C 1	80	spi_status_1[16]	高电平	IRQP2F[3]	O
	SPI 1	81	spi_status_1[17]	高电平	IRQP2F[2]	O
	UART 1	82	spi_status_1[18]	高电平	IRQP2F[1]	O
	CAN 1	83	spi_status_1[19]	高电平	IRQP2F[0]	O
PL	FPGA [15:8]	91:84	spi_status_1[27:20]	高电平	IRQF2P[15:8]	I
SCU	校验	92	spi_status_1[28]	上升沿	----	----
保留	----	95:93	spi_status_1[31:29]	----	----	----

软件产生的中断 (SGI)

每个 CPU 都能用 SGI 来中断自己、另一个 CPU 或同时中断两个 CPU。表 10.13 总结了 16 个 SGI[5]。向软件产生的中断寄存器（Software Generated Interrupts Register, ICDSGIR）写入 SGI 中断编号并指定目标 CPU（或两个 CPU），就产生了一个 SGI。这个写入是由源 CPU 的 CPU 私有总线执行的。每个 CPU 各自有一组 SGI 寄存器，可以产生 16 个软件产生中断中的一个或多个。中断的清除是通过读取中断确认寄存器（Interrupt Acknowledge Register, ICCIAR）或向中断挂起清除寄存器（Interrupt Clear-Pending Register, ICDICPR）对应的位写入 "1" 值来实现的 [5]。

所有的 SGI 都是边缘触发的，它们的敏感性类型是固定的，而且不能被修改。

表 10.13: 软件产生的中断 (SGI) [5]

IRQ ID #	名称	SGI #	类型	说明
0	软件 0	0	上升沿	每个 CPU 有自己私有的一组 16 个中断源，可以被定向到 16 个普通中断目标去。每个目标可以是一个或多个 CPU。
1	软件 1	1	上升沿	
⋮	⋮	⋮	⋮	
15	软件 15	----	上升沿	

10.4.4. 中断优先级定序和处理

本章简要了解一下 Zynq 芯片的中断优先级定序和处理的方式。

中断优先级定序

所有的中断请求，无论是 PPI、SGI 还是 SPI，都被赋予了一个唯一的 ID 编号，以用于中断控制器的仲裁。中断分派器握有每个 CPU 的挂起的中断列表，它会从中选择优先级最高的中断，然后把它发送到 CPU 接口。如果具有相同优先级的两个中断同时到达，具有最低中断 ID 的那个会首先被发送 [5]。

每个 CPU 都存在着优先级定序逻辑，所以对最高优先级中断的选择是每个 CPU 各自进行的。中断分派器具有中断、处理器和活跃信息的中央列表，它负责给 CPU（或多个 CPU）触发软件中断。为了给每个处理器一个独立的拷贝，SGI 和 PPI 分派器寄存器是分组的。逻辑上确保了目标不止一个CPU的中断只能同一时间被一个CPU获取 [5]。

在发送了挂起的最高优先级的中断给 CPU 接口之后，中断分派器会从那个 CPU 收到回复的确认消息，这样它就可以改变对应的中断的状态了。这个中断只能由确认中断的那个 CPU 来终止 [5]。

中断处理

中断分派器给每个 CPU 上所支持的每个中断运作了一个状态机。可能的中断状态是 [1]：

- 无效

- 挂起

- 有效

- 有效并挂起

当中断控制器收到一个中断请求，它会把那个请求的状态置为挂起。一个挂起的中断的再生不会影响那个中断的状态 [1]。一旦那个中断被确认了，如果中断的挂起状态在中断有效了之后还要继续，或是中断又发生了，状态就从挂起转变为有效并挂起；否则的话，状态就从挂起变为有效 [1]。当中断控制器从处理器收到确认消息表明中断处理已经完成，那么中断的状态就从有效变更为无效，标明中断不会被再次产生；否则，就从有效并挂起变更为挂起。.

GIC 如何处理中断的进一步信息在《ARM Generic Interrupt Controller Architecture Specification》的第 3 章《Interrupt Handling and Prioritization》中。

10.4.5. 延伸阅读

仅就本章的篇幅是不可能覆盖中断的方方面面的，ARM 的 GIC 的规范超过了 150 页！有鉴于此，下面列出了在《ARM Generic Interrupt Controller Architecture Specification》[1] 中可以找到的一些内容：

- GIC 安全扩展

- 中断处理状态机

- 连接 GIC 的程序员模型接口

- GIC 寄存器的细节

• 分派器和 CPU 接口

10.5. 本章回顾

本章详细解释了 Zynq SoC 的某些特性。介绍并讨论了在 L1 cache 和 PS 之间的接口的方法和相关的信号。特别关注了在 PL 和 PS 之间实现 cache 一致性数据传输和请求的 ACP 访问点，也介绍了 PL 和 PS 之间的中断接口。

讨论了 AXI 互联系统，以及各种数据通路和互联开关，并标识了可用的互联主机和从机。关于 AXI 互联的进一步信息在第 19 章还有。

本章最后一节详细讨论了 Zynq SoC 实现的各种存储器接口和控制器，以及中断系统。

10.6. 参考文献

说明：所有的 URL 最后访问时间是 2014 年 6 月。

[1] ARM, "ARM Generic Interrupt Controller: Architecture Specification", v1.0, September 2008.
位于 :
http://infocenter.arm.com/help/topic/com.arm.doc.ihi0048a/IHI0048A_gic_architecture_spec_v1_0.pdf

[2] Xilinx, Inc, "Application Processing Unit" in *Zynq-7000 All Programmable SoC Technical Reference Manual*, UG585, v1.5, February 2014, pp. 60-111.
位于 : http://www.xilinx.com/support/documentation/user_guides/ug585-Zynq-7000-TRM.pdf

[3] Xilinx, Inc, "DDR Memory Controller" in *Zynq-7000 All Programmable SoC Technical Reference Manual*, UG585, v1.5, February 2014, pp. 278-314.
位于 : http://www.xilinx.com/support/documentation/user_guides/ug585-Zynq-7000-TRM.pdf

[4] Xilinx, Inc, "Interconnect" in *Zynq-7000 All Programmable SoC Technical Reference Manual*, UG585, v1.5, February 2014, pp. 117-146.
位于 : http://www.xilinx.com/support/documentation/user_guides/ug585-Zynq-7000-TRM.pdf

[5] Xilinx, Inc, "Interrupts" in *Zynq-7000 All Programmable SoC Technical Reference Manual*, UG585, v1.5, February 2014, pp. 213-224.
位于 : http://www.xilinx.com/support/documentation/user_guides/ug585-Zynq-7000-TRM.pdf

[6] Xilinx, Inc, "On-Chip Memory (OCM)" in *Zynq-7000 All Programmable SoC Technical Reference Manual*, UG585, v1.5, February 2014, pp. 707-717.
位于 : http://www.xilinx.com/support/documentation/user_guides/ug585-Zynq-7000-TRM.pdf

[7] Xilinx, Inc, "Signals, Interfaces and Pins" in *Zynq-7000 All Programmable SoC Technical Reference Manual*, UG585, v1.5, February 2014, pp. 42-59.
位于 : http://www.xilinx.com/support/documentation/user_guides/ug585-Zynq-7000-TRM.pdf

[8] Xilinx, Inc, "Static Memory Controller" in *Zynq-7000 All Programmable SoC Technical Reference Manual*, UG585, v1.5, February 2014, pp. 315-324.
位于 : http://www.xilinx.com/support/documentation/user_guides/ug585-Zynq-7000-TRM.pdf

[9] Xilinx, Inc, "Zynq-7000 All Programmable SoC Overview", DS190, v1.6, December 2013.
位于 : http://www.xilinx.com/support/documentation/data_sheets/ds190-Zynq-7000-Overview.pdf

11

Zynq 片上系统的开发

本章我们要讨论 Zynq 开发流程中软件开发的所有内容。我们要仔细研究 Zynq 的软件开发和划分的某些方面。

本章的各个小节会研究硬件／软件划分、Zynq 软件开发和剖析的重要概念。这些配合起来形成 Zynq 芯片的软件开发周期，从早期概念阶段，到测试和验证的阶段。

11.1. 硬件／软件划分

硬件／软件划分，又叫做硬件／软件协同设计，是嵌入式系统设计的重要阶段，而且，如果执行得好的话，能对系统性能产生显著的提升。硬件／软件划分的过程，顾名思义，涉及到决定系统的各个部分中，哪些应该用硬件来实现，而哪些应该用软件来实现。这个划分过程背后的原动力，是硬件部件，比如驻留在 FPGA 可编程逻辑里的那些，通常会由于 FPGA 芯片天然的并行处理特性而快很多，不过也要贵一些。另一方面来说，实现在 GPP 或微处理器里的软件部件，创建和维护都要便宜一些，但是也是因为本身的串行执行的特性而比较慢。为了在性能和成本之间实现良好的权衡，高性能部件可以在硬件中实现，而不那么密集计算的部分可以以软件来实现。

传统上这个划分的过程是由系统设计师人工操作的，他要决定设计模块中哪些由硬件实现，哪些由软件实现。最近一些算法和技术也被开发出来，在各种不同的设计环境中，让这个划分决策过程可以自动进行 [1]。像 HLS 这样的技术的出现，对于划分过程也有重要的影响，让软件算法能直接转变为用于硬件实现的 RTL。

图 11.1 给出了硬件 / 软件划分的概述。.

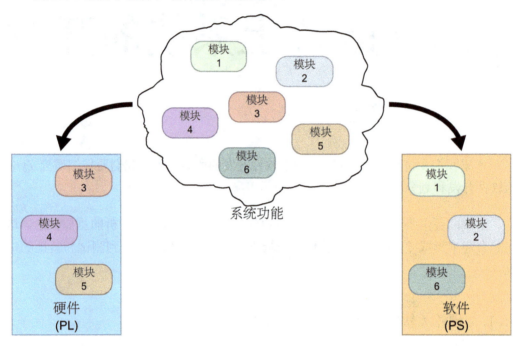

图 11.1: 硬件 / 软件划分的概述

FPGA 可编程逻辑适合解决那种能高效地划分为多道并行任务的问题。由于可编程逻辑固有的并行执行方式，多个运算可以被同时处理，用比串行处理更短的时间计算出最终的结果。FPGA 实现的例子应用包括数字过滤计算、波束形成和图像处理。传统上这些任务是重复的，而且计算的过程本质上是完全静态的。另一方面，存在一些更动态、不可预测的问题，这些任务更适合在基于处理器的系统上实现。

在决定一个过程应该以硬件还是软件来实现的时候，另一个要考虑的因素是要用到的格式的数量。传统上，由于存在特别开发的向量数学引擎和专用的浮点单元，处理器对于浮点运算具有更好的支持。FPGA 可以支持浮点计算，但是需要很大数量的逻辑单元来实现。对于高精度定点计算也是类似的情况。现在，随着 FPGA 尺寸的增加，用于实现高精度计算的逻辑部分所占的面积，相对于芯片的尺寸已经变少了，所以高精度计算也变得常见了。因此，如果一个应用需要高精度浮点运算，最好的选择是要么用处理器实现，要么在大规模的 FPGA 中实现。

有必要正确理解严苛时间驱动功能在可编程逻辑中并行执行的情况。图 11.2 展示了并行计算的优势。 如果采用软件执行，要得到结果 G 需要 12 个时钟周期 （串行执行），而并行实现只需要 2 个时钟周期 （并行执行）就能得到相同的结果。不过，如果运算的输入和输出是在 PS 和 PL 之间发送的，就会有通信上的额外开销。在 Zynq-7000 SoC 芯片内，PS 和 PL 是紧密耦合的，而且中间的互联是高速的，这就不是什么大问题了。

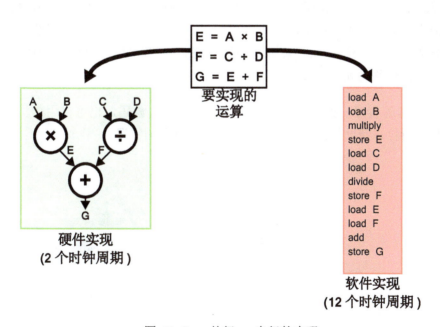

图 11.2: 并行 vs 串行的实现

11.2. 剖析

剖析（profile）是程序分析的一种形式，用来帮助对软件做出优化。我们用它来测量应用代码的一些属性，包括：

- 存储器的使用

- 函数调用的执行时间

- 函数调用的频度

- 指令的使用

剖析可以静态运行（不执行软件程序），也可以动态运行（在实际或虚拟的处理器上运行软件应用的时候运行）。静态剖析一般是通过分析源码来做的，也有时候是分析目的代码来做的，而动态剖析是一种介入的过程，通过打断处理器上的程序的执行来提取数据。

用剖析可以识别出代码执行中可能造成的瓶颈的低效率代码，也能找到函数与 PL 中的模块或软件中其他函数之间的糟糕的交互通信。还可能发现某个算法或例程可能本质上更适合在硬件中实现。一旦被识别出来，可以重写原始的软件函数来优化瓶颈问题，或把它转移到 PL 来加速。或者，部分函数可以保留在软件中，但是把有问题的部分转移到硬件中去。

对于大型的程序，如果代码已经太大而无法阅读源码，也可以用剖析来做分析。运用剖析可以帮助找出其他方法可能不会注意到的错误。

图11.3展示了各个函数的执行流程，并给出了每个函数执行所需的时钟周期。

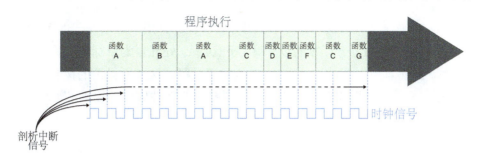

图 11.3: 剖析

通过剖析程序，从而得到每个函数执行所需的时钟周期数，就可以判断某个函数是否需要被优化。一个软件函数被写出来，工程师就应该对于在某个 PS 上执行这个函数需要多少时间有大致的印象。这个估算的时间可以和实际剖析的结果做比较，对出入较大的要做研究。图 11.4 给出了图 11.3 的执行流程的一个剖析结果。

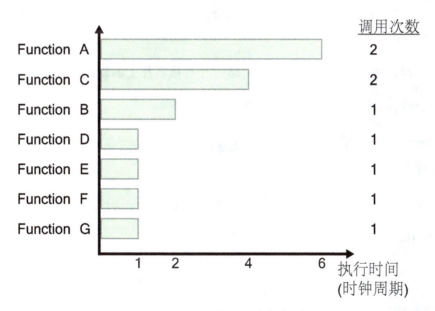

图 11.4: 图 11.3 的剖析结果

11.3. 软件开发工具

Zynq-7000 AP SoC 芯片的软件应用开发流程允许用户运用统一的 Xilinx 工具集, 以及利用广泛第三方厂家的以 ARM Cortex-A9 处理器为目标的工具来创建软件应用 [2]。虽然本节主要关注 Xilinx 工具和工具流, 这里所讨论的概念可以广泛应用于第三方工具。熟悉软件开发的人会发现熟悉的软件成分, 比如 GNU 编译器工具链和基于 Eclipse 的 IDE。

11.3.1. 软件工具

Xilinx 为开发和调试 Zynq-7000 AP SoC 芯片上的软件应用提供了设计工具。所提供的软件包括 [2]:

- **软件 IDE** – 这是用以开发在 PS 上执行的软件应用的集成设计环境。

- **基于 GNU 的编译器工具链** – 用来把应用程序的源代码转换成可执行程序。它是基于 GNU 项目所做的编程工具的集合, 包括 GCC 编译器、GNU 调试器(GDB)、工具和库。

- **JTAG 调试器** – 通过 JTAG 连接来对运行在目标芯片上的软件应用做硬件调试。

- 各种其他相关工具。

所提供的软件工具让用户可以开发无需操作系统就在 Zynq-7000 芯片上直接运行的裸机应用, 也可以开发 Linux 应用。

也有支持 Cortex-A9 处理器的第三方软件工具, 包括 [2]:

- 软件 IDE

- 编译器工具链

- 调试与跟踪工具

- 嵌入式系统和软件库

- 仿真器

• 模型和虚拟原型工具

第三方工具对 Zynq-7000 AP SoC 芯片的直接支持和集成的程度是不同的。支持
Linux 内核开发的工具不是由 Xilinx 提供的，而是由第三方厂家提供的。

11.3.2.　硬件配置工具

Xilinx 提供了两种支持 Zynq-7000 AP SoC 芯片的硬件配置工具，它们是：

• **Vivado IDE 设计工具集的 IP 集成器（Vivado IDE Design Suite IP Integrator）** - IP 集成器提供了一个图形界面，让用户可以创建集成了 PL 和 PS 的系统的结构图。

• **ISE 设计工具集的嵌入式开发包（EDK）Xilinx 平台开发工具（XPS）（ISE Design Suite Embedded Development Kit (EDK) Xilinx Platform Studio (XPS)）** - XPS 捕捉 PS 和外设的数据，包括配置设置、寄存器存储地址映射和用来初始化 PL 的硬件位流。

Vivado IP Integrator

Vivado IDE Design Suite IP Integrator 实现了一个方块形式的设计环境来构建 Zynq-7000 AP SoC 系统。用结构图可以配置 PS 和 PL 部件。配置数据被保存在一个 XML 文件和其他 INIT 文件中，这些文件可以用在软件设计工具中来推断编译器参数、定义JTAG设置、创建和配置BSP库，以及自动做一些其他硬件相关的操作[2]。

Vivado IP Integrator 的进一步信息可以在第 18 章《IP 重用和集成》中找到。

Xilinx Platform Studio

ISE Design Suite EDK Xilinx Platform Studio 把配置数据保存在一个 XML 文件和其他 INIT 文件中，这些文件可以用在软件设计工具中来推断编译器参数、定义 JTAG 设置、创建和配置 BSP 库，对 PL 编程以及自动做一些其他硬件相关的操作[2]。

11.3.3. 软件开发包 (SDK)

Xilink 的 SDK 提供了一个环境，在一个工具中就可以创建全功能的软件应用、编译然后调试。SDK 包括基于 GNU 的编译工具链（GCC 编译器、GDB 调试器、工具和库）、JTAG 调试器、闪存编程器、Xilinx IP 的驱动和裸机 BSP 及应用领域函数的中间件库 [2]。提到的所有这些功能都能在基于集成了 C/C++ 开发包 (CDK) 的 Eclipse 的 IDE 里使用 [2]。

这个 SDK 的功能包括 [2]：

- 项目管理

- 错误导航

- C/C++ 代码编辑和编译环境

- 应用构建配置和自动产生 makefile

- 调试和剖析嵌入式目标的集成环境

- 通过第三方插件的额外功能，比如源代码和版本控制

SDK 是 Xilinx Vivado IDE, ISE Design Suite 和 EDK 的一部分，也可以是独立的应用。SDK 里还有创建第一级引导装载程序 (FSBL) 的应用模板，以及构建一个引导映像的图形界面。文档和参考材料可以直接从 SDK 的帮助系统中获得 [2]。

11.3.4. 微处理器调试器

XMD 是一个命令行驱动的 JTAG 调试器，可以用来下载、调试和验证程序。它带有一个 Tcl 界面，支持任务重复操作的脚本。在调试裸机应用的时候，XMD 可以作为 GDB 和 SDK 的 GDB 服务器 [2]。

在调试 Linux 应用的时候，SDK 与目标平台上运行的 GDB 服务器交互。调试器可以连接运行在主机上的 XMD 或运行在同一个网络内的远端机器 [2]。

11.3.5. 用于 Xilinx Cortex-A9 编译器工具链 Sourcery CodeBench Lite Edition

另外，这个 SDK 还带有用于 Xilinx Cortex-A9 编译器工具链的 Sourcery CodeBench Lite Edition。这是用于 Linux 应用和裸机嵌入式应用二进制接口 (Embedded Application Binary Interface，EABI) 程序开发的 [2]。

SDK 里的 Xilinx Sourcery CodeBench Lite Edition 包含了与标准版本相同的 GNU 工具、库和文档，但是有以下的增强 [2]:

- 用于 Xilinx Cortex-A9 处理器的默认工具链设置

- 用于 Xilinx Cortex-A9 处理器的裸机 （EABI）启动支持和默认链接脚本

- 被向量浮点 （Vector Floating Point，VFP）和 NEON 优化过的库

11.3.6. 逻辑分析仪

分析工具能分析 PL 内运行的内部信号和定制逻辑的端口。Xilinx 提供了两个分析工具：ChipScope^{TM} Pro Analyzer 和 Vivado Logic Analyzer。两个工具具有相似的功能，但是工作在不同的环境中。ChipScope Pro Analyzer 是一个独立的应用，而 Vivado Lab Tool 是在 Vivado IDE 中运行的。

ChipScope Pro 包括两个工具：ChipScope Pro Core Inserter 和 ChipScope Pro Analyzer。后者在 PL 定制逻辑设计中插入裸机分析仪、系统分析仪和虚拟 I/O 核，这样就能分析和观看内部信号了。所有的信号都以 PL 的运算速度被捕捉到，然后可以在ChipScope调试工具中显示和分析。信号数据的捕捉和软件调试器的断点，可以被定制逻辑中的事件所触发 [2]。

Vivado Logic Analyzer 的工作方式和 ChipScope 相似，但是是在 Vivado IDE 里使用而不是作为独立的应用程序 [2]。

11.3.7. System Generator for DSP

System Generator for DSP 是一个方块形式的开发工具，允许用户在 MATLAB/ Simulink 环境中创建 DSP 硬件协处理器设计。它支持 DSP 硬件的快速开发和仿真，

同时能自动地生成协处理器，从而降低整体系统开发时间。SDK 的协调试功能让用户可以运行和调试运行在处理器上的程序，同时保持对还在 System Generator 中开发的硬件的控制。

11.4. 本章回顾

本章介绍了硬件／软件划分的概念，就是系统的部件要划分到硬件（在 PL 中实现）和软件（在 PS 上运行）上去。也讨论了剖析的过程，剖析有助于识别出系统中存在于软件的瓶颈。这样的软件功能可以被硬件加速，因此需要在 PL 中实现。Xilinx Vivado HLS 工具可以通过自动把 C/C++/SystemC 写的算法转换成 RTL 代码，来协助从软件到硬件的迁移。

本章还介绍了 Xilinx 提供的 Zynq 软件开发工具，既有用于 Linux 的也有用于裸机的。还介绍了硬件配置工具，比如 Vivado IDE IP Integrator 和 Xilinx Platform Studio。

11.5. 参考文献

说明：所有的 URL 最后在 2014 年 6 月访问过。

[1] M. López-Vallejo and J. C. López, "On the Hardware-Software Partitioning Problem: System Modeling and Partitioning Techniques" *ACM Transactions on Design Automation of Electronic Systems (TODAES)*, vol. 8, no. 3, pp. 269-297, July 2003.

[2] Xilinx, Inc, "Zynq-7000 All Programmable SoC Software Developers Guide", UG821, v8.0, April 2014. 位于：http://www.xilinx.com/support/documentation/user_guides/ug821-zynq-7000-swdev.pdf

12

Zynq SoC 设计的下一步

本章是一些实践性的内容，和对应的教程一起，目的是在之前各章所学的基础上，对已有的开发 Zynq 系统的技巧加以扩展。

具体来说，本章关注如何给基本的 Zynq 系统加上新的 IP，用 IP Integrator 来处理 Zedboard 上的定时器和 GPIO 所产生的中断。我们会逐步引导如何把额外的 IP 连接到系统上，每一步都详细解释了连接的细节。

在生成了硬件设计后，就输出数据给开发软件应用的 SDK，以清晰地表达对中断的使用，并直接导出所需的函数。

12.1. 先决条件

在做这个练习之前，建议你先读完之前的章节直到第 10 章《Zynq 片上系统开发》，并顺利完成之前的实践练习 "Zynq 上的第一个设计（First Designs on Zynq）"，因为本章的这个练习会基于之前做的那个 Zynq 系统来进行扩展。

12.2. 目标与结果

这个实践练习的目标是介绍如何给基本 Zynq 系统增加新的 IP，并实现正确的连接。为此，在 ZedBoard 上构建了一个简单的设计，这个设计将会加上额外的 IP 并实现连接，然后创建一个软件应用来清晰地展示整个系统的运作。

在完成了这个教程之后，你将能：

- 在一个已有的基本的 Zynq 硬件项目中加入额外的 IP。

- 能配置这个 IP 来利用中断。

- 修订设计来加入多个中断源。

- 用中断控制器来把 IP 的硬件中断连接到 Zynq 的 PS 上。

- 实现更高级的执行在 Zynq 的 PL 上的软件应用，能利用中断和几种类型的 IP。

这个教程的主要目标是扩展开发 Zynq 系统的基本技巧，让读者进一步熟悉可用的软件工具和流程，以及如何创建较复杂的软件应用。

12.3. 练习 2A 的概述

第一个实践练习和之前在 ZedBoard 上创建一个简单的 Zynq 系统的教程是一样的。重复那个练习来建立起对这个过程的熟悉。

练习 2A 可以在以下网站下载：www.zynqbook.com

12.4. 练习 2B 的概述

这个实践练习要在 Vivado IDE 里对之前创建的 ZedBoard 上的硬件项目做出扩展。所需的步骤是：

1. 增加额外的 IP（GPIO 按钮）来产生硬件中断。

2. 把硬件中断连接到 Zynq PS 里的中断控制器。

3. 生成硬件设计的 HDL 文件，并创建位流硬件描述文件。

4. 图 12.1 给出了这个练习会创建的硬件设计的概述。

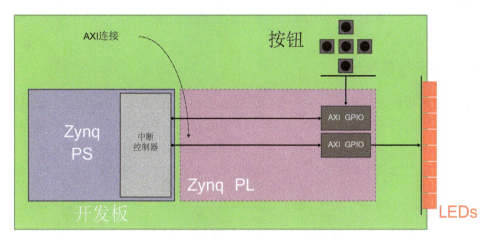

图 12.1: 练习 2B 的 Zynq 硬件设计

在练习 1 的硬件设计上增加了额外的 IP 之后，下一个练习着重创建软件应用来展示 Zynq 系统中单个中断的工作原理。

练习 2B 可以在以下网站下载：www.zynqbook.com

12.5. 练习 2C 的概述

完成了练习 2B 中的硬件设计之后，下一步是把这个设计输出给 Xilinx SDK。然后要开发一个软件应用，用按下按钮的方式来产生一个中断。这个中断会被 AXI 中断控制器所处理，然后传送给 Zynq PS。这将会增加一个用作计数器的变量值，这个变量值会被传送并写入 AXI GPIO 实例，以二进制的形式在 LED 上显示出来。

这个练习的步骤如下：

5. 把最终的硬件设计输出给 SDK。

6. 创建一个简单的软件应用，用从按钮产生的中断来递增一个计数器，计数器的值要以二进制的形式显示在 LED 上。

7. 对 FPGA 编程，确认软件应用的运作如预期一般，能展示 Zynq 系统的中断功能。

练习 2C 可以在以下网站下载：www.zynqbook.com

12.6. 练习 2D 的概述

在这个教程的最终的练习中，我们要扩展在练习 2B 和 2C 中创建和测试过的硬件设计，加上新的中断源：会增加一个 AXI 定时器，在到达设定时间的时候会产生中断，并递增计数器；也会需要做出到中断控制器的恰当的连接。最后，扩展了的硬件设计要输出给 SDK，然后之前练习中的软件应用要被修改用来实现新的功能。

这个练习的步骤如下：

1. 在 Vivado IDE 中打开之前创建的项目。

2. 用 IP Integrator 加入一个 AXI 定时器 （Timer） 资源。

3. 在定时器和 PS 中的硬件中断控制器之间连接正确的连接。

4. 生成硬件设计的 HDL 文件，并创建位流硬件描述文件。

5. 图 12.2 给出了这个练习会创建的硬件设计的概述。

6. 把最终的硬件设计输出给 SDK。

7. 修改之前练习所做的软件应用，加入新的中断的功能。

8. 对 FPGA 编程，然后执行这个硬件上的软件应用，确认能够如预期般工作。

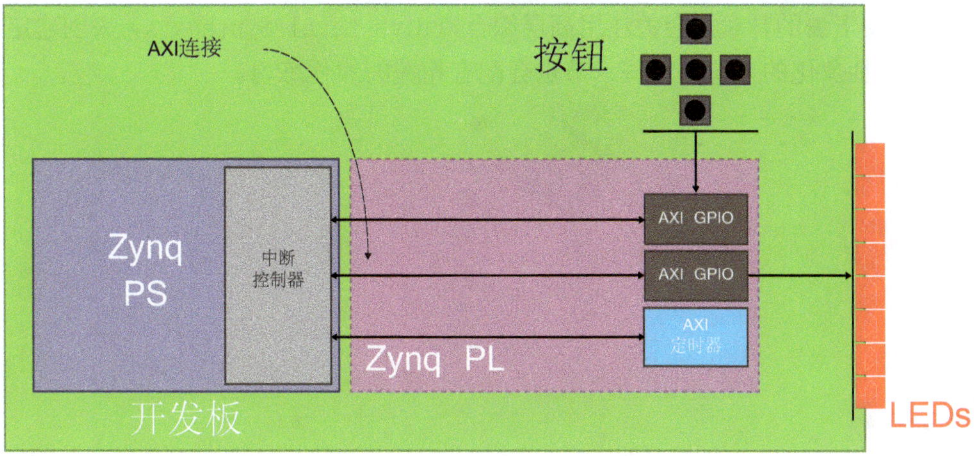

图 12.2: 练习 2D 的 Zynq 硬件设计

练习 2D 可以在以下网站下载：www.zynqbook.com

12.7. 可能的扩展

完成了练习 2D 之后，你可以引入一些可能的变化，用以个性化已开发的系统。比如，你可以：

- 调整定时器的到期时间，或按钮每次递增的值。

- 给硬件设计增加新的 GPIO 控制器，连接到 ZedBoard 上的 DIP 开关上。用这个 GPIO 驱动函数来读取从 DIP 开关上得到的输入，用以控制以下选项：

  - 暂停或恢复定时器的运作

  - 计数器递增或递减

  - 选择不同的定时器到期时间

12.8. 接下来?

　　本书接下去的几章，会关注用高层综合（High Level Synthesis）来创建定制的 IP 包和抽象化的系统。这些章节也会配有相关的教程练习。

13

IP 包设计

IP 在今天的 FPGA 和嵌入式系统业界起着非常重要的作用，让系统设计者可以在大量预先开发的设计包中做挑选。从开发时间上来说这有很多好处，也包括可以提供有保证的功能而不再需要额外的测试。

本章我们要来看看在 Zynq-7000 平台上知识产权的意义、业界的趋势以及有些什么 IP 的资源可用。我们还会看看用于创建和维护你自己的 IP 库的 Xilinx 设计流程。

13.1. 概述

涉及到 IP，一个敏感的起点是定义两个术语 "IP 包（block）" 和 "IP 核（core）" 的确切含义。IP 核或 IP 包是硬件规范，可以用来配置 FPGA 的逻辑资源，或其他硅芯片上由厂家直接做进集成电路里去的逻辑资源 [3]。IP 核这个术语有两个类型：硬 IP 核和软 IP 核。

软 IP 核让最终用户可以在一定程度上定制 IP。定制化的程度取决于 IP 发布时的实际格式。如果软核是以可综合的 RTL 的形式发布，也就是给出了 HDL 代码的话，定制化的程度是最高的。对那些熟悉软件编程的人来说，这和计算机程序带着最高级像是 C/C++ 这样的源代码发布是一样的。用户可以自由地对 HDL 源代码做修改然后再来综合（要是继续和软件比较的话，就是编译），以在目标芯片上做实现。需要指出的是，大多数 IP 厂家不会对被修改过的 IP 设计提供支持或保修。为了避免被修改，RTL 可以以加密了的源码的形式提供。尽管这样的源文件不能被修改，IP 还是可以通过参数进行定制。

还有一种提供软核的格式，是作为门电路级别的网络表。就是说 IP 厂家把独立的 IP 部件部分地综合起来，提供给你 IP 功能的逻辑门实现。这样，尽管还是可定制的，但会使得对 IP 的功能性的修改变得难以实现。因此，以网络表发布的 IP 使得 IP 厂家得到一定程度上的保护，避免内部的算法和过程被披露出来。这和软件开发者把 C 代码编译了，提供出汇编代码清单是相似的：代码还是可以修改的，但是必须在较低的层面上进行。

这两种 IP 分发的方式都被认为是软性的，因为它们允许用户在部署到目标芯片上的时候可控制综合、布局和布线的设计流程。因此，在对 IP 功能性部署的终极控制，和在目标芯片上用到的硬件资源的数量，取决于最终用户。

而另一方面，硬 IP 核，是以一种实际上不允许最终用户修改的格式来提供的，某些情况下，IP 的功能是在生产的时候就以芯片中的硅片的形式实现了的。

针对 FPGA/ASIC 实现而发布的硬 IP 的一种方法，是提供一个已经完成了综合、布局和布线设计流程的设计。这样的发布也被称作固化的 IP。因为此 IP 已经完成了设计流程的布局和布线的阶段，每个独立的 IP 必须目标在特定的最终芯片或芯片系列上，而不能轻易地被移植到其他芯片上。还有一个缺点是，这个 IP 的实现必须使用芯片中某个特定的区域。尽管存在着 IP 的功能不能以任何方式定制这样的缺点，但是它也带来了对时序性能和所需的硬件区域进行高级预测的优点。

另一种发布硅片中的硬核实现的方法，是提供晶体管布局。这种格式只能和特定晶元车间的过程设计规则兼容，因此发布用于一家晶元车间的硬 IP 不能用于另一家晶元车间，除非进行非常困难的移植过程。某些大型的晶元工厂甚至能直接提供专门用于他们自己的晶元过程设计规则的硬 IP 核，以此来确保客户必须要使用他们的服务。这种形式的硬 IP 发布不适用与 FPGA。

Xilinx 为 Zynq-7000 AP 系列提供了种类丰富的软 IP 核，这些核在性能和硬件占据的面积上都做了优化。核的功能涵盖了诸如 FIFO 和算术运算这样的基本模块，一直到完整的像 MicroBlaze 处理器核这样的功能性处理器块。

还有第三方的 IP，既有商业的也有开源社区贡献的。第三方的 IP 有两种形式：指定厂家的或通用的。指定厂家的 IP 应该需要极为少量的修改就能集成进你所选用的 Zynq 芯片。而通用的 IP，可能需要修改才能适应某个 HDL 命名规范。

为你的设计获得 IP 的最后一个方式是自己做。传统的产生 IP 的方法是以 HDL，比如 VHDL 或 Verilog，来开发。最近，一些其他的创建 IP 的方法也被引入到了 Xilinx 工具集中，比如基于模型的 System Generator 设计或 Vivado HLS。也有一些其他第三方的工具可以用。

13.2. 业界趋势和哲学

最近几年，随着对更复杂的 SoC 的需求的持续增长，系统设计者不得不把越来越多的 IP 塞进他们的产品。在较复杂的系统中，这随便就可能是几百个独立的 IP 核。在单个产品中有这么多的独立的 IP，对每一个 IP 包的管理就变得更加困难了。对于这个问题的一个解决方案是把具有相似关键功能的IP核组合成单个IP子系统。

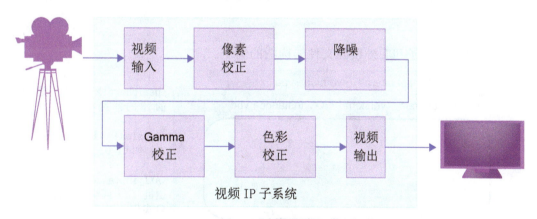

图 13.1: 视频 IP 子系统

IP 子系统的一个好例子是图像处理流水线，如图 13.1 所示。独立的视频 IP 包 — 视频输入、像素校正、降噪包等等 — 组合起来去实现一个完整的视频 IP 子系统，这样的子系统能作为单个 IP 包，而不是六个独立的 IP 核，被集成进嵌入式系统设计中。

13.3. IP 核设计方法

在介绍了 IP 核的概念和可用的 IP 的类型之后，我们要来看看各种创建自己的 IP 的方法。Xilinx 提供了大量的工具，能创建用于自己的嵌入式系统设计中的定制 IP 包。

13.3.1. HDL

硬件描述语言，像是 VHDL 和 Verilog，是专门的编程语言，用来描述数字电路的结构和运作。用 HDL 来创建 IP 核，让你能最大限度地控制外设的功能。如果已有 HDL 设计，那么把它转变为 IP 包，就能利用 IP 模块而不必重新设计或使用第三方等价品。

用 HDL 设计要通过 AXI 接口通信的 IP 核的时候，必须要严格遵循 Xilinx IP Packager 的外设信号命名规范。一个 IP 核的顶层 HDL 文件定义了设计接口，并列出了总线接口上的默认连接和端口。它还列出了所有的通用变量，并指定了默认值。

图 13.2 给出了 HDL 外设源文件架构图的例子。

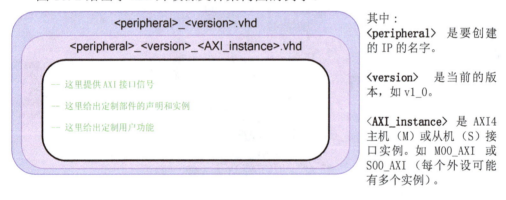

其中：

<peripheral> 是要创建的 IP 的名字。

<version> 是当前的版本，如 v1_0。

<AXI_instance> 是 AXI4 主机（M）或从机（S）接口实例。如 M00_AXI 或 S00_AXI （每个外设可能有多个实例）。

图 13.2： HDL 外设源文件架构

用 HDL 做 IP 主要的缺点，是其复杂的设计需要靠有经验的工程师来做出优化的解决方案来。设计的过程可能会在开发和测试中花费大量的时间，导致面市的周期过长。不过，如果寻找的是需要非常紧的时序要求或严苛的硬件限制的 IP，或者要实现的功能很复杂，HDL 往往是最好的选择。

13.3.2.　System Generator

通常用于 DSP 设计的 System Generator，是一个能利用 Mathworks Simulink 这个 FPGA 系统设计平台的设计工具。它实现了高层、基于模型的开发环境来做硬件设计。

随着在 Xilinx 产品目录中引入 Vivado Design Suite，在 System Generator 中也引入了一个新的编译目标。IP Packager 编译让你能把一个 System Generator 设计打包进一个可以被引入 Vivado IP Catalog 的 IP 模块中。然后这个 System Generator 设计就可以像 IP Catalog 中的任何其他模块一样地被使用了，并且可以被实例化进 Vivado 用户设计中 [4]。而且，System Generator 已经被完整地集成进了 Vivado 设计流程中，这样就能从 Vivado 中直接创建 IP Integrator IP 包。

System Generator 首先从用户设计模型中产生一个 HDL 的网络表，所引用的任何 Vivado IP 模块会自动被拷贝到一个叫做 "IP" 的子文件夹中，然后所有的 RTL 设计文件和 Vivado IP 设计文件被打包进一个 ZIP 文件，这个文件被放在一个叫做 "ip_packager" 的子文件夹中。

Testbench 和 HTML 文档文件也能自动由 IP 目录编译工具产生出来。testbench 文件使得 IP 能通过 Vivado IDE 项目被完全地仿真。文档文件包含了关于这个 IP 的信息，以及如何在 Vivado 中与它接口的信息。

System Generator 为 IP 设计提供了有用的环境，IP 包可以连接起来快捷方便地做出设计来。它提供了大量的 IP 包，从简单的算术运算到复杂的 DSP 运算都有。由于有些功能并非以最可读的 HDL 代码的形式来实现的，就使得某些设计难以使用。由于 System Generator 设计中某些选项的设置，所实现出来的 IP 可能不如手工编写 HDL 来得高效。

13.3.3.　HDL Coder

HDL Coder 是一个 MathWorks 做的工具，能以 MATLAB 函数和 Simulink 模型来产生可综合的 HDL 代码（VHDL 和 Verilog 格式都可以）。它的工作流会分析 MATLAB/Simulink 模型，然后自动把这个系统从浮点转换成定点，从而实现高层抽象。这样用户就可以专注于开发算法和模型，而不必操心错综复杂的 HDL 设计。

HDL Coder 的工作流还提供了做 HDL 代码校验的工具,能拿所产生的 HDL 代码与原本的 MATLAB/Simulink 模型一起测试。这样就容易找出所产生的 HDL 代码中的任何错误,从而做出修正。

在工作流中提供的 HDL 代码优化,能指定目标 FPGA 芯片,对代码的实现做出大量的控制:高亮关键路径、控制 HDL 架构,并做出硬件资源利用情况的估计。

一旦 HDL Coder 产生了结果,HDL 代码就可以用来产生 IP 核,其步骤和 13.3.1 节中所详细描述的是一样的。

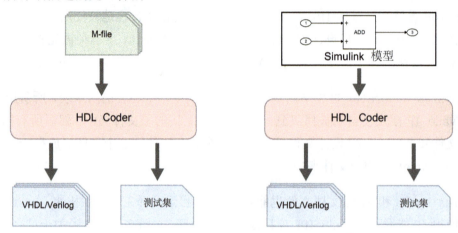

图 13.3: HDL Coder 工作流

虽然 HDL Coder 让你能用已有的 MATLAB/Simulink 模型,做最少的设计修改,就能快速地创建 IP,但是还是有一些不利之处的。目前,并非所有的 MATLAB 函数和 Simulink 包都支持 HDL 的产生。这意味着某些功能可能必须用相应的函数或包重新做过。还有一点值得指出的是,尽管提供了大量硬件实现的定制化和优化,产生出来的 HDL 代码可能不如手工编写的 HDL 高效。所产生的代码有时候会过于复杂以至于难以阅读,某些情况下难以定制。

13.3.4. Vivado High-Level Synthesis

Vivado HLS 是 Xilinx 提供的一个工具,是 Vivado Design Suite 的一部分,能把基于 C 的设计 (C、C++ 或 SystemC) 转换成在 Xilinx 全可编程芯片上实现用

的 RTL 设计文件（VHDL/Verilog 或 SystemC）。Vivado HLS 设计流程的概述如图 13.4 所示。

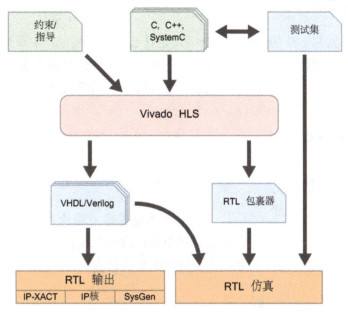

图 13.4: Vivado HLS 工作流

从图 13.4 可以看出，Vivado HLS 流程有三种不同的 RTL 格式可以提供。概述如下 [6]：

1. **IP-XACT** — IP-XACT 是由 SPIRIT 财团提出的一种公共的设计 IP 的文档规范。这是一种被广泛使用的描述 IP 的 XML 模版，它与具体的工具无关而且机器可读 [1]。如果你的 IP 设计要被引入到 Vivado IP Catalog，就应该选择这种格式 [6]。
第 18 章《IP 重用与集成》更详细地说明了 IP-XACT。

2. **IP Core** — 选择这个选项的时候，你的 IP 会被输出成能被输入到 XPS 去的格式。.

3. **SysGen** — 这个选项让你能把结果 RTL 文件输出成一个可以用在 System Generator 的设计中的包。

第 14 章《高层综合中的亮点》中会详细介绍 Vivado HLS。

13.3.5. 选择正确的 IP 创建方法

在选择 IP 创建方法的时候，你必须决定什么是最重要的：实现最高运算频率、利用最少的硬件资源、最短的开发时间，还是折中。你还必须考虑你或你的团队对于哪种方法最具经验，以及采用不熟悉的方法时所需的学习曲线的问题。如果某种格式具有仿真模型，比如 MATLAB/Simulink 或 C/C++，你很有可能可以利用它们，然后用某个方法从中产生 IP，比如 HDL Coder 或 Vivado HLS。

13.4. 仿真与文档

在构建起一组定制 IP 的时候，无论是个人还是商业用途，重要的是确保每个模块功能都是正确的。最不愿意看到的是某个客户联系你说你卖给他的那个 IP 不能用！要确保一切正常，最好的办法就是要做大量的仿真。

还有一件重要的事情，就是每个 IP 模块需要有恰当的文档说明，这样当某个客户想要把你的 IP 放进他的设计中去的时候，就能准确地知道它的工作原理。这当然也适用于你自己在几年后还要在产品中使用自己的 IP 的时候。详尽的文档能很好地帮助你回想起自己的 IP 的工作原理。

这一节我们会讨论用 Vivado Design Suite 所提供的工具，以及一些相关的第三方工具来做 IP 的仿真和文档。

13.4.1. 仿真

IP 的仿真在设计阶段的很多不同时刻都是极为重要的。如果从非 RTL 的来源创建 IP，就必须首先确保设计源本身工作是正确的。当然，不同的 IP 源，仿真的过程是不同的。接下去会详细解释这里提到过的每个 IP 源的仿真，以及那些能帮助你验证最终的 RTL IP 文件的工具。

RTL 仿真

仿真 RTL 文件的时候有很多可用的选项，首先是可以使用 Vivado 内置的仿真器。Vivado IDE 带有一个 HDL 仿真器，能在 Zynq-7000 设计流程的各个点上仿真你的设计。

Vivado 仿真器支持以下语言 [5]:

• Verilog IEEE-STD-1364-2001

• VHDL IEEE-STD-1076-1993

• Standard Delay Format (SDF) 版本 2.1

• VITAL-2000

Vivado IDE 里没有对 SystemC 文件的仿真，但是可以由第三方 RTL 仿真产品来做，也可以由另外在 Vivado HLS 那节里介绍的 Vivado HLS 工具来做。

下面列出了 Vivado 仿真器所支持的特性 [5]:

• 源码调试

• Value Change Dump (VCD) 文件导出

• SDF 标记

• Hard IP 包的本地化支持

• 用于功率分析和优化的 SAIF 导出

• 多线程编译

• 混合语言仿真 （VHDL 及 Verilog）

• 实时波形更新

• 内置的 Xilinx 仿真库

除了内置的 Vivado 仿真器，Xilinx 还支持下列第三方仿真器:

- Mentor Graphics Questa Sim/ModelSim（集成在 Vivado IDE 中）

- Cadence® Incisive® Enterprize Simulator（IES）

- Synopsys VCS® 及 VCS MX

- Aldec Active-HDL 及 Rivera-PRO（兼容，但不是Xilinx Technical support 正式支持的。）

图 13.5 给出了 Vivado RTL 仿真流程的例子。

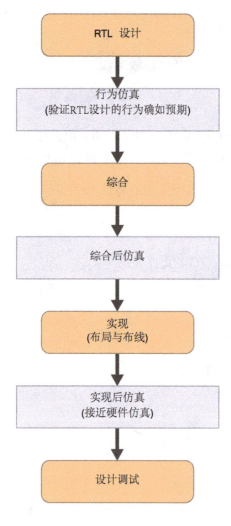

图 13.5: Vivado RTL 仿真流程

System Generator

由于 System Generator 是基于 Simulink 模型平台的，System Generator 设计的仿真过程相对要容易一些。一旦所有的包都连接好了，时序参数也设置好了，只要点击 " 运行 " 按钮就可以执行仿真了。仿真的数据有多种呈现的方式，比如内置的 Scope 模块可以显示时域和频域图。数据也可以输出给其下的 MATLAB 框架来做进一步的分析，并用强大的画图工具来显示。

一旦你的 IP 的 RTL 代码已经产生了，System Generator 工具就能做硬件辅助仿真来验证设计。这样就能把一个在 FPGA 上运行的设计直接放进 System Generator 的仿真中，从而能同时给 System Generator 模型和实现了的 RTL 代码提供激励。然后，仿真和硬件辅助仿真的两个输出就被集中并做比较，这样你就能检查所实现的 RTL 设计是否有效。

HDL Coder

因为 HDL Coder 是在 MATLAB 和 Simulink 内运行的，所以一切 IP 设计的仿真就和仿真一个 M-code 文件或 Simulink 模型是一样的。这样就能用和其他 MATLAB/Simulink 仿真一样的方式，用丰富的画图工具来呈现你的仿真结果。

HDL Coder 产生了 RTL 代码后，可以用 HDL Verifier 工具来将它的功能与原来的 IP 模型做比较。它支持多种验证技术，包括通过 HDL 仿真器接口 （比如 Mentor Graphics 的 ModelSim 和 QuestSim 和 Cadence 的 Incisive）的辅助仿真，另外也支持通过 FPGA 环路 （FPGA-in-the-loop）的硬件辅助仿真。FPGA 环路仿真是由在开发板上创建并运行 FPGA 实现的自动过程来完成的。FPGA 环路验证的过程和在 System Generator 仿真那节中描述的是类似的。

使用 HDL Verifier 的 HDL 辅助仿真和硬件辅助仿真，就能够在 MATLAB/Simulink 模型和所产生的 RTL 代码上使用相同的输入激励。然后，这两个设计的输出可以做比较来验证设计并识别出错误。

Vivado HLS

HLS 能自动针对所产生的设计，使用原始的 C 测试集文件，创建用于辅助仿真的脚本 [6]。这样原本的基于 C 的设计和所产生的 RTL 文件就能用相同的输入激励来测试，然后对应的输出可以比较来找出差异。这样就不再需要创建 RTL 测试集文件了。

HLS 支持下列 RTL 仿真器 [6]：

- ModelSim

- VCS

- Open SystemC Initiative (OSCI)

- NCSim

- XSim

- ISim

- Riviera

VCS、NCSim 和 Riviera 这些 HDL 仿真器只能在 Linux 上使用 [6]。如果生成了 SystemC 代码，内置的 SystemC 内核可以用来做验证。

C++ 和 SystemC 仿真器支持定点数据类型，如果使用的话，仿真结果和所实现的 RTL 文件是能匹配的。这样就能用快速的 C 级别的仿真来做比特精确、量化和溢出的效果分析。

作为 RTL 辅助仿真过程的一部分，HLS 产生 SystemC 的包裹器，能针对 RTL 模块建立适配器代码。然后把这个 C 的代码包裹器实例化进已有的 C 的测试集文件。这样的一个辅助仿真包裹器如图 13.6 所示。

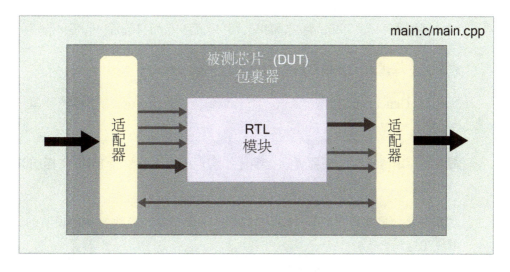

图 13.6: RTL 辅助仿真包裹器

13.4.2. 文档

无论商业、开源还是内部使用，文档都是所有 IP 重要的组成部分。好的 IP 文档应该能够让从没用过这个 IP 模块的用户理解、连接并在自己的设计中实现它，而不需要任何其他帮助。就算是自己创建 IP，文档也能够成为创建者的良好备忘录。

这一节，我们要概述本章详细提到过的 IP 创建工具的文档功能和方法。

System Generator

System Generator 有一个功能，在生成 IP 的时候，可以创建接口文档。这是一个 HTML 的文档，指明了要生成的 IP 设计的接口，并包括以下内容：

- **介绍** — 提供对文档的简要介绍。

- **端口接口** — 这一部分详细描述要生成的 IP 的端口接口。用表格列出这个设计的所有的输入和输出，每一项包括以下细节内容：

  - *名称* — 顶层端口名称

- **方向** — 端口方向，如 `in, out` 或 `inout`。

- **HDL 类型** — 端口 HDL 类型，如 `std_logic, std_logic_vector`。

- **类型** — 连接的信号类型，如 `data, clock, clock enable`。

- **System Generator 类型** — System Generator 内的信号类型，如 `ufix16_15, sfix12_11` 等。

- **周期** — 所给信号的采样周期。多速率实现的数据在这个 HTML 文档的其他部分提供。

- **注释** — 如果在原本的 System Generator 设计中带有进一步的说明的话，出现在这里。

• **多数率实现** — 如果生成了多速率的设计，这个部分就会有和时钟使能信号网络有关的数据，这个网络用来在整个设计中控制各种时钟信号。另外还包括一个总的时序图，以帮助解释不同的时钟域的实现。

• **设计文件** — 这一部分列出由 System Generator 在 IP 生成过程中所创建所有的 HDL 文件。这个列表以从顶层模块向下到最低层的顺序显示，以助于做设计编译。另外也给出了每个 HDL 文件的简单说明，以及设计的简单框图。

• **设计统计** — 这一部分会以表格的形式呈现在 System Generator 模块中专用于设计生成的各种设置。列出来的设置包括：

- **编译目标** — 编译的目标，如 IP Catalog（IP 目录）、HDL Netlist（HDL 网络表）或 Hardware Co-simulation（硬件辅助仿真）。

- **元件** — 目标 Xilinx FPGA/Zynq 元件。

- **综合工具** — 目标的综合工具，如 Vivado 或 ISE。

- **多速率实现** — 多速率的实现方法，如时钟使能。

• **工具** — 列出用来生成设计的工具及其版本。

HDL Coder

从 MATLAB 算法或 Simulink 模型产生 IP 核的时候，HDL Coder 会给出选项来产生 HDL Code Generation Report（HDL 代码生成报告）。这是一个 HTML 格式的报告，包括以下部分 [2]：

- **概述** — 这里给出了用于生成 IP 的基础设置的总体概述，以及所生成的 IP 的数据。这里所给出的数据包括 [2]：

  - IP 核的名称和版本。

  - 目标的 IP 目录。

  - 目标语言，如 VHDL 或 Verilog。

  - 源模型的名字和版本。

- **目标接口配置** — 这部分包括处理器 /FPGA 同步化模型（独自运行还是协同运算）以及在创建 IP 时指定的各种接口。这些细节包括 [2]：

  - *端口名称* — IP 的输入和输出端口的名称。

  - *端口类型* — 端口方向类型，如输入或输出。

  - *端口数据类型* — 在 MATLAB/Simulink 中用的数据的类型，如 `ufix16_15, sfix12_11` 等。

  - *目标平台接口* — 接口类型，如 `AXI4-Lite, AXI4-Stream` 或外部端口。

  - *位范围 / 地址 /FPGA 引脚* — 根据所选择的目标平台接口的不同，这个部分包括了位范围、处理器可访问的寄存器的地址或用于外部端口的指定的 FPGA 引脚。

- **寄存器地址映射** — 根据给 IP 模块所制定的接口的不同，这个部分包含了设计中任意嵌入式处理器可访问的寄存器的具体信息。这个部分里有寄存器的名字、从基址开始的对应的地址偏移量，和对其操作的简单说明。

- **IP 核用户指南** — 这个部分给出所生成的 IP 的操作和连接的简要概述。它由三个部分组成 [2]：

  - **操作理论** — 给出芯片的操作的简要概述，包括 IP 的主从控制和通过寄存器访问的重启和使能信号。

  - **处理器 /FPGA 同步化** — 这里给出了对 FPGA 同步化模型（独自运行还是协同计算）的描述，以及在 IP 核和处理器之间数据读 / 写的过程。

  - **环境集成** — 这里给出如何把新生成的 IP 集成进 Xilinx 开发环境的资料。

- **IP 核文件列表** — 这里给出链接到 HDL Coder 产生的各种文件的超链接，以及到 IP 核目录的一个超链接。

13.5. 本章回顾

本章我们介绍了知识产权的概念和 IP 包的使用，以及最近 IP 子系统在业界的趋势。介绍了 Vivado Design Suite 中的各种让你创建和维护自己的 IP 集的方法，包括 HDL、Vivado HLS 和 System Generator。也讨论了 MathWorks HDL coder 这个第三方工具。

重点在于对于所创建的所有 IP 的正确文档、仿真和测试的需要上，并且着重突出了前面介绍的所有 IP 创建工具的各种仿真过程。也详细说明了工具中相应带有的文件创建选项。

13.6. 参考文献

注意：所有的 URL 最后在 2014 年 7 月访问过。

[1] "IEEE Standard for IP-XACT, Standard Structure for Packaging, Integrating, and Reusing IP within Tool Flows", IEEE Standard 1685-2009, February 2010.

[2] MathWorks, "HDL Coder User's Guide", R2014a, March 2014. 位于：http://www.mathworks.co.uk/help/

[3] R. Sass and A. G. Schmidt, "Introduction" in *Embedded Systems Design with Platform FPGAs: Principles and Practices*, 1st. Ed, Morgan Kaufmann, 2010, pp 1 - 42.

[4] Xilinx, Inc, "Vivado Design Suite User Guide: Model Based DSP Design using System Generator", UG897, v2014.1, April 2014.
位于： http://www.xilinx.com/support/documentation/sw_manuals/xilinx2014_2/ug897-vivado-sysgen-user.pdf

[5] Xilinx, Inc, "Vivado Design Suite User Guide: Logic Simulation", v2014.2, UG900, June 2014.
位于： http://www.xilinx.com/support/documentation/sw_manuals/xilinx2014_2/ug900-vivado-logic-simulation.pdf

[6] Xilinx, Inc, "Vivado Design Suite User Guide: High-Level Synthesis", UG902, v2014.1, May 2014.
位于： http://www.xilinx.com/support/documentation/sw_manuals/xilinx2014_2/ug902-vivado-high-level-synthesis.pdf

14

高层综合

在数字系统设计中，一个明显的趋势是要加速开发的周期，关键是还不会牺牲验证过程。这不可避免是由商业因素，特别是尽快把新产品推向市场的需求所驱动的。当然，一些针对在设计工作中降低开发成本的方案也是非常具有吸引力的。

支撑设计加速策略的概念，是（一）设计重用和（二）抽象层级的提升。这两者在本书都已经介绍过了，这里我们要特别关注于后者，聚焦于 Xilinx Vivado High Level Synthesis（即 Vivado HLS，高层综合）。这个工具直接使用 C、C++或 SystemC 开发的高层描述来综合数字硬件，这样就不再需要人工做出用于硬件的设计，像是 VHDL 或 Verilog 这样的文件，而是由 HLS 工具来做这个事情。HLS 的本质，就是让所设计的功能和它的硬件实现是分离的 — 基于 C 的描述并不会决定硬件架构，继而在 RTL 级别的设计上也是如此 — 这带来了巨大的灵活性。

我们会看到，由于提升了抽象的层级，基于 C 的语言有可能极大地减少设计时间。而且，HLS 过程实现了一种集成了的机制来在不同的硬件实现上做生成和评估，这样就易于发现最佳的架构。

本章接下来会定义和找出 HLS 的需求，同时也会简单回顾发展历史和所用的语言。会介绍 Vivado HLS 工具，以及从宏观的角度来看 HLS 设计流和过程。接下去在第 15 章会有一个更深入的对 Vivado HLS 的研究。

14.1. 高层综合的概念

在第 15 章讨论 Vivado HLS 工具和实际的设计方法之前，关键要建立起一些内在运作的基本概念。我们从一些最基本的问题开始！

14.1.1. 什么是高层综合（HLS）？

应该先对高层综合有一个清晰的定义，为此我们必须首先回顾针对 FPGA 的数字设计的抽象的概念。

和许多其他领域类似，抽象的意思是 " 撤走 "。其实就是对细节的隐藏 —— 抽象的层级越高，所隐藏的细节就越多。文献中提出过各种抽象的模型，很多都是从 Gajsku 和 Kuhn 用于超大规模集成电路（Very Large Scale Integration，VLSI）设计 [9] 的 "Y-chart" 发展而来的，那篇文献发表于很多年前的 1983 年！不过，这里我们只关注于当前的 FPGA 设计实践，认为存在着四种抽象层级，自底向上依次为：结构性的、RTL、行为性的和高层，如图 14.1 所示：

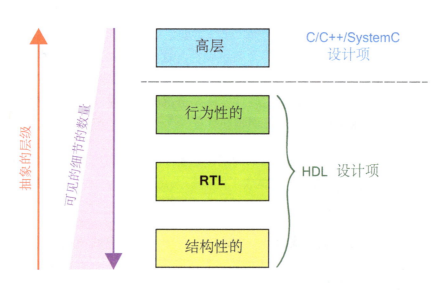

图 14.1: FPGA 设计中的抽象层级

从用像是 VHDL 或 Verilog 这样的 HDL 做的设计项的角度来说，最底层的抽象（结构性的）涉及到直接的实例化、配置和连接组成设计的每个硬件单元。这甚至可能会向下扩展到 LUT 和 FF 的层次。这个风格下，设计者可以直接控制所有的设计细节，因而综合过程对设计的优化就不太能做了。更常见的情况，设计者在"寄存器转移层（Register Transfer Level，RTL）"做设计。这个层级的抽象隐藏了技术层级的细节，但还是表现为从寄存器和寄存器之间发生的可以被解释执行的操作的角度来描述的设计。有一些逻辑综合工具是被设计出来用于这个抽象层级的，比如用于把 RTL 代码转换到硬件。行为性的 HDL 描述是在比 RTL 更高的抽象层次上，并且构成对电路的算法描述（也就是如何"行为"），而不是描述每个寄存器的操作的表达。因此，行为性的 HDL 的使用，更加强调了综合工具根据描述生成硬件的能力。设计者会由此而失去了对最终实现的某些控制，但是能由于更快速地创建设计而受益。最后，本章要讨论的高层设计项方法并非实际从 HDL 中导出，而是使用适合在抽象的算法层级上表达设计的语言，也就是 C、C++、和 SystemC。这些语言，实际上通常作为对系统建模的高层的第一步，用于开发系统级模型（System Level Models，SLM）[22]。

在上面的讨论中，我们在 HLD 的一些略有不同的情境下都用了"综合"这个术语。高层综合和其他类型的综合是不同的。在 FPGA 设计中，"综合"通常指的是逻辑综合，也就是分析和解释 HDL 代码并形成对应的网络表的过程。高层综合实际上是把高层的 C、C++ 或 SystemC 的代码综合成 HDL 描述，然后可以用下层的逻辑综合来获得网络表。换句话说，在把 Vivado HLS 设计发展成硬件实现的过程中，高层综合和逻辑综合都被用上了（一个接一个），如图 14.2 所示。

进一步的，物理综合指的是把 HDL 根据目标 FPGA 的实际知识转换成网络表，从而能针对芯片的物理特性和可用的资源来做设计优化。

14.1.2. 高层综合的动机

用高层表达来抽象低层细节，也就意味着电路的描述变得简单了。这个方法不能真的免除对诸如字长、并行性和共享这样的特性的需求，但是从大的方面来说，设计者指导设计的过程，而工具负责实现细节。结果是设计能比需要直接描述所有的特性的传统方法更为迅速地产生出来。重要的是，HLS 中做到的功能和实现的分离意味着源码和架构之间不是绑定的。架构的变化可以快速地在 HLS 过程中施加进

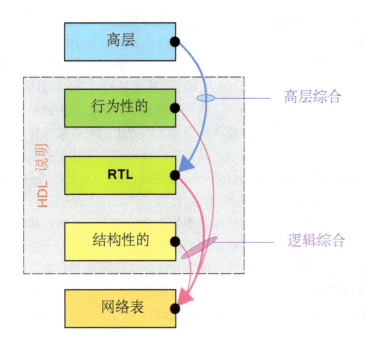

图 14.2: 高层综合和逻辑综合

去，而不需要在源码上作基础性的重新工作，而 RTL 层级的设计时就必须做这样的重新工作。

当然，放弃完全控制的实现，需要设计者信任由 HLS 工具实现底层功能的正确性和高效性，而且理解如何能对这个过程施加影响。当然，绝对有显著的理由要这样做，因为这能在相当程度上加速设计的过程。

从更实际的层面上来说，用软件语言来做的高层综合对很多设计者来说都更方便，因为这些语言广泛适用于开发算法和写系统层面的说明。因此能利用很多工程师所习惯的 C、C++ 和其他编程语言的经验来做 FPGA 的设计。于是把软件快速转换成硬件设计语言的能力 —— 关键的是，不需要创建然后验证等价的针对硬件的设计 —— 实现了设计过程的简化 [22]。从软件描述到硬件设计的转换，通常会强调开发HDL 和做验证这些设计步骤与基于软件的参考设计之间的不同。而用这个方法，两个过程可以合并为一个。HLS 从系统开发和软件 / 硬件划分中也能受益，因为面对系统的两个部分就有了共同的语言，这样就能使得对设计的组成部分做调整、做重新部署都变得容易，因为这些都是一起迭代完成的。

随后会详细说明的是，高层综合工具中所表现出来的自动化，让设计者能快速地做出指定设计的不同版本来。比如，同一个设计可以做出不同程度的并行性来，这样可以探索不同的设计空间，评估各种权衡的结果，找出最佳的解决方案来。

总的来说，如果必须用一个单词来解释为什么要做 HLS，那就是"生产力"！

14.1.3. 设计指标和硬件架构

本章之前着重指出的一个重点，就是在 HLS 里，功能性的描述和实现是分离的。因此，设计者有机会评估 HLS 过程产生的各种可能的架构，根据他 / 她的需求来做优化。不过，这个事情就带出了一个问题："设计者想要优化的是什么？"

简单来说，硬件设计有两个基础性的指标：

- **面积**，或者说**资源成本** —— 用来实现所期望的功能所需要的硬件的数量；以及

- **速度**，或者具体来说是**吞吐率** —— 电路能处理数据的速率。

还有其他的因素，有的时候这些因素之间的关系是微妙的（在 14.4.4 节有深入的探索），但是这些是其中两个最重要的。

设计者总是要面对面积（资源成本）和吞吐率之间的权衡，这也是在 HLS 过程中要评估和优化的关键方面。系统可能会实现出某个最小的吞吐率或最大面积，因此要做的事情是针对特定的问题做出最佳的决策。HLS 能快速帮助设计者做到这点。

我们可以用装修房子来打个比方，假设说整个房子要装修。这个活儿可以由一个油漆工来做，他 / 她要花 6 个星期。而 6 个油漆工可以用 1 个星期做完，或者说 3 个油漆工用两个星期，以此类推。不同的"方案"需要在资源（油漆工的数量）和吞吐率（完成工作所需的时间的接受程度）之间做出权衡。组织地不好的活儿可能是要 5 个油漆工花 4 个星期来完成房子的装修，这当然是一个糟糕的方案！

硬件架构的实现也是类似的。在较高的抽象层级上，功能性的实现是以处理器资源来计算的。使用更多的单元能让处理完成得更快（高成本并且高吞吐率），而

在这个尺度的另一端,可以只使用单个处理器资源进行不断重用(低成本并且低吞吐率)。在这样的权衡中还能找到几个平衡点。当然,和装修的例子一样,也可能会出现糟糕的设计,以很高的成本实现很低的吞吐率。

图 14.3 给出了成本 / 吞吐率权衡的一个简单图示。

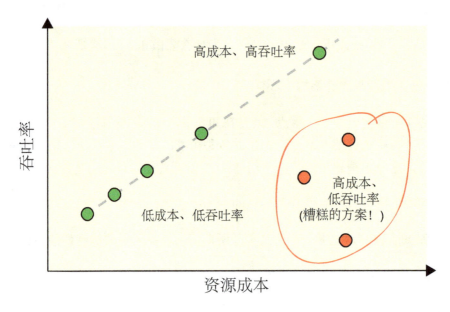

图 14.3: 用 HLS 做设计权衡的概念性表示

14.2. HLS 工具的开发

高层综合不是新概念,尽管受到大量的研究关注,在业界也有一定程度的使用,但是它还没有成为 FPGA 设计者广泛接受的新宠 [12][34]。不过,随着最近 HLS 的软件设计工具的发展,以及之前说过的对 HLS 的显著的需求,因此无需惊讶对于 HLS 的兴趣是在增长的 [21]。

值得指出的是,当代的 HLS,就动机、框架和术语而言,与 [20] 中描述的早期方法是非常相似的,特别是运算的调度和绑定(后面详细解释),以及用一个描述来产生多个设计版本的能力。在那篇论文写作的年代(1990 年代早期),还有各种没有解决的问题,包括验证、人工干预 / 指导、处理复杂的约束以及 HLS 产生设计的集成。设计项的方法包括了像 Pascal 和 Ada 那样的编程语言 [29]。C 语言后来成为了主流，实际上直到现在 C 语言还是用于 HLS 的最流行的语言。

后来，用面向对象的编程语言来做硬件描述的兴趣日益浓厚，一开始是 C++，后来 Java 也略有涉及 [8][9][28]。对于更精密的硬件设计，面向对象软件实现了所需的抽象机制。SystemC 里带有专门用于硬件设计的深入的语言特性，比如能做模型层次体系、位精确和硬件的并行执行行为的描述 [10][25]。SystemC 已经成为系统层级做复杂建模设计的主流。

有不少其他语言都乐意地拿 C 语言来做了一定程度的改造，包括 Handel-c、C-to-Silicon Compiler 和 Impulse-C。Handel-C 最初是一家英国公司 Celoxica 做的，后来被 Mentor Graphics[24] 收购了；C-to-Silicon Compiler 是 Cadence 的 [7]；而 Impulse-C 是 Impulse Accelerated Technologies 开发的 [15]。所有这些语言都提供了做高层设计项的方法，但是与我们对 HLS 的定义（也就是功能和架构的分离）的契合的程度是不同的。所有的语言都在算法和做 FPGA 和 Zynq 开发所需的 FPGA 系统设计工具之外，提供了额外的专业的工具。

另一方面，在21世纪初，有几篇论文是关于基于MATLAB的设计方法的[2][13]，然后从那时起成为 AccelDSP（现在已经过时的 Xilinx ISE 套件的一部分）的一个功能，它能部分综合高层 MATLAB DSP 函数 [31]。现在，从 MATLAB 代码和 Simulink 模型做综合已经成为 MathWork 自己的 HDL Coder 产品的主要功能，实现了非常丰富的 MATLAB 到 RTL 的转换能力 [23]。从 MATLAB 代码做综合的吸引力，和从 C 代码做综合的动机是相似的：高层设计方法可以用来做设计，就抽象走了很多实现的细节。特别是，作为 Xilinx System Generator 的内部平台，许多 FPGA 设计者也许已经熟悉 MATLAB 编程和 MATLAB 的环境了。

回到本章的主题，Xilinx 的 Vivado HLS 工具原本是加州大学洛杉矶分校出来的 AutoESL Design Technologies 公司开发的 AutoPilot。在市场了寻找了一圈最好的可用的 HLS 技术之后，Xilinx 在 2011 年初收购了 AutoESL   Design Technologies[3][4][30]。Xilinx 后来把 AutoESL 集成进了 ISE Design Suite，以及后来的 Vivado Design Suite，那时候开始改名叫做 Vivado HLS[27]。

这样的发展历程是相当重要的，它标识着 HLS 已经从一个简陋的工具成长为主流的开发工具了。

14.3. HLS 源代码语言

接下来，我们要开始详细讨论 Vivado HLS 工具，不过首先，我们先来看看总体上 HLS 用的源代码语言的情况。我们先来看三种 Vivado HLS 中用的三种语言的背景情况，就是 C、C++ 和 SystemC，然后简单总结一下第三方软件开发工具支持的其他语言。

14.3.1. C

那个流行的通用的 C 语言，是一种过程型的编程语言，最初是由贝尔实验室开放，从 1970 年代一直使用至今 [18][26]。1989 年由美国全国标准组织（American National Standards Institute，ANSI）做了标准化，后来被国际标准化组织（International Organization for Standardization，ISO）接纳为 ISO 9899 标准。从那之后出现过几个不同的修订版本，使其在语言中加入了一些新的特征，最新的是 2011 年版 [16]。C 语言的标准化版本可能被叫做 "ANSI-C"、"ISO-C" 或直接就叫 "标准 C"。

在历史上，C 代表了软件编程中抽象层级的提升：它让程序可以用更高级的结构和命令来写，而不是汇编语言。这曾经代表了简化编程工作的极大的先进性：所需的代码行数更少，从而潜在的错误就更少，能做更快的调试和验证过程。因为能用在不同的平台上，它也能让代码便携性更强。

汇编语言需要花更多的设计努力，但是给了设计者完全、直接的控制，因此，为了让 C 语言能成功，它还得足够高效来取代汇编语言。某种程度上，C 的发展和 HLS 做硬件的概念是类似的 —— 两种设计都是在更高的层级上的抽象，好处包括减少开发时间和代价、易于验证，并提高了便携性。

在定义了核心功能的标准 C 之外，C 可以扩展，加入面向应用和目标平台的库。比如，在用 C 来开发运行在 Zynq 的 ARM 上的软件的时候，就需要 SDK 里的额外的库来支持浮点和定点运算，也有用于 NEON 处理器的库。

C 和其他编程语言有千丝万缕的关系，关系最密切的是 C++。

14.3.2.　C++

C++ 是一个基于 C 的面向对象语言，它在 C 的基础上扩展了类、模板、多态和虚函数的概念，还有一些其他的特性。C++ 的抽象层次总的来说比 C 要高，因为 C++ 具有一些特性能隐藏细节，能做更精密、灵活的代码开发。另一方面来说，C 的语言特性和编程风格和 C++ 是兼容的，因此 C++ 可以认为是 C 的扩展集。总的来说，C++ 是比 C 更高级的语言，但是仍保留对低层 C 程序的支持。

和 C 一样，C++ 也是贝尔实验室做出来的。C++ 的标准最初是 1998 年作为 ISO 14882 出版的，并且经过修订出版了一些后续版本，最新的是 2011 年版 [17]。

14.3.3.　SystemC

虽然这里我们把 SystemC 当作一种独立的语言，但是严格来说它是 C++ 的一种扩展，也就是在开发项目中引入相应的头文件 "systemc.h" 作为专门的类库。SystemC 能以 C++ 风格的代码来实现 HDL 的以硬件为中心的概念，比如层次结构、并行和周期精确，这些都无法以标准 C++ 的形式来表达。

在 SoC 中，SystemC 常用于会话级建模（Transaction Level Modelling，TLM）和电路系统级 （Electronic System-Level，ESL）设计中 [5]。TLM 是很高层的描述方式，它对系统的部件之间的交互做建模，而 ESL 是在很高的抽象层级，就是针对功能性和基础架构做系统设计。也就是说这两个方法都是在开始做每个部件的功能性实现之前，做 SoC 高层框架的开发和精调的。在 TLM 中，各种层级的抽象都是可能的，比如，就每个部件的实现目标，和系统会话有关的时序准确度 [6]。这个语言也能在开发过程中作为集成了的一部分，用于 ESL 验证 [11]。

SystemC 早期的工作是由 Open SystemC Initiative 组织支持的 （这个机构 2011 年与电子设计自动化（Electronic Design Automation，EDA）组织 Accellera 合并，成为 Accellera Systems Initiative[1]）。那是 SystemC 的起步阶段，IEEE 在 2005 年把 SystemC 的标准接纳为 IEEE 1666，后来修订为 IEEE 1666-2011[14]。另外这个标准也接近支持模拟和混合信号的 SystemC AMS。

已经在 TLM 和系统工程中使用 SystemC 的用户特别适合用这个语言来做 HLS，不过就算没有那样的背景，设计者们也会发现 SystemC 的面向硬件的特性使得这个语言非常适合来做 HLS，特别是用来开发复杂的系统。

本章的篇幅无法深度介绍 SystemC，而是主要用 C 语言来作说明例子。读者可以参考 [5] 和 [14] 来获得 SystemC 的进一步的资料。

14.3.4. 用于高层综合的其他语言

在 14.2 中概述过，用做 HLS 的语言大部分都是基于 C 的，包括在 Vivado HLS 中支持的 C、C++ 和 SystemC。我们也指出第三方 HLS 设计流包括了其他基于 C 的语言，比如 HandelC，以及 MATLAB 代码。对 HLS 的研究的兴趣仍在继续，将来还有可能出现更高级的支持 FPGA 综合的语言。

14.4. 介绍 *Vivado HLS*

本节从定义 Vivado HLS 做什么和怎么做开始，然后再来考虑它在 Zynq 设计流中的地位。后面的第 15 章会涉及工具的实际使用，并深入讨论算法、接口综合以及在创建和评估解决方案时所用到的过程。

14.4.1. Vivado HLS 做什么？

简单来说，Vivado HLS 把 C、C++ 或 SystemC 的设计转换成 RTL 实现，然后就可以在 Xilinx FPGA 或 Zynq 芯片的可编程逻辑中综合并实现了 [33]。这代表了第 258 页上的图 14.2 中所描绘的高层综合步骤。

需要着重指出的是，在 HLS 中，所有基于 C 的设计都是要在可编程逻辑中实现的，也就是说和要运行在处理器（就是 Zynq 的 ARM 处理器或是 MicroBlaze 这样的软处理器）上的软件代码是截然不同的。

在做 HLS 的时候，要分析设计的两个主要方面：

• 设计的接口，也就是它的顶层连接，以及；

• 设计的功能性，也就是它所实现的算法。

在 Vivado HLS 设计中，功能性是从输入的代码中，经过算法综合（Algorithm Synthesis）的过程来综合的。接口可以通过以下两种方式的其中一种被建立：（一）可以是人工指定的，（二）也可以是从代码中推导出来的（Interface Synthesis，接口综合）。图 14.4 给出了一个简单的概念性的图（注意这个图中只有部分接口类型）。

如果采用 SystemC 作为输入语言，接口是必须人工指定的，只有两种情况例外，后面会提到 [33]。

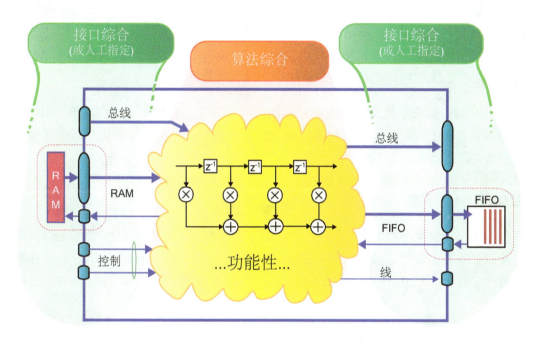

图 14.4: 算法和接口的说明，显示了部分接口类型

算法综合

算法综合关注的是设计的功能性。所期望的行为，是将输入传递给过程（输入给 HLS 过程的是用所选的编程语言写的一个函数）的 C、C++ 或 SystemC 代码所阐述的。从代码中推出运算，然后转换成一组 RTL 语句，通常这组语句需要几个时钟周期来执行。

后面还会讨论到，设计者可以通过 Vivado HLS 指令来控制算法综合的过程，在 HLS 所产生的 RTL 输出中加入一些变化。比如，方案 1 可能需要 500 个 slice 来实现，需要 20 个时钟周期来执行，而方案 2 可能需要 1200 个 slice，执行需要 10 个时钟周期。设计者能做实验，按照自己要实现的指标来找到的所需的结果。

接口 I：接口综合

顾名思义，接口综合指的是 HLS 设计中的接口的综合，这既是指端口，也是指所用的协议。所有端口的细节（就是类型、尺寸和方向）是从 C/C++ 文件中的顶层函数的参数和返回值里推断出来的；而协议是从端口的表现推断出来的。比如，最简单的接口可以是一条 1 比特的线，而更复杂的接口，可能要用总线或 RAM 接口。自然，综合出来的接口能顺畅地与系统中的其他模块通信。

能从接口综合中推断出来的接口包括：线、寄存器、单向和双向握手、FIFO、存储器和总线 [33]。还有一些和接口综合相关的选项，特别是可以从全局变量中推断出端口，还能加入全局时钟使能。在第 15 章会详细讨论接口综合。

接口 II：人工指定

接口综合完全支持 C 和 C++ 设计，但是不能支持 SystemC，因此，SystemC 设计的接口必须人工指定，接口的行为需要完整描述。这涉及到 SystemC 语言的硬件描述特性，第 15 章会用一个例子来说明基于 SystemC 的接口说明和等同的 VHDL 之间的相似性。

需要指出的是上面所属的基本规则中有两个例外：存储器和总线接口类型都可以从 SystemC 代码的接口综合中推断出来。

人工接口说明也支持 C 和 C++ 设计，如果需要也能用；这意味着还是可以直接定义接口，而不是让接口综合过程来推断。

14.4.2. Vivado HLS 设计流

在之前的小节中，我们的讨论只是限于主要的过程和输出，也就是 HLS 算法的执行和 RTL 代码的产生。不过，完整的 HLS 设计流还有更多的阶段，包括专门验证的部分。图 14.5 显示了完整的设计流，之后要逐一梳理。

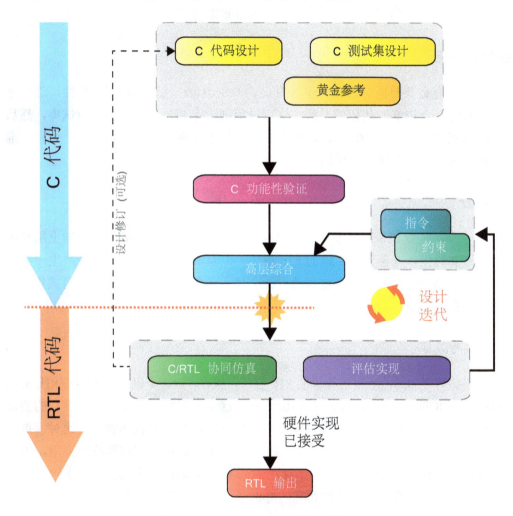

图 14.5: Vivado HLS 设计流的概述

HLS 过程的输入

HLS 过程的主要输入是一个 C/C++/SystemC 函数，以及一个基于 C 的测试集，这个测试集是开发出来试验这个函数，然后验证运算是否正确的。这就需要用到一个 "黄金参考"，在综合中用来和函数所产生的输出做比对。黄金参考可能以预先准备好的输出值的形式存在，也可以是测试集本身的一部分。

功能性的验证

首先，有必要验证作为 HLS 输入的 C/C++/SystemC 代码的功能完整性，然后才开始做把它综合进 RTL 代码的过程。这可以用同一个高层语言写一个测试集，然后用某种形式的 "黄金参考" 比对所产生的结果来实现。比如，可以是一个预先准备好的已知是正确的输出测试向量的集合。

高层综合

下一步，是做 HLS 过程本身，这涉及到分析和处理基于 C 的代码，加上用户所给的指令和约束，来创建出回路的 RTL 描述。一旦 HLS 过程完成，就会产生一组输出文件，包括以所需的 RTL 语言写的设计文件。各种日志、输出文件，测试集、脚本等等也会被创建。

C/RTL 协同仿真

一旦做好了 HLS，产生了等价的 RTL 模型，就在 Vivado HLS 中通过 C/RTL 协同仿真来与原本的 C/C++/SystemC 代码做比对。这个过程要重用原本的基于 C 的测试集来给 HLS 所产生的 RTL 版本提供输入，然后拿它的输出与预期的值做比对。重要的是，这样就不再需要产生新的 RTL 测试集。SystemC 输出在这里特别有用，因为它实现了一种机制，在 HDL 仿真器不存在的情况下也能做验证。文献 [32] 给出了同时做 C 功能性验证和 C/RTL 协同仿真的好例子。

实现的评估

除了对设计的完整性做验证，还有必要评估 RTL 输出的实现和性能。比如，在 PL 中所需的资源的数量，设计的延迟、所支持的最高时钟频率等等。在 14.4.4 节会说明这些度量指标, 然后在第 15 章进一步详细讨论。现在, 只需要明白, 作为设计者, 我们可以通过施加给 HLS 过程的约束和指令来影响这个实现。

设计迭代

前面提到过, 作为设计流的一部分, RTL 的实现会被评估, 而如有必要, 约束和指令会被精细调整, 每个修订版本对应 Vivado HLS 专业术语中的一个新的 " 解决方案 "（14.4.6 进一步解释解决方案）。还可以对设计的评估做更多的基础性评审, 然后对原本的算法做进一步的调整, 也就是对用 C 代码进行的设计和 HLS 过程的输入做调整。

图 14.5 表达了从 C 的设计到创建出用于 RTL 综合的输出的步骤。注意在修改了指令和约束后, 可以做多次 HLS 迭代, 来找到 " 最佳 " 的解决方案；这对应了图的右侧的反馈回路。

如果设计者看到提示, 然后修改输入的 C 代码, 就会在设计过程中进入一个更大的回溯的步骤, 这就是图中左侧的剪头所表明的。对 C 代码的任何修改都会导致功能性的重新验证, 然后如果需要的话, 后续的 HLS、C/RTL 验证和实现评估过程会重新做一遍。

RTL 输出

一旦设计被验证了, 而且实现也迭代到了满足了期望的设计目标的地步了, 就可以集成进更大的系统里了。这可以直接使用 HLS 过程所自动产生的 RTL 文件（即 VHDL 或 Verilog 代码）, 不过也许用 Vivado HLS 的 IP 打包功能会更为方便。对 Vivado HLS 所产生的输出打包意味着 HLS 设计就可以被方便地引入其他 Xilinx 工具, 包括 Vivado IDE 里的 IP Integrator、XPS（用于 ISE 设计流）和 System Generator 里。

HLS 过程产生的 SystemC 输出能够用来做所产生的硬件的验证的, 不过它们本身是不可以被综合的。

14.4.3. C 功能性验证和 C/RTL 协同仿真

既然验证如此重要，那么就很有必要来详细解释 C 的功能性验证和 C/RTL 协调仿真的过程。图 14.6 是这两件事情的图形化描述。

图的左侧所描述的，是一个基于 C 的测试集，已经被设计好用来创建和提供输入测试向量给功能性 C 模块。同样的测试向量会传递给一个" 已知良好"的黄金参考设计，或是从一个预先准备好的文件读入黄金参考输出测试向量。参考设计的输出或是预先准备好的参考输出与 C 模块的输出做比对，如果两组结果一致，那么测试集就报告通过，否则就是失败。测试集还可以设计成报告总的错误的数量，或是针对结果给出其他自动化的反馈。

作为 Vivado HSL C/RTL 协同仿真过程的一部分，Vivao HLS 会自动产生一个等价的测试集配置（图 14.6 的右边部分）。这个测试集拿原本的 C 模块的 RTL 版本，也就是 HLS 的主输出，和黄金参考做比对，然后和上面一样产生成功与否的报告。

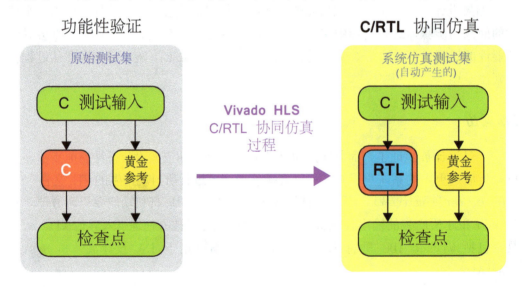

图 14.6: 在 Vivado HLS 中的 C 功能性验证和 C/RTL 协同仿真

C/RTL 协同仿真所需的所有文件都是由 Vivado HLS 自动产生的，这样就不再需要人工创建 RTL 测试集了。所产生的测试集包括必要的在基于 C 的测试集和被测的 RTL 模块之间的数据传递的转换。

Vivado HLS 还能创建所产生的硬件的一个位真、周期精确的 System-C 模块，这个模块可以在没有 RTL 仿真的情况下做协同仿真。

验证显然是设计过程中重要的一环，这些支持 RTL 级别测试的工具能提升生产效率。特别是，设计者不需要花费时间来给 RTL 仿真创建等价的测试集了，而且另外做测试集可能引入的错误也被消除了。不过，需要重点提醒的是，RTL 仿真是功能性的仿真，并不能反映实际的时序或总线协议行为。因此，它无法完全验证模块在非理想条件下的运作是否正确。

14.4.4. 实现的度量指标和考虑因素

在这个阶段，有必要来定义作为设计过程组成部分的实现的度量指标和相关的考虑因素。这里以简易而且非正式的形式来做这件事情，这些问题会在第 15 章进一步展开。

- ***资源 / 面积*** — 实现我的设计需要多少资源，以及所需的资源与目标 FPGA/Zynq 芯片上可用的数量相比如何？

- ***吞吐率*** — 能向这个设计馈送数据的速率是什么？是否满足我的应用的需要？

- ***时钟频率*** — 在我的设计上能运行的最高时钟频率是多少？与系统的其他部分是否兼容？

- ***延迟*** — 我的设计产生输出需要多少个时钟周期？一般情况下，这个延迟在这个系统中是否是可以接受的？

- ***功耗*** — 我的设计在运行的时候要消耗多少能量？系统的这个部分是否对功耗敏感？

- ***I/O 需求*** — 我的设计的接口有多复杂？它们与系统的其他部件是否兼容？

以上的任何一个或全部因素，可能受到某种方式的约束，往往某些因素比其他更为优先。这通常都是由应用的需求所决定的。比如，一个用于低成本应用的系统，可能优先考虑资源最小化，以期利用较小的芯片；而另一方面，一个能快速适应输入变化的系统可能寻求的是延迟最小化和吞吐率最大化，而所仰赖的是资源的更大利用率。

有必要简要说明一下时钟不确定度这个术语。HLS 处理的目标是实现目标时钟周期减去时钟不确定度，这样就能给那些无法在 HLS 阶段确定的延迟留下空隙，比如 RTL 综合、布局和布线所带来的延迟。HLS 自然地认为模块是独立的，这样布线延迟只在系统集成阶段当系统被布出的时候才会完全暴露出来。时钟不确定度是用户定义的，默认的值是 12.5%[33]。

14.4.5. 高层综合过程的概述

虽然我们已经讨论过了设计流的总体情况，还是应该更为详细地考虑一下 HLS 的过程。因此这一节会总结在对 C、C++、SystemC 设计文件做 HLS 来得到等价的 RTL 的过程中所涉及到的步骤。作为实际的例子，我们用 C 来做设计语言。

还记得在 14.4.1 节中，HLS 过程做了（一）算法综合和 （二）接口综合 （如果接口不能直接指定的话）。这里我们关注的是前者。

除了设计文件本身以外，这个过程还有一些其他的输入，包括某个特定目标芯片的规格和设计者提供的指令与约束。正如将在 14.4.6 节所讨论的，这些会直接影响 HLS 所产生的实现。为了方便目前的讨论，我们假设目标芯片是确定的，而且所施加的约束和指令也是不变的。

算法综合包括三个主要阶段，依次是：

1. 解析出数据通路和控制；

2. 调度和绑定；以及

3. 优化

下面将依次简单解释每一阶段。

解析出数据通路和控制

HLS 的第一个阶段是分析 C/C++/SystemC 代码，并且解释所需的功能。比如，这可以包括：逻辑和算法的运算、条件语言和分支、数组运算和循环。

所产生的实现会具有一个数据通路元件，一般还会有一个控制元件。需要澄清的是，这里的" 数据通路 "处理指的是在数据样本上作的运算，而" 控制 "是需要协同数据流处理所需的电路。算法的本质基本地定义出数据通路和控制元件，但是，在第 15 章会看到，设计者可以在 HLS 中采取专门的步骤来最小化控制元件的复杂度。

调度和绑定

HLS 是由两个主要过程组成的：调度和绑定。它们是交替进行的，如图 14.7 所示，彼此互相影响。下面总结了这两个过程中所做的操作。

- **调度**是把由 C 代码解释得到的 RTL 语句翻译成一组运算，每个都关联着一定的时钟周期的执行时间。这个阶段所作的决策，是受时钟频率和不确定度、目标芯片的技术和用户所施加的指令所影响的。

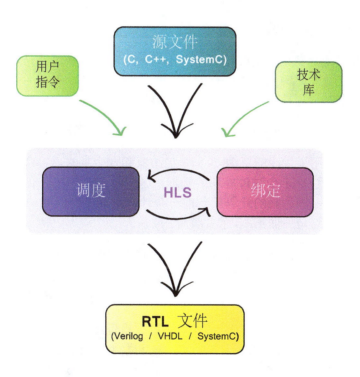

图 14.7： *Vivado HLS 的调度和绑定过程*

- **绑定**是调度好了的运算和目标芯片上的实际资源联系起来的过程。这些资源的功能和时序特征可能会影响调度,因此绑定的数据会反馈给调度过程。比如用了 DSP48x 资源就表明要用到一条比采用逻辑片的方案要短一些的严格的通路。

比如,如果综合出来的算法需要做一组算术运算,HLS 过程就必须根据目标的时钟频率和不确定度来决定如何调度这些运算 (要分配多少个时钟周期来做完),以及如何绑定这些运算 (也就是如何把运算映射到 PL 上的可计算资源里)。还记得 C 的源代码并不能表达或指定硬件架构,但是施加指令的话,源代码确实可以产生不同的架构。

结果的实现具有一些特征,主要是 (一) 延迟、(二) 吞吐率和 (三) 所用到的资源量。

为了说明问题,假设一个 C 的算法要计算输入有十个数字的数组的平均值。这表明要做的计算是:

- 用 9 个加法来得到总和;然后

- 乘以 0.1 来计算平均数。

在调度和绑定这些运算的时候有一些不同的选项。一种可能是用一个加法器和一个乘法器,在几个时钟周期里串行计算。另一种方法是,关键通路也许能允许以目标频率在一个时钟周期内做多个计算,这样就能实现低延迟和高吞吐率。

图 14.8 描绘了三种可能,特别考虑的是实现的特征之间的不同。

1. 第一种实现用了最少的资源 (一个加法器和一个乘法器,都是由逻辑部分构成的),并且有 11 个时钟周期的延迟。这个设计的吞吐率低 —— 1/11 个时钟周期 —— 因为新的计算要到前一个计算完成才能开始 (假设这里没有使用流水线,这是后面第 15 章要解释的)。

2. 根据目标的技术,HLS 过程判定在满足时序约束下,每个时钟周期可以做三个加法运算。这个结果用了芯片上较多的资源,但是具有较短的延迟和较高的吞吐率。

3. 最后,它发现,如果用 DSP48x 片来代替逻辑资源,所有的运算可以在一个时钟周期内完成。这成为最贵的实现,总共需要 9 个 DSP48x 片 (前 8 个加法每个要一个,最后一个加法和乘法组合在一个 DSP48x 片里),但是具有低得多的延迟 (1 个时钟周期) 和相当于时钟速率的吞吐率。这种形式的实现当

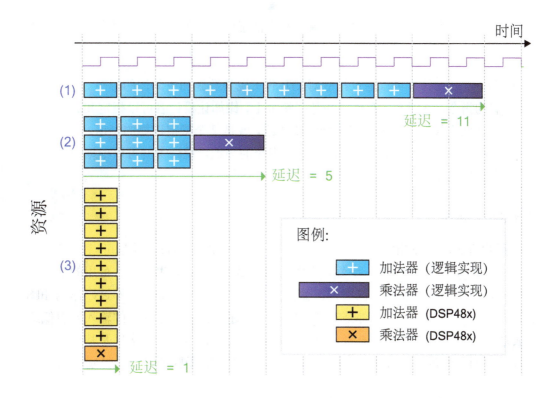

图 14.8: 一个函数算例中从 HLS 中得到的三种可能性结果的比较

然只有在能满足时序约束的情况下才能实现 —— 否则的话 Vivado HLS 可能会插入流水线寄存器来满足时序要求。

HLS 过程会默认优化面积，也就是会采用上面所列的第一种策略，消耗最少的资源。这种实现的缺点是具有较长的延迟和较低的吞吐率，这可能无法满足应用的需求。不过，设计者可以通过给 HLS 过程定义约束和指令来施加对调度和绑定的影响，从而以另外的方式做优化。

优化

前面提到过，设计者有手段可以让高层综合朝向他／她的实现目标努力。有两种方法可以用来调整 HLS 过程的行为，从而影响结果：

- **约束** — 设计者可以对设计的某些指标加以限制。比如，可以指定最低的时钟周期。这样就能方便地确保做出来的实现能满足要集成进去的系统的要求。类似的，设计者可以选择约束资源的利用情况或其他的条件，从而优化应用的设计。

- **指令** —— 设计者可以通过指令对 RTL 的实现参数施加更具体的影响。有各种类型的指令，分别映射在代码的某些特征上，比如让设计者可以指定 HLS 引擎如何处理 C 代码中识别出来的循环或数组，或是某个特定运算的延迟。这能导致 RTL 输出的巨大改变。因此，具有了指令的知识，设计者就可以根据应用的需求来做优化了。

关于 RTL 的输出

用户有选项可以指定所产生的输出文件所用的 RTL 语言，并且可以从 VHDL、Verilog 和 SystemC 中选择。当然，需要指出的是，SystemC 也是 HLS 可用的输入语言之一，因此第一眼看到它也被列在输出类型中也许会有所好奇。不过，作为 HLS 的输出所产生的 SystemC 文件是对硬件的 RTL 描述，也就是比 HLS 的输入要更低级的表达。对于其他 HLS 输出语言（VHDL 和 Verilog）也是一样，实现是基于所选的目标芯片的。当没有 RTL 仿真器的时候，这样的输出对于验证设计会特别有用。

14.4.6. 解决方案：探索设计空间

一个 Vivado HLS 项目是由一组设计文件、一组测试集文件和项目设置所组成的。项目可以具有多个解决方案 —— 这个术语很重要，因为它和 "探索设计空间" 有关，也就是产生一系列可能的实现，这些实现可以被比较，然后从中选出最适合的版本。

要理解的是，每个解决方案是同一个 C/C++/SystemC 源代码的不同的实现。所综合的 RTL 方案的不同，是由四个因素所决定的：

- 目标的技术和型号 （如 Virtex-7、Kintex-7、Zynq-7000...）

- 目标的时钟频率

- 所施加的实现约束

- 用户定义的综合指令

对于一个确定的应用,前两个 (目标技术和型号) 往往是不变的,但正如上一节所讨论的,设计者能改变实现约束和综合指令来对所产生的解决方案施加影响。在第 15 章,和接口与算法综合相关的部分还会进一步仔细定义。一旦创建,每个解决方案里包含了关于目标、所施加的指令和约束以及所获得的结果的数据。

下一章还会详细讨论的是,由于资源成本、吞吐率和延迟的不同,从一组解决方案获得的结果也会有所不同。这些都可以根据任务的需要而做出探索,进而精细调整。

14.4.7. Vivado HLS 库的支持

需要指出的是,Vivado HLS 带有对算术和数学函数的支持,以及线性代数、视频处理、DSP 等。文献 [33] 中有完整的库的细节支持数据。

14.5. 在 Zynq 设计流中的 HLS

在 14.4.2 节中把 Vivado HLS 的设计流概述为一个独立的过程。不过,我们还必须在 Zynq 的设计流中来考虑这个问题。

HLS 是创建能被包含进一个基于 Zynq 的系统的功能性模块或 IP 包的设计方法。用 HLS 设计出来的 IP 包是用于在目标 Zynq 芯片的 PL 部分做实现的。在一个具体的 Zynq 系统设计中可能有多个这样的模块存在,而设计任务的一部分工作就是要恰当地建立它们与设计的其他部分之间的接口(比如用 AXI 连接)。回顾 53 页的图 3.2,这对应的是标着 "Vivado HLS / HDL / System Generator" 的阶段 —— 用Vivado HLS 创建出能作为 IP 包集成进设计的模块。

当 Vivado HLS 可以用来描述常用的功能性模块,诸如最基本的 FIR 过滤器和 FFT,设计者应该要注意到对于这些运算的专门的、优化的支持已经存在了,并且通过 IP Integrator 的 IP Catalog 或 System Generator 工具的 Xilinx BlockSet 就可以获得。同样的功能可以通过调用所提供的库中的函数 (如 FFT 或 FIR 函数) 来引入到 Vivado HLS 设计中。这些函数的详细数据可以从 《Vivado Design Suite User Guide: High-Level Synthesis》 [33] 中获得。HLS 也是用于开发那些在已有的 IP 目录中无法找到与其等价的定制功能的非常强大的方法。

14.6. 本章回顾

本章介绍了高层综合的概念，并且解释了它作为一种设计方法，日益增长的重要性，特别是在 Zynq 和 SoC 设计中。HLS 允许用软件语言在较高的抽象层次上定义算法，然后在高层综合工具的辅助下将这个算法转换成 RTL 描述。这个设计方法能极大地提高在设计能力和验证效果方面的生产率。

本章介绍了 Vivado HLS 工具，也描述了它的设计流。特别指出的是，除了综合本身，Vivado HLS 流还集成了在功能级别做流化验证的手段，而且还能进一步对所产生的 RTL 代码做验证。

在本章快结束的时候，我们介绍了采用 HLS 的过程，以及设计者能用来对这些过程及其结果施加影响的机制。我们描述了标准的实现度量指标和考虑因素，并且指出从同一组 Vivado HLS 输入文件中可以产生多个 " 解决方案 "。这样就能针对设计者优先考虑的关键因素，对实现的可能性、以关键指标做的评估和优化，做出探索。

下一章，我们会仔细看看如何用 Vivado HLS 来创建设计，从而建立起这样的一个概念框架来。

14.7. 参考文献

说明：所有的 URL 最后在 2014 年 6 月访问过。

[1] Accellera Systems Initiative 网站 ,
    位于 : http://www.accellera.org/

[2] P. Banerjee, "Overview of a compiler for synthesisizing MATLAB programs onto FPGAs", *IEEE Transactions on VLSI Systems*, Vol. 12, Issue 3, March 2004, pp. 312-324.

[3] Berkeley Design Technology, Inc., "An Independent Evaluation of: High-Level Synthesis Tools for Xilinx FPGAs", consultation paper, 2010.
    位于 : http://www.xilinx.com/technology/dsp/BDTI_techpaper.pdf

[4] J. Bier and J. E. White, "BDTI Study Certifies High-Level Synthesis Flows for DSP-Centric FPGA Design", *Xilinx Xcell Journal*, Issue 71, second quarter 2010, pp. 12 - 17.
    位于 : http://www.xilinx.com/publications/archives/xcell/Xcell71.pdf

[5] D. C. Black, J. Donovan, B. Bunton and A. Keist, *SystemC: From the Ground Up*, 2nd Edition, Springer, 2009.

[6] M. Burton, J. Aldis, R. Günzel and W. Klingauf, "Transaction Level Modelling: A reflection on what TLM is and how TLMs may be classified", *Forum on Design Languages*, 2007, pp. 92-97.

[7] Cadence, *C-to-Silicon Compiler* 网页 ,
位于 : http://www.cadence.com/products/sd/silicon_compiler/pages/default.aspx

[8] J. M. P. Cardoso and H. C. Neto, "Towards an Automatic Path from Java Bytecodes to Hardware Through High-Level Synthesis", *Proceedings of the IEEE International Conference on Electronics, Circuits and Systems*, 1998, vol. 1, pp. 85-88.

[9] D. Gajski and R. Kuhn, "Guest Editors' Introduction: New VLSI Tools", *Computer*, vol. 16, no.12, pp.11 - 14, December 1983.

[10] D. Gadski, T. Austin and S. Svoboda, "What Input-Language is the Best Choice for High Level Synthesis (HLS)?", *panel session, Proceedings of the 47th ACM/IEEE Design Automation Conference (DAC)*, pp. 857-858, June 2010.

[11] D. Große and R. Drechsler, *Quality-Driven SystemC Design*, Springer, 2010.

[12] R. Gupta and F. Brewer, "High-Level Synthesis: A Retrospective" in *High-Level Synthesis: From Algorithm to Digital Circuit*, edited by P. Coussy and A. Morawiec, Springer, 2008.

[13] M. Haldar, A. Nayak, A. Choudhary and P. Banerjee, "FPGA Hardware Synthesis from MATLAB", *Proceedings of the 14th International Conference on VLSI Design*, January 2001, pp. 299-304.

[14] IEEE Computer Society, "IEEE Standard for Standard SystemC Language Reference Manual", *IEEE Std 1666-2011*, January 2012.

[15] Impulse Accelerated Technologies, *Impulse CoDeveloper C-to-FPGA Tools* product 网页 .
位于 : http://www.impulseaccelerated.com/products_universal.htm

[16] International Organization for Standardization, "ISO/IEC 9899:2011: Information technology - Programming languages - C", 2011.

[17] International Organization for Standardization, "ISO/IEC 14882:2011: Information technology - Programming languages - C++", 2011.

[18] B. W. Kernighan and D. M. Ritchie, *The C Programming Language*, Prentice Hall, 1978.

[19] T. Kuhn and W. Rosenstiel, "Java Based Object Oriented Hardware Specification and Synthesis", *Proceedings of the Asia and South Pacific Design Automation Conference*, 2000, pp. 579-581.

[20] M. C. McFarland, A. C. Parker, and R. Camposano, "The High-Level Synthesis of Digital Systems", *Proceedings of the IEEE*, vol. 78, no.2, pp 301 - 318, Feb 1990.

[21] G. Martin and G. Smith, "High Level Synthesis: Past, Present and Future", *IEEE Design and Test of Computers*, Vol. 26, Issue 4, July/August 2009, pp. 18 - 24.

[22] A. Mathur, E. Clarke, M Fujita, and R. Urard, "Functional Equivalence Verification Tools in High-Level Synthesis Flows", *IEEE Design & Test of Computers*, July/August 2009, pp. 88 - 95.

[23] Mathworks, *HDL Coder* product 网页 .
位于 : http://www.mathworks.com/products/hdl-coder/

[24] Mentor Graphics, *Handel-C Synthesis Methodology* 网页 .
位于 : http://www.mentor.com/products/fpga/handel-c/

[25] M. Meredith and S. Svoboda, "The Next IC Design Methodology Transition is Long Overdue", Open SystemC Initiative, February 2010.
位于 : http://www.accellera.org/resources/articles/icdesigntrans/community/articles/icdesigntrans/ic_design_transition_feb2010.pdf

[26] D. M. Ritchie, "The Development of the C Language", *Proceedings of the 2nd History of Programming Languages Conference*, Cambridge, Massachusetts, April 1993.

[27] M. Santarini, "Xilinx Unveils Vivado Design Suite for the Next Decade of 'All Programmable' Devices", *Xilinx Xcell Journal*, Issue 79, second quarter 2012, pp. 8 - 13.
位于 : http://www.xilinx.com/publications/archives/xcell/Xcell79.pdf

[28] R. Thomson, V. Chouliaras and D. Mulvaney, "The Hardware Synthesis of a Java Subset", *Proceedings of the Norchip Conference*, 2006, pp. 217-220.

[29] H. Trickey, "Flamel: A High-Level Hardware Compiler", *IEEE Transactions on Computer-Aided Design*, Vol. CAD-6, No. 2, March 1987, pp. 259 - 269.

[30] Xilinx, Inc., Press Release: "Xilinx Acquires AutoESL to Enable Designer Productivity and Innovation with FPGAs and Extensible Processing Platform", 30th January, 2011.
位于 : http://press.xilinx.com/2011-01-30-Xilinx-Acquires-AutoESL-to-Enable-Designer-Productivity-and-Innovation-With-FPGAs-and-Extensible-Processing-Platform

[31] Xilinx, Inc., "UG634 - AccelDSP Synthesis Tool User Guide", v11.4, December 2009.
位于 : http://www.xilinx.com/support/documentation/sw_manuals/xilinx11/acceldsp_user.pdf

[32] Xilinx, Inc., "UG871 - Vivado Design Suite Tutorial: High Level Synthesis", v2014.1, May 2014.
位于 : http://www.xilinx.com/support/documentation/sw_manuals/xilinx2014_1/ug871-vivado-high-level-synthesis-tutorial.pdf

[33] Xilinx, Inc, "UG902 - Vivado Design Suite User Guide: High-Level Synthesis", v2014.1, May 2014.
位于 : http://www.xilinx.com/support/documentation/sw_manuals_j/xilinx2014_1/ug902-vivado-high-level-synthesis.pdf

[34] J. Yi and H. Kwon, "Samsung's Viewpoints for High-Level Synthesis" in *High-Level Synthesis: From Algorithm to Digital Circuit*, edited by P. Coussy and A. Morawiec, Springer, 2008.

15

Vivado HLS:
近视

Xilinx 设计方法中最重要的进步之一，就是引入了一个能做高层综合的工具：Vivado HLS。在之前的章节阐述了使用 HLS 的理由之后，现在来仔细看看如何用 Vivado HLS 做设计。

为此，本章要涉及几个话题，包括数据类型的定义及其对电路综合的意义、端口建立和包级别接口，以及算法综合的问题。也会展示如何用指令和约束来影响HLS所产生的解决方案。

必须指出的是，HLS 的功能是如此丰富多样，仅仅本章是完全不足以全面覆盖的，所以我们的目标是给出吸引人的介绍，然后引导读者参考 [17][18] 和 [19] 来获得更详细的评论和教程材料。不过，本章会给出一个关于循环的研究例子，作为演示某些Vivado HLS的特性和优化能力的基础，从而让读者了解用HLS能做什么。

和 Vivado Design Suite 的其他部分一样，HLS 也是着眼于集成和设计重用，因此 Vivado HLS 包含了打包 IP 以方便地集成进系统设计的工具。在本章快结束的时候会简单地看一下这个工具的情况。

15.1. 一个 Vivado HLS 项目的剖析

我们应该从 Vivado HLS 综合过程的高层模型开始（注意之前在 269 页的 14.4.3 节说过，仿真和验证也是用 C 测试集和从 C 测试集自动产生的 RTL 版本来做的）。

这个过程的输入有：

- **C, C++ 或 SystemC 文件** — 这些文件里有要综合的函数。在一个简单的设计中，可以是含有单个函数的单个文件，或者在一个较复杂的情况下，可以是成系列的子函数分布在多个文件中。

- **C 测试集文件** — C 测试集文件是验证 C 和 HLS 过程所产生的 RTL 代码的基础。

- **约束** — 设计者施加时序约束（期望的时钟周期），以及时钟不确定度指标和目标芯片的细节数据。这些约束和指令加在一起影响综合的过程。

- **指令** — 设计者施加的指令影响高层描述（输入的 C 代码）所产生的实现的方式，比如流水线和并行性的情况。

下面列出所产生的输出。设计者可以选择要创建的输出种类。.

- **SystemC 模型** — 这是从 HLS 过程输出的 RTL 级别的模型，也就是对输入的 SystemC 文件的另一种类型的描述。SystemC 输出不是用于综合的，而是仅用于 RTL 仿真。

- **VHDL 或 Verilog 文件** — 按照用户的偏好设置，Vivado HLS 过程产生以 VHDL 或 Verilog 语言写的 RTL 级别的输出。这是要集成进项目，用来产生在 FPGA 或 Zynq 芯片上编程的位流（*.bit 文件）的综合代码。

- **给 Vivado、System Generator 或 XPS 用的打包好了的 IP** — 打包好了的输出可以方便地用于直接包含进 IP Integrator 项目、XPS 项目或 System Generator 设计中。

上面所说的各种文件，形成了一个 Vivado HLS 项目的基础。接下来，我们继续介绍 Vivado HLS 开发环境。

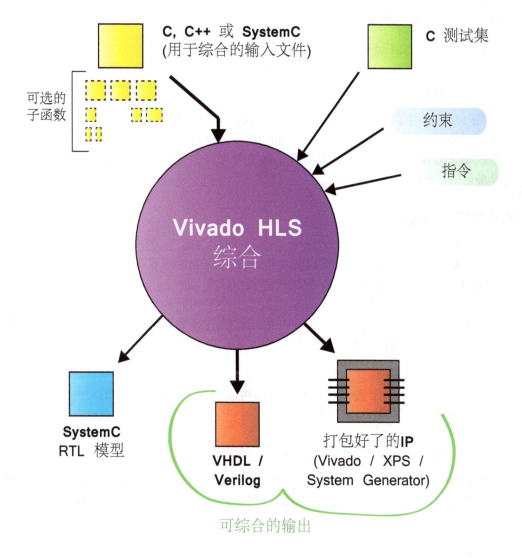

图 15.1: Vivado HLS 综合过程的概述

15.2. Vivado HLS 用户界面

Vivado HLS 工具既提供了图形用户界面（GUI），也提供了命令行界面（CLI），它们可以各自独立使用，也可以根据各自的偏好设置而互相配合使用。两种方法都能调用相同的功能，而从用户使用的角度具有不同的优势。

15.2.1. 图形用户界面

Vivado HLS GUI 就像一般的软件开发环境一样，具有项目管理、代码编辑和调试的功能。除此之外，还有 HLS 专用的功能，用来指导 HLS 的过程和评估所综合的硬件。这些是值得着重介绍的，下面的小节逐一简述。

图 15.2 说明了这些专用的部分和 Vivado HLS GUI 的关系。GUI 实际上具有三种不同的视图：Debug（调试）、Synthesis（综合）和 Analysis（分析），每个视图默认地在 GUI 中列出相关的数据区。这里着重讲的是和综合视图与分析视图相关的功能。

综合视图：项目组织

Vivado HLS 开发常见的形式就是基于 " 解决方案 " 的概念 —— 同一份源代码，根据用户不同的要求做的不同的实现。Vivado HLS 项目的结构正反映了这个形式：项目中有不同的文件夹来存放源代码和测试集，加上所包含的头文件，然后有一组解决方案文件夹。每个解决方案代表了一个不同的实现，并包含有与那个实现相关的文件、报告和结果。用户可以产生所需的任意数量的解决方案，然后做评估和比较。在任意时刻，只有其中一个解决方案可以是 " 活跃（active）" 的，指令和分析也是这样的。.

图 15.2 展示了一个例子项目的项目结构，活跃的项目是粗体的。另外还有 HLS 输出文件和报告的文件夹。

综合视图：指令区 (Directives pane)

Vivado HLS 也配备了用于设置和管理指令的区域，这些指令能影响 HLS 过程的行为。指令区只反映 " 活跃 " 的解决方案，只有当主窗口中打开了源代码的时候才是可见的。

注意指令可以是两者之一：

- 与源代码分离，在指令文件中的 TCL 命令；或
- 作为编译指示 (pragma) 集成进源文件。

选择是把指令插入代码，还是放在分开的文件中，会影响到在指令区的指令如何显示。如图 15.2 所示，一个井号 (#) 表示是编译指示（嵌入在源代码中），而分号 (%) 表示是在专门的指令文件中。

调试视图:

综合视图:

分析视图:

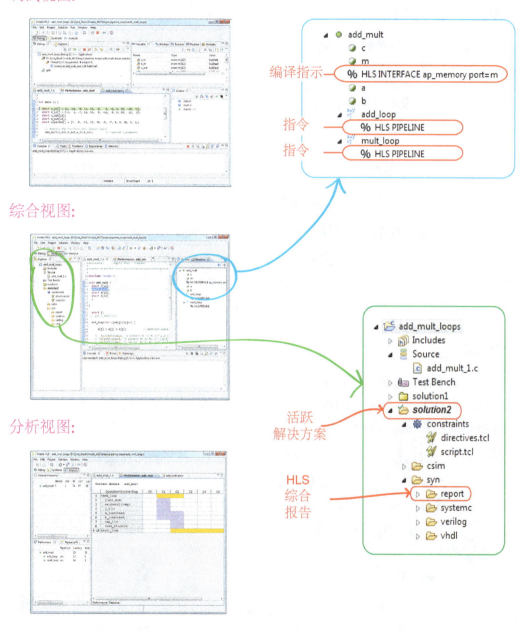

图 15.2: Vivado HLS GUI 视图

两种方法都各有优点，在 15.4.6 节会在界面中加以讨论。

综合视图：综合报告

Vivado HLS 为每个解决方案产生一个综合报告，给出与特定的实现相关的统计数据的合并数据。具体包括：

- 时钟数据，及与约束的比较；

- 延迟统计；

- 在代码中识别出来的循环的细节 （如循环次数、每轮循环的延迟）；

- 估算的以 PL 资源表示的实现成本；

- 综合出来的 RTL 接口端口的列表，包括方向、大小和相关的协议。

对于指定的一组解决方案，可以产生一个独立的比较报告。这样就能在不同的解决方案之间直接比较关键的实现度量指标，这是朝向最优设计发展的非常有用的工具。

分析视图

除了综合结果之外，GUI 中还有一个分析视图，它能给出综合出来的设计的运算和控制步骤的一个图形化的可视化表达。这个数据是和资源链接在一起的，而且能和原本综合所用的 C/C++ 代码交叉索引。

分析视图有用是因为它让设计者能更深入欣赏设计是如何被综合出来的，从而指导下一步的修改。观看综合出来的设计的细节，有助于设计者识别出导致瓶颈问题的运算，这对于下一步的优化是有好处的。

15.6 节将仔细讨论分析视图。

15.2.2. 命令行界面 （CLI）

命令行界面 /TCL 脚本方法在做重复性或预先定义的任务的时候特别合适，因为所需的步骤可以自动化地执行，从而节约时间而且确保可重现的结果。

命令是通过 TCL 语言来输入的。这是一种开源的脚本语言，广泛用于 ASIC 和 FPGA 开发。在 Vivado HLS 里，TCL 可以被用于运行诸如设置项目和运行仿真等基本的任务，直到用预定的参数和指令集来驱动丰富的测试组都行。从使用的角度来说，预 先 准 备 好 脚 本 然 后 执 行 总 是 比 较 方 便 的（比 如 做 好 "`my_hls_script.tcl`"，里面放所需的全部设置和命令）。还可以直接在命令行输入每一条命令来执行。

另有一份关于 Vivado HLS 用的全部 TCL 命令的全面的指南，这是想要开发驱动这个软件的脚本的关键资源 [18]。在 Xilinx 的 Vivado HLS 教程中也加入了使用脚本的例子 [17]，在 Vivado Design Suite 的 TCL 指南中也有一些基本的介绍 [16]。也可以遵循本书所附的教程之一来获得这个方法的经验，请参考第 16 章的详细描述。.

15.3. 数据类型

在使用 FPGA 的传统设计方法的时候，数据类型的规格是重要的，因为这对设计的一致性和实现的关键度量指标（也就是资源利用、时序性能和功耗）都有直接的影响。对数值型数据类型而言，采用较短的字长会牺牲精度，而采用过长的字长导致资源消耗和功耗的增长，以及不良的最大时钟频率。因此有必要仔细设定数据类型。

这个问题在 Vivado HLS 中，和在其他方法比如 HDL 开发或基于包的设计中一样重要，即使在设计入口处的数据类型是不同的。理解可用的 C、C++ 和 SystemC 的数据类型以及它们的综合，是开发有效而且高效的设计的基础。为此，这一节致力于回顾可用的类型，并解释它们会如何被转换进 RTL 设计中，并进一步成为硬件。我们先考虑 C 和 C++ 语言自有的数据类型，然后讨论任意精度类型。.

15.3.1. C 和 C++ 的自有数据类型

C和C++语言有一些自有的数据类型，是从四个基本数值类型派生出来的：char、int、float 和 double，具体总结于表 15.1。

以 char、int 和派生出来的类型而言，默认是有符号的，不过也可以指定为无符号的（或有符号的以免误解）。特别是标准的 int 类型和 short、long 及 long long 版本的 int 类型，等价于最小大小。这里，选择了的是典型的值 [5][9]。

表 15.1: C 语言的自有数据类型

类型	说明	位数[a]	范围[b]
char	表达基本的字符集	8	-128 到 127
signed char		8	-128 到 127
unsigned char		8	0 到 255
short int	一个降低精度的 int 的版本，需要较少的存储空间	16	-32,768 到 32,767
unsigned short int		16	0 到 65,535
int	基本的整数数据类型	32	-2,147,483,648 到 2,147,483,647
unsigned int		32	0 到 4,294,967,295
long int	很多情况下 long 和 int 的长度是一样的，也就是 32 位	32	-2,147,483,648 到 2,147,483,647
unsigned long int		32	0 到 4,294,967,295
long long int	扩展精度的整数类型	64	−9,223,372,036,854,775,808 到 9,223,372,036,854,775,807
unsigned long long int		64	0 到 18,446,744,073,709,551,615
float	单精度浮点数（IEEE754）	32	$-3.403e^{+38}$ 到 $3.403e^{+38}$
double	双精度浮点数（IEEE754	64	$-1.798e^{+308}$ 到 $1.798e^{+308}$

a. 根据 C 语言的定义，某个类型的位数不是固定的，而是与具体的实现相关的。这里给出的是一组有代表性的数值。
b. 所给的范围是基于前述的每种类型的位数大小的。

还有一些有意思的类型，下面简单列举一下：

- 布尔类型，bool，引用了 "stdbool.h" 头文件后可用，它定义了 {`true, false`} 两个标准值。

- 通过 "complex.h" 库的头文件支持了复数类型。这是和浮点有关的一种类型。

- 有一种精度更高的浮点类型 long double，不过实际上可能和 double 类型是相同的。

从表 15.1 中可能已经看出，C/C++ 自身的数据类型是基于 8 位的（8 位、16 位、32 位和 64 位），这表明软件代码往往是用于这样的大小的处理器的。不过，这样的限制对于产生有效的硬件架构来说并不理想。

为了优化硬件实现，不应该有超过必须使用的位存在，因为那样会导致额外的硬件开销。需要支持任意字长来满足电路需要的任意程度的精度。实际上，如果要限制字长是 8 位的整倍数，在某些 PL 的专用资源上，问题可能会更严重。比如，两个 18 位的数字 A 和 B 的乘法，会产生 36 位的结果 S，这样就会需要 A 和 B 用 32 位来表示，而 S 用 64 位。这样会导致一个低效的乘法器的实现，用上四个 DSP48x 片而不是一个 —— 300% 的额外开销！（如果有需要，请参考 25 页 2.2.2 节关于 DSP48x 架构的描述）。不仅于此，用于 A、B 和 S 的任何寄存器和其他运算资源都会是尺寸超大的。

那么显然，有理由要支持任意精度的数据类型，就像在 HDL 和 System Generator 那些设计手段中用的一样。因此 Vivado HLS 特地支持任意精度的 C/C++ 数据类型。另外，SystemC 具有自己的任意精度的数据类型作为语言的一部分，当然 Vivado HLS 也完全支持这个特性。

15.3.2. Vivado HLS 的 C 和 C++ 任意精度数据类型

理解了对任意精度算术，也就是能形成高效硬件实现的需要之后，直接的结果就是任意精度整数类型。不过这对于大多数硬件设计者来说还不够满意，他们希望对于某些应用能有定点算术。因此，Vivado HLS 也支持任意精度的定点类型，但是只能在 C++ 中使用。

任意精度整数类型

对任意精度整数类型的支持，是由 C 和 C++ 输入语言的不同的类型和相关的库来实现的，具体见表 15.2。两种语言的字长都可以是 1 位到 1024 位，也就是说 1 ≤ N ≤ 1024。

表 15.2: 在 C 和 C++ Vivado HLS 设计中使用的任意精度整数数据类型

语言	整数数据类型	说明	所需的头文件
C	intN (如 int7)	N 位有符号整数	#include "ap_cint.h"
	uintN (如 uint7)	N 位无符号整数	
C++	ap_int<N> (如 ap_int<7>)	N 位有符号整数	#include "ap_int.h"
	ap_uint<N> (如 ap_uint<7>)	N 位无符号整数 n	

注意在 C 中使用任意精度整数类型的时候，必须使用另一个编译器（apcc 而不是 gcc），细节见 [18]。C++ 无需如此。 图 15.3 是 C 和 C++ 两个等价的代码片段，说明如何使用任意精度的整数类型。注意所用的语法稍有不同。

```
// C 例子代码                        // C++ 例子代码
#include "ap_cint.h"                #include "ap_int.h"

void top_level_function (..)        void top_level_function (..)
{                                   {
    // 声明                             // 声明
    int6 small_signed;                  ap_int<6> small_signed;
    uint10 big_unsigned;                ap_uint<10> big_unsigned;
    int22 vbig_signed;                  ap_int<22> vbig_signed;
    ...                                 ...
}                                   }
```

图 15.3: 在 C（左边）和 C++（右边）中使用任意精度整数类型

任意精度定点类型

图 15.4 是定点数的一般格式，在二进制小数点的左边是确定位数的整数，而二进制小数点右边的是小数部分。作为二进制整数，MSB（最高位）对于无符号数字为正，对于有符号数字则为负。

为了和 Xilinx Vivado HLS 文档一致 [17][18]，在我们的讨论中，整个字长记做 W，整数的位数记做 I，而小数的位数记做 B，也就是说，W = I+B。在图 15.4 的例子中，I = 5、B = 7，而 W = 12。

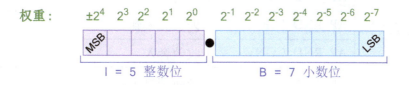

图 15.4：定点字格式的例子

Vivado HLS 的 C++ 的定点数格式如表 15.3 所定义，注意 C 语言并不支持定点数。这里，W 和 I 就是上面所定义的，Q 是表示量化模式的字符串，O 定义溢出模式，而 N 表示溢出卷绕模式时的饱和位的数量（也就是 N 个最高位要置为 1）。这些选项的细节在 [18] 可以找到。后面三个参数是可选的，如果没有指定的话，量化模式 Q 默认是截断为 0，而溢出模式 O 默认为卷绕。

表 15.3：Vivado HLS 设计的任意精度定点数据类型

语言	定点数据类型	说明	所需的头文件
C++	ap_fixed<*W,I,Q,O,N*>	有符号的定点数，有 I 位整数部分，和 W−I 位小数部分	#include "ap_fixed.h"
	ap_ufixed<*W,I,Q,O,N*>	无符号的定点数，有 I 位整数部分，和 W−I 位小数部分	

和之前整数数据类型类似的，有必要厘清用表 15.3 所给的通用类型定义来声明变量的语法。图 15.5 给出的代码例子中，创建了一些变量，每个都有不同的整数和小数部分的字长。代码也展示了量化和溢出模式的使用。

表 15.4 列出了用于 Q（量化模式）和 O（溢出模式）的字符串 [18]，而其中黑体的是默认值。

表 15.4: C++ 的 ap_fixed 和 ap_ufixed 类型的量化和溢出模式（黑体的是默认的）

参数	字符串	说明
Q （量化模式）	AP_RND	四舍五入到正无穷
	AP_RND_ZERO	四舍五入到零
	AP_RND_MIN_INF	四舍五入到负无穷
	AP_RND_INF	四舍五入到无穷
	AP_RND_CONV	收敛舍入
	AP_TRN	截断到负无穷
	AP_TRN_ZERO	**截断到零**
O （溢出模式）	AP_SAT	饱和
	AP_SAT_ZERO	饱和到零
	AP_SAT_SYM	对称饱和
	AP_WRAP	**卷绕**
	AP_WRAP_SM	带符号的卷绕

15.3.3. SystemC 的任意精度类型

前面提过，SystemC 自己就支持整数和定点类型。如表 15.5 所示，使用这些类型的方式与使用 C++ 的非常类似。不过，请注意 SystemC 有两种不同的数据类型来适合小型（最多 64 位）和大型（最多 512 位）的整数字长，而 C 和 C++ 能用最多 1 024 位字长的数据类型。

SystemC 的代码例子，以及与表 15.4 相当的模式字符串，可以另外在 [18] 中找到。

```
// C++ 例子代码
#include "ap_fixed.h"

void top_level_function (..)
{
    // 声明
    ap_ufixed<8,3> small_unsigned; // 3 位整数, 5 位小数, 默认模式
    ap_fixed<10,4,AP_RND> big_signed; // 四舍五入到正无穷
    ap_ufixed<10,4,AP_RND_ZERO> big_unsigned; // 四舍五入到零
    ap_fixed<21,10,AP_TRN,AP_SAT> vbig_signed; // 截断, 饱和
    ap_ufixed<21,10,AP_RND_CONV> vbig_unsigned; // 收敛舍入。...
}
```

如 15.5: C++ 例子代码, 表示如何声明定点变量

表 15.5: SystemC 数据类型的总结

SystemC 数据类型 e	说明	所需的头文件
sc_int<*W*> sc_bigint<*W*>	有符号的整数: (最多到 64 位) (最多到 512 位)	#include "systemc.h"
sc_uint<*W*> sc_ubigint<*W*>	无符号的整数: (最多到 64 位) (最多到 512 位)	
sc_fixed<*W,I,Q,O,N*>	有符号的定点数	#define SC_INCLUDE_FX [#define SC_FX_EXCLUDE_OTHER] #include "systemc.h"
sc_ufixed<*W,I,Q,O,N*>	无符号的定点数	

15.3.4. 浮点数据类型和运算

Vivado HLS 支持使用浮点数据类型和运算，这些是作为 Xilinx 技术库的核提供的。比如，标准的算术运算，诸如加法、减法、乘法和除法都有对应的 Xilinx 核，可以由 Vivado HLS 调用。引入对应的头文件，还能使用更多的数学函数 [18]。不过，并非所有的浮点运算都被HLS所支持，所以写代码的时候得要记着这些限制。

作为 HLS 可用的浮点运算的例子，图 15.6 的代码中出现了（单精度）浮点变量的乘法和加法运算，这些是可以成功地由 Vivado HLS 用浮点加法器和乘法器核的实例来成功综合出来的。通过检查 Vivado HLS 所产生的报告可以确认这一点。

15.3.5. 任意精度模式的验证

可以用原本的 C/C++ 数据类型实现的等价的函数，来比较和验证用任意精度算术写的函数，通常开始开发 Vivado HLS 设计的时候，用的就是传统的 C/C++ 类型。这是调整算术字长，也就是实现正好精确满足需求，又不浪费一点硬件资源的快速而有效的方法。

某个变量（或某些变量）可以用两种类型规格来开发：（一）原本的类型，用在最初验证过的函数中的；和（二）降低了精度的版本，也就是准备用于综合的。在某次仿真中只会使用其中一种，通过 C 的宏来实现切换 [18]。这样，功能性仿真就可以便捷地为每种变量类型执行一次，然后结果可以快速地比较。所有的参数都和原本的参考设计保持一致，而不会有本质的差别。

```
// C++ 例子代码
void floating_arith (float *s, float a, float b, float d)
{
  float ab;

  ab = a * b;
  *s = ab + d;
}
```

图 15.6: 演示 "float" 类型使用的例子

如果结果表明降低精度的版本产生了所需的结果，那么自然这是应该用于综合的，因为它降低了硬件成本。

15.4. 接口规格和综合

正如 14.4.1 节中所提到过的，标识一个 HLS 函数的接口的机制，在不同的 HLS 输入语言中是不同的：C 和 C++ 支持从高层描述来做接口的综合，而 SystemC 需要另外做详细的人工定义（偶有例外）。这里我们着重讨论从 C 和 C++ 而来的综合。

在 Vivado HLS 中，所设计的顶层 C/C++ 函数的输入参数和返回值被综合成 RTL 数据端口，每个端口带有相关的协议。整合起来，这些端口和协议就形成了端口接口。端口接口是用来和其他子系统通信的，而且，如果可能还要和系统中的处理器通信。除了从 C 函数参数推导出来的端口接口，包级别的协议和相关的端口也被用来负责子系统之间的数据交换。

接下来几页，我们首先考虑推导出接口的那些顶层 C/C++ 函数的定义。然后解释从这种定义所得出的端口和协议的综合、包级别的协议的功能性，最后回顾如何用指令来影响接口综合的过程。

15.4.1. C/C++ 函数定义

Vivado HLS 设计的功能性部分是一个 C/C++ 函数，可能以层次结构的方式包含其他的子函数。这个顶层的函数，也就是在层次的最高层的函数，形成了接口综合过程的基础。

作为一个例子，图 15.7 中的代码，表示了一个简单的 C 设计的顶层函数 `find_average_of_best_X()`。这个函数内部工作的详细情况无关紧要，不过每个参数的读 / 写操作能决定综合出来的端口的方向，这会在 15.4.2 中讨论。

```
void find_average_of_best_X (int *average, int samples[8], int X)

{
    // 主题函数（声明，子函数调用等等。）

}
```

图 15.7:   一个 HLS 顶层函数的例子

这个函数定义包含三个参数，那个 8 单元的数组 `sample` 应该被理解为是一个输入，那个整数 X 也是如此，而 average 其实是函数的输出。因此，简单来说，这三个函数参数要被 HLS 转换成两个输入接口和一个输出接口，如图 15.8 所示。.

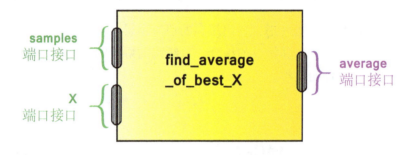

图 15.8:   例子函数 `find_average_of_best_X()` 的简化接口图'

需要注意的是，根据所用的协议，这些接口可能包括数据端口自身以外的控制输入或输出。本章后面，在介绍了端口协议之后，我们还会回到这个接口图，并加以改进。

15.4.2.   端口级别接口的综合

看过了 15.4.1 节里那个有意思的接口综合的例子之后，就该来看看在从 C/C++ 代码综合一个 RTL 端口级别的接口时，所采用的更正式的方式（注意包级别的接口会在 15.4.5 涉及，包级别与端口级别是有所不同的）。

对一个端口的 RTL 级别的描述包括以下内容：

- 端口的名称;

- 端口的方向 （输入、输出或输入输出）;

- 数据类型和尺寸。

因此，在用 Vivado HLS 做设计的时候，所有这些属性都必须从高层 C/C++ 代码中综合出来。本节接下来，会逐一讨论每个属性。

端口名称

端口的名称是从对应的函数参数的名称来的。比如，图 15.7 的函数中，"sample" 是函数的一个数组类型输入参数，因此 "samples" 这个名字也就会用来做数组数据端口的名字。一种例外的情况是从函数的 return 语言综合出来的端口，会指定用 "ap_return" 的名字 （在我们之前的那个例子里没有 return 语句）。

在某些情况下，额外的控制信号和相关的端口会和数据端口一起综合，这是由所用的协议决定的。在 15.4.3 节会涉及更详细的协议的细则，此刻，需要指出的是与一个综合出来的数据端口相关联的任何控制信号会得到相同的名字，然后有表达控制类型的相应的后缀。

端口方向

端口方向的解释，是遵循一系列规则的，表 15.6 总结了这些规则。比如，C/C++ 函数的一个参数，如果只会被那个函数读，而永远不会写入，就会被综合成一个 RTL 输入端口。类似的，一个只会写入而永远不会读的参数，会被转换成一个输出端口。

表 15.6: 端口方向的综合

C/C++ 函数参数	RTL 端口类型
一个读出但是永不写入的参数	in
一个写入但是永不读出的参数	out
一个函数的 return 语句输出的值	out
一个既读又写的参数	inout (双向)

数据类型和尺寸

从 C/C++ 函数的参数综合出来的端口的数据类型和大小遵循相同的一般数据类型的规则，就是 15.3 节所讨论过的那些。有些接口协议 （下一节讨论）需要产生额外的控制端口，这些通常是 1 比特的信号，当然也有例外的。

15.4.3. 端口接口协议类型

除了端口本身，还有相关的协议来定义通过那个端口所发生的交互的形式。Vivado HLS 制定了一组可用的协议，复杂程度从 "none" （也就是没有明显的协议）到 "hs" （握手协议）、"ack" （确认协议），甚至 AXI 协议都有。下面列出了所有可用的协议，而且给出了每个协议在 Vivado HLS 工具中所用的名称，以及简单的解释 [18]。

- **ap_none** — 这是最简单的协议类型，没有明显的接口协议，没有额外的控制信号，没有相关联的额外硬件。不过，这个协议也附带表明输入和输出操作的时序是独立的而且各自正确地处理的。

- **ap_stable** — 这个协议和 ap_none 类似，其中不涉及到额外的控制信号或相关的硬件。区别在于 ap_stable 倾向用于输入 （只是输入）变化不频繁的端口，一旦重启之后就基本上是稳定的，比如配置数据。它的输入并非是常数，但是也不需要用寄存器来处理。

- **ap_ack** — 这个协议的行为，输入和输出是不同的。对于输入，要附加一个输出确认端口，在输入被读的那个时钟周期要保持高电平。对于输出端口，要附加一个输入确认端口。每次写入输出端口．之后，设计中必须等待收到输入确认信号，然后才能继续下一步操作。.

- **ap_vld** — 要提供一个额外的端口来验证数据。对于输入端口，要附加一个有效输入控制端口，它负责校验输入端口是否有效。对于输出端口，要附加一个输出有效端口，在输出数据有效的时钟周期里给出信号。

- **ap_ovld** — 这个端口和 ap_vld 是一样的，但是只能用于输出端口，或是一个 inout （双向）端口的输出部分。

- **ap_hs** — 这个协议的 "_hs" 后缀表明这是用于 "握手（handshaking）" 的协议，它是 ap_ack、ap_vld 和 ap_ovld 的超集。ap_hs 协议既可以用作输入端口也可以用作输出端口，它具有数据的生产者和消费者之间的双向的握手过程，同时包括验证和确认的对话。因此，它需要两个控制端口和相应的额外开销。不过，它是传递数据的可靠的方法，而且不需要外部来确认时序。

- **ap_memory** — 这个基于存储器的协议支持存储器的随机访问会话，可以用在输入、输出和双向的端口上。唯一能用这个协议的参数类型是数组类型，因为数组类型对应的是存储器的结构。ap_memory 协议需要时钟和写使能的控制信号，以及一个地址端口。

- **bram** — 和 ap_memory 相同，不过在用 IP Integrator 绑定的时候，所用到的端口是集合成单个端口，而不是每一个单独列出来的。.

- **ap_fifo** — FIFO 协议也能用于数组参数，只是通过这个协议只能顺序访问数据而不能随机访问。它不需要产生任何寻址数据，因此实现起来比 ap_memory 接口要容易些。ap_fifo 协议可以用做输入或输出端口，但是不能用于双向端口。它附带的控制端口用来根据端口的方向指出 FIFO 的满或空，并确保有需要时过程会停下以避免出现数据饱和或欠缺。

- **ap_bus** — 这个协议是泛泛的没有指定具体总线标准的总线接口，可以用于和总线桥的通信，这样就能受系统总线的仲裁了。ap_bus 协议支持单次读操作、单次写操作和批量传输，这些是由一组控制信号所协调的。除了这个通用的总线结构之外，对 AXI 总线接口的特殊支持，可以在较晚的阶段，用接口综合指令来集成进去。

- **axis** — 这个指定接口做 AXI 流操作。

- **s_axilite** — 这个指定接口做 AXI Slave Lite （简化从机协议）。

- **m_axi** — 这个指定接口做 AXI 主机协议。

详细解释每个协议的机制超出了本章的范畴。不过在 [18] 中可以找到大量的进一步的数据，包括详细的时序图。另外在 [17] 中也有不少相关的实际的例子。

15.4.4. 端口接口协议的综合

定义了可用的协议之后,现在来关注如何从高层描述来做特定协议的综合,以及有什么相应的限制。

设计者可以通过施加恰当的指令来为每个端口选择协议。所支持的协议集受到这些因素的限制 (一)端口的方向,和 (二)C/C++ 函数参数的类型,即表 15.7 所表明的 [18]。如果协议不能直接由指令所定义,或者如果错误地选择了一个不被支持的协议,Vivado HLS 会采用默认协议。默认的也是上面 (一)和 (二)的功能,如表 15.7 所示。

表 15.7: 协议综合:所支持的类型和默认值 (S = 支持,D = 默认) [18

参数类型	变量			指针变量			数组			引用变量		
	传值			传引用			传引用			传引用		
接口类型[a]	I	IO	O	I	IO	O	I	IO	O	I	IO	O
ap_none	D	-	-	D	S	S	-	-	-	D	S	S
ap_stable	S	-	-	S	S	-	-	-	-	S	S	-
ap_ack	S	-	-	S	S	S	-	-	-	S	S	S
ap_vld	S	-	-	S	S	D	-	-	-	S	S	D
ap_ovld	-	-	-	-	D	S	-	-	-	-	D	S
ap_hs	S	-	-	S	S	S	S	-	S	S	S	S
ap_memory	-	-	-	-	-	-	D	D	D	-	-	-
bram	-	-	-	-	-	-	S	S	S	-	-	-
ap_fifo	-	-	-	S	-	S	S	-	S	S	-	S
ap_bus	-	-	-	S	S	S	S	S	S	S	S	S
axis	S	-	-	S	-	S	-	-	-	S	-	S
s_axilite	S	-	S	S	S	S	-	-	-	S	S	S
m_axi	-	-	-	S	S	S	S	S	S	S	S	S

a. 在这行中:I= 输入端口; IO= 输入输出 (双向)端口; O= 输出端口。

根据协议、端口类型和方向之间的相关性，在开发高层 C/C++ 描述时，考虑 C/C++ 函数参数的类型是很重要的。根据表 15.7 的各列的表头，可以传入传出 C/C++ 函数的值有四种不同的参数类型，也就是：（一）变量；（二）指针；（三）数组和（四）引用。也就是说，一种特定的参数类型只对应于有限的几种协议。比如，传入一个数组参数作为参输入，能使用的协议就只有：ap_hs、ap_memory、bram、ap_fifo、ap_bus、axis 和 m_axi，其中 ap_memory 是默认的。

为了把这个知识和设计项的实际问题联系起来，请参考前面图 15.7 里的函数定义，注意那个函数有三个参数：

- *samples* — 数组输入；

- *X* — 整数（标量）输入，传值；

- *average* — 用作输出的指针变量。

那么，根据表 15.7，就需要注意 samples 的默认的协议是 ap_memory，X 的默认的协议是 ap_none，并且 average 默认的协议是 ap_vld。考虑到这些协议所需的额外的控制端口，我们就能更新原本在图 15.8 中所给出的综合了的 RTL 接口，成为图 15.9 的样子。注意这里的数据端口是 32 位的，这是因为用了 C 的 int 数据类型的缘故。

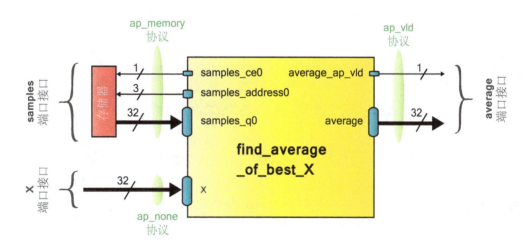

图 15.9: "`find_average_of_best_X()`" 函数的 RTL 接口图，采用了默认的端口级别端口和协议。

还要注意的是，这个图只显示了端口和端口级别的协议 —— 并没有包括任何包级别的协议，那是下一节的内容。时钟信号会在后面做为包级别协议的一部分加进来。

15.4.5. 包级别的接口端口和协议

除了从 C/C++ 函数的参数推导得到的逻辑端口及其相关的协议，还可以给设计加上包级别的协议（这些协议也被称作是函数级别的协议）。这样就有了一种机制来控制子系统的执行，在把一个或多个 Vivado HLS 包集成进系统，然后还要管理包之间的数据流动的时候，这会特别有用。.

在定义协议之前，有必要先来简要地在图 15.10 的帮助下确定一些术语。该图描绘了五个层叠的包，并标注了数据流的方向。实际上可能还有包之间的 FIFO 缓冲区，但是并没有画在图上（要理解的是，在选择这个例子的时候，我们只是用到了Vivado HLS 包的一种可能的使用模型 —— 我们并不是要暗示链状的包关系是唯一或典型的使用场景）。

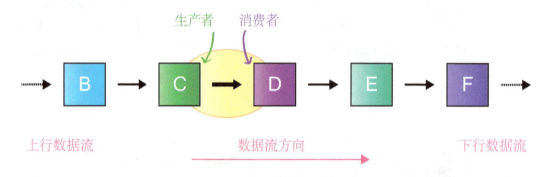

图 15.10: 在 Vivado HLS 的包之间的数据流

以 D 包为参考点，它左边的包（C、B...）被认为是上行的数据流，而右边的（E、F...）则被认为是下行的数据流。在考虑任何两个包之间的接口的时候，上行的包输出数据，并传递给下行的包。比如，考虑 C 包和 D 包之间的接口，C 包是数据的生产者而 D 包则是数据的消费者。

有的时候，我们希望一个包向它的上行包施加 " 反向压力 "。换句话说，这个消费者包也许希望阻止那个生产者包制造更多的数据，直到消费者准备好接受新

的数据 （如果有必要，这个压力会像涟漪效应一样向更上游的包扩散）。这是一种可以用包级别的控制可以实现的功能。

有三种类型的包级别协议，以下按照在 Vivado HLS 中所用的术语列出：

- **ap_ctrl_none** — 选择这个选项只是表明没有添加包级别的协议，而是完全在端口接口级别用端口级别协议来做控制。

- **ap_ctrl_hs** — 有握手的包级别控制协议。由一个 ap_start 控制输入来通知这个包要开始操作了，然后这个包会产生三个输出控制信号 （ap_ready、ap_idle 和 ap_done）来表明它的操作阶段。具体来说，ap_ready 信号表明包已经就绪来读新的输入，ap_idle 表明包正在处理数据，而 ap_done 会在输出数据已经可读的时候发出。一个实用的例子是，ap_ctrl_hs 协议适用于单个 HLS 包与做控制的处理器接口时。

- **ap_ctrl_chain** — 这个协议与 ap_ctrl_hs 类似，但是多了一个输入控制信号 ap_continue，这是设计用来把多个 Vivado HLS 包串起来的。ap_continue 输入表明下行包能接受新数据了，因此有必要的话，它可以向上行包施加反向压力。如果 ap_continue 信号没有生效，这个包会完成它当前的计算，直到能把结果呈现到输出端，然后它就会停止，直到 ap_continue 再次被置为有效。

如果用了一个包级别协议，它的运作和每个端口所采用的任何端口级别的协议都是无关的。不过，无论选择了怎样的包级别协议，有两个输入协议都会施加到包上：ap_clk 和 ap_rst。这是必须的，因为包内部的操作是同步的，因此它需要一个时钟信号 ap_clk，而 ap_rst 则是因为包必须能从外部被重置。

一般来说，值得注意的是，一个 AXI4-Lite 总线接口可以被加到包级别接口协议，因此能让包级别控制信号在包和做控制的处理器之间传递。某些情况下，还可以把包级别的控制端口和端口级别的接口捆绑起来，形成一个一体的 AXI4-Lite 接口 [18]。

做为讨论的结尾，考虑给之前的那个例子函数增加 ap_ctrl_hs 包级别控制协议（默认的协议） ，如图 15.11 所示。在这里，增加了六个额外的端口：ap_clk 和

ap_reset（所有的 Vivado HLS 设计都需要）； ap_start 控制输入和 ap_done、ap_ready 及 ap_idle 控制输出。这些新的包级别的接口端口都显示在图的上端。

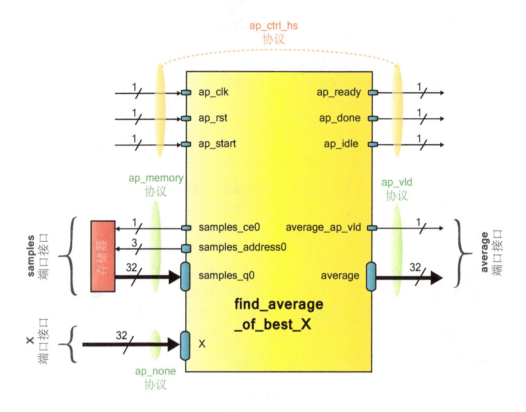

图 15.11: `find_average_of_best_X()` 的 RTL 接口图，既有默认的端口级别的端口和协议，也有默认的包级别的端口和协议

15.4.6. 接口综合指令

指令是使设计者能对所设计的 C/C++/SystemC 代码的实现施加高层控制的机制。HLS 有一组指令是专门和接口综合相关的，针对之前几页所讨论的两种接口的形式，这些指令既可以用于端口级别，也可以用于包级别。除了直接指定协议之外，也可以指定接口的其他一些属性，比如数组输入的形式，或用来实现存储器或 FIFO 缓冲区的资源。

指令类型

有两种类型的指令是可以施加在端口级别和包级别的接口上的，陈述如下:

- *Array Map* — 数组映射。把几个数组合并起来形成一个较大的数组，目的是利用较少的 FIFO 或 RAM 资源和控制端口来实现这个接口。

- *Array Partition* — 数组划分。把数组接口划分成几个较小的区域，从而形成一组扩展的端口、控制信号和实现资源，但是提升了带宽。

- *Array Reshape* — 数组重塑。在这种情况下，原本的数组被分割成几个较小的数组，然后再合并来形成新的单元数量较少但是每个单元更大的数组。这样会占用较少的存储器位置，形成较短的地址。

- *Interface* — 接口。这个指令可以被用来直接指定一个端口级别的接口的协议为某个可用的协议 (即第 300 页的表 15.7 所列的)，或是如 15.4.5 节所述，指定包级别的协议为 ap_none、ap_ctrl_block 或 ap_ctrl_chain。

- *Resource* — 资源。可以选择某个特定的资源来实现这个接口。比如，可以把一或两个端口 RAM 指定给一个 ap_memory 接口，或是一个 ap_fifo 接口可以实现在一个 Block RAM 或 LUT 构建的 FIFO 上。

- *Stream* — 流。这个指令指定这个接口作为流式端口，用上 FIFO 来实现，并能直接选择 FIFO 的深度。

对端口级别的接口类型的指定是通过相应的函数参数做的，而包级别的接口是施加在顶层函数上的。

通过施加所需的指令，图 15.11 中的设计例子，可以被输出成图 15.12 中的 IP Integrator 包。图 15.13 展示了把端口和包级别的接口固化成单个 AXI4-Lite 接口的结果（注意数组输入 samples 是独立的，因为它需要流式接口）。通常会这样做，以实现运行在处理器或单片机上的软件的控制。

进一步的选项

除了前面详细解释的指令之外，还有其他的针对每个端口的选项，就是说额外的时钟周期的延迟可以加到那个端口接口上。这样就有可能改善设计的时序性能。

305

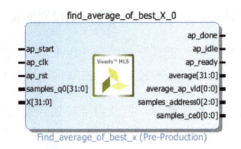

图 15.12: 以图 15.11 中指定的端口和包级别的协议，从 `find_average_of_best_X` 函数所产生的 IP Integrator 包。

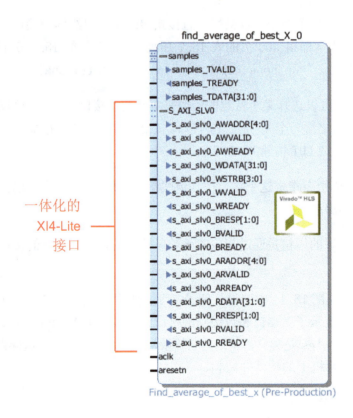

图 15.13: 从 `find_average_of_best_X` 函数所产生的 IP Integrator 包，其中包级别协议的端口和部分端口级别协议的端口被合并进了一个 AXI4-Lite 接口。

源文件还是指令文件？

指令可以合起来放在 Vivado HLS 项目的一个独立的文件中，也可以继承进源文件作为 #pragma。图 15.14 给出了使用 pragma 的例子。Vivado HLS 会自动把这些插入进去，直接放在函数体的最上面（如第 296 页的图 15.7 所指出的那样），因此就不需要在代码中再手工输入这些行了（当然如果你愿意也是可以这样做的！）。无论哪种方式，都应该要理解 pragma 是如何构成的。

在图 15.14 的例子中，有三个 pragma：开头两个设置接口指令，而第三个设置资源指令。具体来说，第一个 pragma 指定将 ap_memory 协议用于 samples 输入端口，类似的，第二行设置 ap_vld 协议用于 X 这个输入端口。还要注意的是，在 X 端口插入了寄存器。第三个指令制定 samples 输入端口用一个特定的硬件资源来实现，在这里是一个用 LUT 实现的单口 ROM（也就是说用逻辑片而不是 Block RAM 资源）。

```
#pragma HLS INTERFACE ap_memory port=samples
#pragma HLS INTERFACE ap_vld register port=X
#pragma HLS RESOURCE variable=samples core=ROM_1P_LUTRAM
```

图 15.14: 插入 C/C++ 源代码中做接口综合的 pragma 的例子

由于接口通常是系统中静态的部分，而且设计者因为关心函数实现的优化的效果，会创建不同的解决方案，所以接口指令往往是以 pragma 的形式放在源文件中的。这就意味着接口设置就可以方便地在 Vivado HLS 的各个解决方案之间搬来搬去，而不需要每次重新制定，或是特别操心如何把这些指令从一个方案抄到另一个去。不过，设计者也许会为了某些美好的愿望，而宁愿在一个文件中给出这些指令，这样就能保持指令和源代码的分离 —— 这也是一种不错的好方法。

总的来说，插入 pragma 会让代码不那么好移植，因此 pragma 最适合的场景是在设计者想要做出修补的时候。比如，可能想要用 pragma 来调整正在设计的接口的配置。

那些在不同的"解决方案"不同的属性，也就是设计者想要对代码做的优化，应该用单独的指令文件来指定，而不是嵌入在代码中。保持代码和指令的分离能给高层设计更高的自由度。

15.4.7. 人工接口设定

直到这里，我们还只是在讨论从 C 和 C++ 函数出发的接口综合，不过接口也是可以自由指定的。在用 SystemC 编程的时候，这是唯一的手段 （除了 ap_bus 和 ap_memory 接口类型是可以被综合出来的之外），而在用 C 或 C++ 的时候，这也是可以用的手段。

在 SystemC 中指定接口

在 SystemC 中，任何设计的部件都以一个从基类 SC_MODULE 派生的 C++ 类来表达。这个类用来定义部件的接口和功能 [1]。

在 SystemC 中指定接口和 HDL 级别的描述是类似的，包括每个接口的类型、方向和大小的直接定义。图15.15就是一个简单的计数器的例子，它给出了my_counter这个模块 （类） 的第一段定义，在这个定义中给出了端口的声明。你可能注意到了，挑出来的这段代码和 VHDL 入口声明是很相似的。

由于所有的端口数据都是人工指定的，这个例子中就不再需要接口综合了。

```
SC_MODULE (my_counter) {

    // top level ports
    sc_in<bool> clk;
    sc_in<bool> ce;
    sc_in<bool> reset;
    sc_out<int> count;

    // the rest of the module body definition...
}
```

图 15.15: 人工指定用 SystemC 做的计数器设计的端口

在 C/C++ 中指定接口

有些时候，也许会想要定义和 Vivado HLS 所提供的具有不同的控制端口和相关联的协议的接口。这可以在 C 或 C++ 中加入额外的代码块来指定协议信号和在这些控制端口上所需的会话组来实现（还记得这些内容一般不是由用户指定的，用户会指定的是数据端口，而控制端口是由 HLS 过程来引入的）。在 Vivado HLS pragma 实现中，会话的顺序是在 ap_wait() 函数的帮助下确定的，这个函数会让 Vivado HLS 在一段特殊标注的代码段（一个"协议区"）内的 IO 操作之间插入时钟周期。

在 [18] 可以找到一个演示这个人工接口指定技术的代码。

15.5. 算法综合

这一节的主题是从所设计的 C/C++/SystemC 代码来做功能性硬件的综合。由于本章的篇幅，无法详细对待所有的内容，所以我们只关注几个有重点兴趣、在用 Vivado HLS 成功开发系统的设计方法中有代表性的话题。换句话说，本节接下去的内容应该被看作是对 HLS 的算法综合过程和可能性的"浅尝"，而不是完整的指南。进一步的延伸内容，在 Xilinx User Guide 902，"Vivado Design Suite User Guide: High-Level Synthesis" [18] 中可以找到。

这一节一个特别的目的，是着重在于说明设计者可以做的控制，这种控制是指他可以通过使用指令来施加在最终综合出来的硬件实现上的控制；以及他有可能不对源代码做大幅度的修改就能现成地产生和比较各种方案。我们用循环的综合的情景研究来说明这个问题。

本章接下去的部分，会考虑精选的不同风格的 C 的设计中得到的算法综合和一些具有展示性的例子。不过，在那之前，重要的是识别出用来评估和约束 Vivado HLS 设计的通用的度量指标。

15.5.1. 实现的度量指标和约束

由于是由 HLS 把 C/C++/SystemC 函数所描述的算法转换成硬件的，就需要有测量数据来衡量结果实现的特征。尤其在比较不同的实现，也就是通过给 HLS 过程施加不同的指令形成一组 Vivado HLS"解决方案"的时候很有用。

基于实现度量的限制，可以由用户输入，并作为设计约束来起作用。它们能影响 Vivado HLS 在执行高层综合时的作为：HLS 要尽可能地满足目标集，而如果无法满足，也要努力产生一个"最佳效果"的 RTL 设计。本节下面的部分用来定义各种可以用于基准测试（benchmark）或 HLS 设计约束的度量指标。

面积／资源

对于一个实现最有意义的指标是构建电路所需的硬件成本，以 FPGA 或 PL 上的资源 （等价来说就是 " 面积 "）来计量。由于一个特定的目标芯片上的资源从根本上来说是固定的，在满足系统整体需求和条件的前提下，就有动力去最小化某个 Vivado HLS 部件的成本。

默认地，Vivado HLS 会寻求面积的最小化，也就暗示会采用硬件的时分复用技术。这通常会导致延迟上升和吞吐率下降 （这两个指标下面定义）。

时钟周期、时钟速率和时钟不确定度

时钟周期 （Clock Period）指标指的是最小周期，也就是一个设计所能支持的最大时钟频率的倒数。这是目标芯片的物理特性的函数，也是 HLS 所综合出来的 RTL 设计的关键路径。这个关键路径被定义为 " 两个时序逻辑单元之间最长的组合逻辑路径 "，它直接限制了最高的时钟频率。关键路径一般是在硬件设计中通过流水线技术 （也就是策略性地插入寄存器）来管理的，并以类似的方式受到到 Vivado HLS 中对流水线的使用情况的影响。

Vivado HLS 会提示用户指定目标时钟周期和时钟不确定度，这些因素合起来成为时序约束。只要有可能，HLS 工具会基于 Xilinx 技术库的数据，产生出满足目标减去不确定度值的设计。引入不确定指标是为了覆盖HLS阶段所不知道的其他因素，特别是 RTL 综合、布局和走线延迟 [18]。

延迟

在 Vivado HLS 中， " 延迟 （latency） " 这个术语采用的是它的一般定义，也就是在给出输入，到获得对应的输出之间的时钟周期。延迟可以在层次结构中的不同层级上加以检验，从顶层函数到子函数，到循环或代码的指定段都可以。就循环而言，延迟指的是循环的每一轮都完成了，迭代延迟（每一轮的延迟，iteration latency）这个术语是用来指循环的一轮的延迟。总的延迟等价于迭代延迟乘以循环的次数。

延迟也可以被指定为一个设计约束，也就是由用户定义最大可接受延迟，然后 Vivado HLS 工具优化设计 （如果可能）来满足这个需求。

初始间隔和吞吐率

迭代间隔 (Iteration Interval，II) 是 Vivado HLS 设计的能接受的相邻两次输入之间的时钟周期数。没有指令的话，初始的间隔和延迟可能是相同的，因为 Vivado HLS 默认的做法是为面积做优化，导致的结果就是一个串行的设计。不过，有策略地运用流水线可以降低迭代间隔到比设计的延迟小很多的程度。另一方面，这样也可能增加设计所用的面积，所以这里存在着权衡的问题。

初始的间隔是直接对应着吞吐率的，就像时钟周期和时钟频率的关系一样。吞吐率表达的是数据流经系统的速度。能达到的最好的初始间隔是 1，就是说每一个时钟周期可以接受一个新的输入数据，这样的话，这里的吞吐率就等同于时钟速率了。有时候，用了部分循环展开或复制一个已综合的函数，能实现更高程度的吞吐率。

15.5.2. 数据类型

和接口综合一样，在高层综合中，数据类型的选择对于综合产生的硬件具有基础性的影响。使用比所需更长的字长，从用来创建设计所需的 PL 资源的角度来看，会导致不必要的昂贵的实现。它还可能潜在地影响其他实现度量指标，比如延迟、最大时钟频率和初始间隔。

正如在 15.3 节中所总结的，使用任意精度数据类型，是指定恰当的字长的有效手段，从而能为实现高效的整体实现做出贡献。

15.5.3. 流水线

在硬件设计中会广泛使用 " 流水线 (pipeline) " 这个术语来表达在电路中插入寄存器，以最小化关键路径（也就是时序逻辑单元之间最长的组合逻辑路径），从而最大化能实现的时钟频率。因此，我们可以认为数据输入沿着处理路径上的普通的同步的方式移动，而中间数据则保存在流水线寄存器里。或者也可以说，数据是 " 在流水线里 " 的。

当这个术语用来表示处理器操作的时候，它的意思是一个任务被分解成既定结构的一些子任务，每个子任务可以由处理器的不同的 " 流水线级 " 同时完成。流水线级的数量，以及每个级要做的操作，是处理器架构的固定的功能。比如，一个

5 级流水线可以让处理器同时做: (一) 取指令; (二) 指令译码; (三) 读数据; (四) 执行和 (五) 写回结果, 所有都在同一个时钟周期内完成, 每一个操作有专门的流水线级来做。每个流水线级做连续的数据, 所以每个时钟周期可以产生一个新的输出。

在 HLS 中, 流水线的含义和以上两种都有联系, 但是都有所不同。具体来说, 我们可以定义流水线的概念为把一个任务划分为多个子阶段, 每个阶段是一个有依赖的操作的组, 这些操作可以是组合逻辑的也可以是时序逻辑的。

为了进一步定义 HLS 的流水线, 我们必须抽象掉底层操作的细节, 认为流水线是和逻辑处理阶段的段相关的。和硬件的情况不同, 这些段不一定要是物理的组合处理单元 (尽管可以是)。引入流水线是为了实现操作的重叠, 和处理器里的流水线的概念是类似的。不过, 和具有固定架构的处理器不同, 在操作本身上没有限制, 因为 FPGA 部分或 Zynq 的 PL 提供的是空白的画布, 在那上面可以实现任意的功能。

采用流水线的动机, 是有机会来实现并行计算, 从而提升设计所支持的吞吐率。流水线可以作为一个指令在 Vivado HLS 中, 在函数和循环的层面上施加。下面几页, 我们要考虑操作的流水线, 而循环的流水线会在 15.5.5 节中涉及。

算法执行和数据依赖

可以假设, 软件所表达的任何算法, 都包含一组功能性步骤, 或者说运算。每一个步骤依赖于一组特定的数据就绪来作为输入, 而在某些情况下, 这些数据可能还需要经过一些预先的步骤才能就绪。因此, 在构成算法的各个步骤之间, 就隐含存在着数据依赖关系, 并且需要按照一定的顺序来执行。

那么, 这个算法的一个直接合成就会产生一组在逻辑上必须同时发生的运算, 因为这些运算之间存在数据依赖关系。换句话说, 所有的运算都属于同一个处理阶段, 它们必须全部完成, 然后才能处理新的输入。无论这个阶段的执行是需要单个时钟周期还是多个时钟周期, 重点是除非之前的计算全部完成, 否则下一个输出是没有机会开始计算的。.

作为一个简单的例子, 考虑图 15.16 所给的函数, 它由三个处理步骤组成: Op1、Op2 和 Op3。第二个步骤 Op2, 依赖于第一个步骤 Op1 的输出, 而 Op3 则依赖于 Op2 的输出。因为这样, 再加上还没有存储器来保存中间结果, 于是运算之间就存在着依赖：最后的输出只有当所有的运算都完成（依次）之后才会产生。因此我们标记 Op1、Op2 和 Op3 合起来作为一个处理阶段。

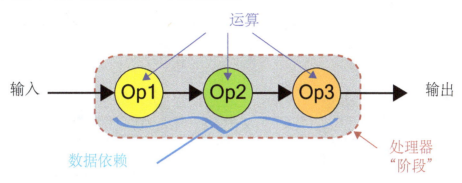

图 15.16: 存在运算之间的数据依赖的函数的例子

从处理数据的角度来说，一个阶段内的数据依赖意味着一次只能输出一个数据，这里的三个运算必须相继运行每一组输入数据，只有当当前的输出好了，才能接受下一个数据。因此数据样版周期就等于 Op1、Op2 和 Op3 总的处理时间，从而直接决定了设计所支持的数据吞吐率。另一个重要的指标：输入到输出的延迟，就等价于三个运算的延迟的和。这两者都在图 15.17 中以波形的形式表达出来了。

也许你已经发现，图 15.17 中没有画时钟信号，这是有意为之的。在抽象的层面上，Op1、Op2 和 Op3 可能代表组合路径上的逻辑，也可能代表一个时序运算。实际上，因为流水线具有隔离阶段的效果，这就会导致吞吐率的提升，而无论电路本身是时序的还是组合逻辑的。

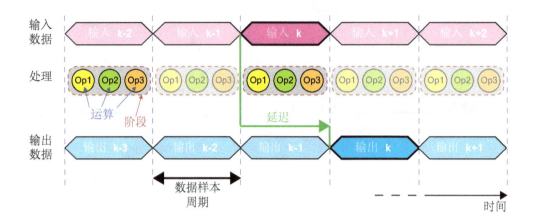

图 15.17: 没有流水线时的吞吐率和延迟

算法的流水线操作

流水线就意味着处理过程被分割成较小的阶段，每个阶段可以同时处理不同的数据。换句话说，导致一组运算被捆绑在一起的那些数据依赖被打开了，这样这些运算就可以并行执行了。

从硬件来说，实现这样的阶段分离，所用的方式就是在新的、较小的阶段之间插入寄存器，这样数据就能被保存在这些寄存器里了。这样做，一个直接的后果就是由于存在采样周期（数据进出寄存器所需的时间，这是一个缺点），整体的从输入到输出的延迟变大了，但是由于每个阶段都不长，所以采样周期是可以被降低的。后面这一点直接影响了吞吐率，而吞吐率通常被认为是更为重要的性能指标。进一步的好处是，原来的处理过程代表了一个组合逻辑路径，而插入流水线寄存器可能还会导致最大支持的时钟频率的提高。

从面向硬件的角度看，流水线函数和图 15.18 所示的信号流图是等价的。和之前的场景一样，最终的输出是依赖于经由 Op1、Op2 和 Op3 一路传输而来的信号，但是现在，图中有存储器来保存中间结果了。结果就是三个运算器现在就可以同时自由地运算了，每个运算器各自对相继的三个输入数据做运算，如图 15.19 所示。这样就去掉了运算之间的数据依赖性，而每一个运算器可以被认为代表了一个独立的处理阶段。

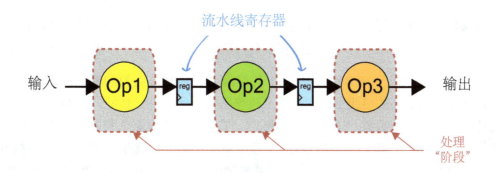

图 15.18: 经由流水线把运算划分成独立的阶段

新的波形图表现了较小的阶段（每个实际上就是单个运算），而且还确认了相应的数据采样周期的缩短。这就意味着吞吐率得到了三倍的提升。而且显然这些运算器可以同时计算相继的数据的结果，比如，Op1 可以在计算完了第 k 个数据并传递给 Op2 之后，立刻就计算第 k+1 个数据。由于插入的流水线寄存器的输入和输出之间有额外的延时，每个阶段所需的时间有所延长，因此现在的延迟会变大，但这个是可以接受的额外开销。

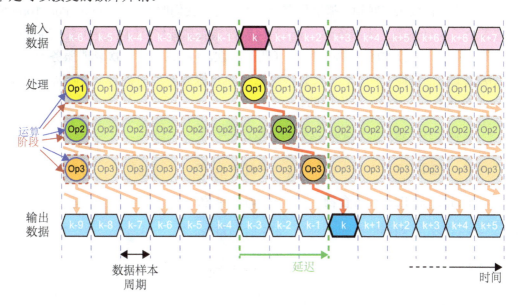

图 15.19: 有了流水线之后的表达吞吐率和延迟的波形

315

15.5.4. 数据流

按照上一节的讨论，流水线是一种提高由软件描述所产生的硬件的并行性，从而改善吞吐率的方法。流水线可以在函数内的一个代码段或一个循环的层面上做。

数据流流水线（或直接简单说"数据流"）优化是类似的概念，只是它作用于设计层次中更高的层级上：它是用来改善函数之间的并行性的。比如，一个顶层设计可能包含四个函数：F1、F2、F3 和 F4，其间是存在数据依赖的。对这个顶层函数的直接综合会形成子函数依次执行、没有重叠的情况，就和图 15.16 中所描绘的运算的合并成组（就是被标记为一个处理阶段）是类似的。有了数据流流水线之后，就能做和流水线等价的优化了，就是说在函数之间插入寄存器来把这些函数划分成分离的可以并行执行的阶段。

鉴于函数比单个操作（在流水线里已经讨论过了）要复杂不少，数据流优化实际上要更进一步，要分析函数的内容和函数之间的依赖性。这样也许能在函数间实现更深的"重叠"度，从而能缩短整体的执行延迟并提升吞吐率。比如，也许一旦 F1 函数完成了 50%，就开始 F2 函数，而不是等待 F1 整个完成。这很容易用例子来说明，下面我们就在一个日常场景中做相应的数据流优化。

假设我们要去咖啡馆，那里只有一个人服务，我们叫他 Penelope。Penelope 要做多个工作（函数）来服务你：（一）问候你然后拿到你点的单；（二）准备好你要的食物；（三）做你的咖啡然后（四）收款。Penelope 一次只能服务一个人，依次把上述任务做一遍，也就是说，延迟（就是服务一个顾客的总的时间）和吞吐率（服务顾客的速度）是有限的。

为了说明问题，假设定义以下的函数：

- Function F1: 点单　　　　3 个时间单位

- Function F2: 准备食物　　2 个时间单位

- Function F3: 准备咖啡　　4 个时间单位

- Function F4: 收款　　　　3 个时间单位

这样的话，就要花 Penelope 总共 12 个时间单位来服务每一位顾客。她一次只能服务一位顾客，所以顾客的吞吐率是每 12 个时间单位 1 位，而每一位顾客必须等待 12 个时间单位才能得到要购买的东西。

增加更多的职员可以改善这个情况。假设 Penelope 现在有 Cameron、Hamish 和 Isla 帮忙。Cameron 会问候顾客然后得到订单，Hamish 会根据订单准备食物，Isla 会收银，而 Penelope 会做咖啡。不仅是顾客的吞吐率会提升，延迟也会降低，因为每一位要做的工作是可以重叠的。比如，Cameron 可以首先问饮料的单（这样 Penelope 就可以开始做事了），然后问食物的单（这样 Hamish 就可以开始准备食物），这样的话，Penelope 的工作是在 Cameron 完成之前就开始了的。类似的，Isla 也能在订单一下好就立刻做她的收银的工作，而那时候 Penelope 和 Hamish 还没做完她们的服务工作呢。

图 15.20 和图 15.21 描绘了咖啡店的这两个不同的场景。原本，依图 15.20 所示，每 12 个时间单位（类似于时钟周期）只有一位顾客能得到服务，顾客还必须等待 12 个时间单位来完成他们的交易。这是因为 Penelope 必须亲自做每一件事情，一次只能完成一个任务（或"工作"）。

注意到，加入更多的职员之后（如图 15.21 所示），每四个时间单位就可以服务一位顾客了，而不是每 12 个时间单位。另外还降低了每个顾客需要等待的时间，从 12 个单位降到了 4 个。吞吐率上的改善是由于并行性的提升（现在不同的工作

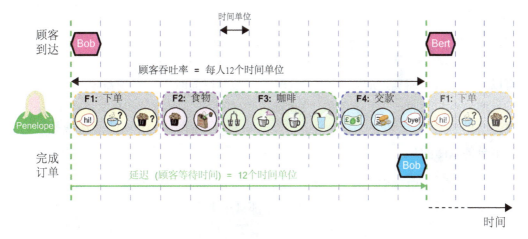

图 15.20: 没有数据流优化的咖啡店的例子

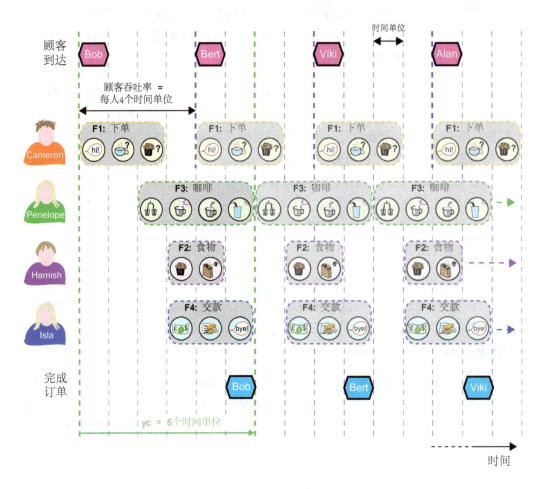

图 15.21: 进行数据流优化的咖啡店例子

可以同时做），而延迟的降低（一位顾客必须等待的时间）则受益于工作的重叠。只是增加更多的职员，但是还是让她们每一位依次从事所有的工作（就像 Penelope 原本所做的那样），那么还是会让 Bob、Bert 和朋友们等候 12 个时间单位才能得到所下单的东西的！

在图 15.21 中我们注意到，吞吐率是受 Penelope 的做咖啡的工作限制的，这个工作要 4 个时间单位，而其他所有的工作都只需更少的时间就可以完成。如果在这个工作中也能加入流水线，比如使用一个或更多的咖啡师来并行地做咖啡原液、打奶等等，那么就可能实现进一步的改善。

硬件电路的设计也是类似的,加入更多的并行性(就像是雇佣更多的职员)能改善性能。显然这不是 " 免费 " 的,因为职员是要付薪水的 (!),但是为了获得性能的改善,也许这是值得的。

数据流优化的使用可以以类似的方式通过指令作用在流水线上。正如我们在这个例子中所看到的,数据流优化的动机是从并行处理中提升可能获得的吞吐率,同时通过操作的重叠来降低延迟。

15.5.5. 算法例子研究:循环

在软件编程中大量使用循环,这形成了表达以某种方式重复的运算的非常简洁和自然的方法。在 HLS 里也是以类似的方式在使用循环,比如枚举实例化和连接电路元件。不过,重要的不同是,在 Vivado HLS 里,设计者可以通过指令的机制来要求循环以不同的方式被综合。这和 HDL 里的循环的使用正相反,在 HDL 里,表达循环的代码被直接转换成硬件,通常会形成预设的固定的架构。

作为一种重要的软件结构,Vivado HLS 很好地支持了循环的硬件综合。通过指令可以做几种循环优化,无需或只需很少的软件代码的修改,就能改变实现出来的结果的架构。在本节剩下的部分,我们会考虑循环的默认综合方式,及可以通过指令来实现的架构变化。我们选择了简单的代码例子来使得必要的 HLS 相关的重点更清晰。

默认的循环综合

默认地,Vivado HLS 是对面积做优化的,因此除非设计者直接指定,否则循环会自动地 " 滚动 " (不展开),就是说会时分复用一组最少的硬件。这就意味着循环所描述的重复性的计算会以单片实现循环体的硬件来实现。作为一个简单的展示性的例子,假如设计一个循环来计算两个各含有 12 单元数组的每个单元的和,那么理论上会用到单个加法器(循环体)来实现,然后这个加法器根据循环迭代的次数被共用 12 次。

循环的每一轮都会有一定的延迟,在这个例子中,延迟是由函数输入输出时存储器接口的交互所形成的。根据 15.4.3 和 15.4.4 节所讨论的默认接口协议,存储器接口是因为用了数组参数而被调用的。另外进入和离开循环还需要额外的时钟周期。

图 15.22 给出了这个例子的代码。对采用默认设置的 HLS 综合的分析表明，整体的延迟是 26 个时钟周期：12 次迭代每次 2 个周期（包括从存储器读输入、做加法和把输出写回存储器），而另两个时钟周期是用于进入和离开循环。图 15.23 表达的是这个循环的执行情况。

```
void add_array (short c[12], short a[12], short b[12])
{
    short j;                           // 循环变量

    add_loop: for (j=0;j<12;j++) {     // 遍历数组元素 (x12)
        c[j] = a[j] + b[j];            // 加法运算
    }
}
```

图 15.22: 两个数组的单元相加的循环的例子代码

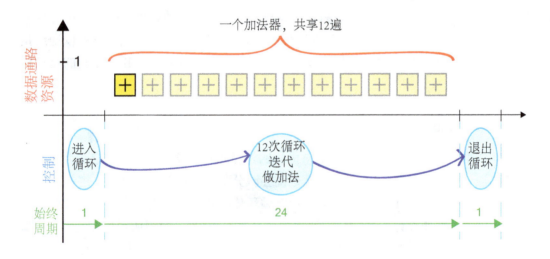

图 15.23: 从加法循环中解析出数据通路和控制逻辑

320

简单循环架构的变化

默认的滚动的循环实现也许不会总是符合期望的, 不过还有其他方式。可以用指令来指定实现的架构, 具体总结如下:

- **展开的** — 在不展开的实现中, 根据循环体产生了硬件上的单个实例, 这个实例要得到最大程度的共享。展开的循环意味着从循环体所产生的硬件要创建 N 次, 这里 N 就是循环迭代的次数。实际上, 如果设计中还具有其他限制因素, 如寄存器的运行, 这个实例的数量可能少于 N。显然这个展开的版本的缺点是比不展开的设计要消耗芯片上多得多的面积, 但是优点是提升了吞吐率。

- **部分展开** — 这是在完全展开和完全不展开两种实现版本之间的权衡, 通常当不展开的实现不能达到足够高的吞吐率的时候被使用。如果说不展开的架构代表的是最小的硬件成本但是最大的时间共享 (最低的吞吐率), 而展开的架构代表的是最大的硬件成本但是最小的共享 (最高的吞吐率), 那么我们也许可以试试在这两者之间找到一个不同的平衡。通过施加指令做控制, 各种不同的权衡也许是可能。

以图 15.23 的上半部分而言, 这一部分描绘的是一个不展开的架构, 完全或部分的展开循环会导致数据通路资源 (加法器) 的数量增加, 但是需要共享的程度减少。与此同时, 在此图的下半部分, 那个大型的中央的对数组元素进行加法运算的部分会需要更少的时钟周期来完成。当完全展开的时候, 这个实现实际上就没有循环了, 那么进入和离开循环的时钟周期也被省下了。

基于这些观察, 决定选择循环的不展开、展开还是部分展开的实现就是基于应用的特定的需求的了, 特别是要考虑目标的吞吐率和对面积利用率的约束这些指标。

优化: 合并循环

某些情况下, 代码可能有前后相继的两个循环。比如, 图 15.22 里的加法循环后面可能跟了一个类似的循环, 要对两个数组的元素做乘法。假设两个循环都是不展开的 (采用默认的模式), 这种情况下一个可能的优化就是合并两个循环, 这样就只有一个循环了, 在这个循环体内既做加法也做乘法。

循环合并的好处也许不是立即显现的，但是它和设计的控制因素有关（还记得在 14.4.5 节里，作为 HLS 过程的一部分，C 源码会被分析、分解为数据通路和控制部件）。控制是以有限状态机（Finite State Machine，FSM）的形式实现的，每一个循环对应着至少一个状态。因此在循环合并后，FSM 可以得到简化，因为总体上的循环减少了，所以 FSM 的状态也就减少了。图 15.24 和图 15.25 中的代码例子就能说明这个事情。第一个例子里有两个独立的循环，一个做数组的加法而另一个做数组的乘法，而第二个例子是把这两个循环合并成一个循环的效果。

add_loop 里有 12 次加法运算（要两个时钟周期）的迭代，而 mult_loop 里有 12 次乘法运算（要 4 个时钟周期）。因此，这两个循环总的延迟分别是 24 和 48 个时钟周期。把两个循环合并的效果就是新结合起来的循环的延迟降低到了原本两个循环的最大的那个，也就是 48 个时钟周期。由于去掉了循环转移，因此还多消除了一个时钟周期，就是图 15.24 里的 " 进入 / 离开 " 状态。

用 Vivado HLS 指令可以自动地控制循环的合并，因此就不需要对源码做直接的修改了。图 15.25 里的代码只是为了演示的需要，就是为了说明 " 合并（merge）" 这个指令施加以后的效果的。

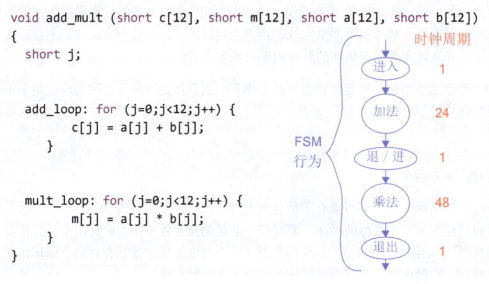

图 15.24: 在一个函数内的相继的两个做加法和乘法的循环

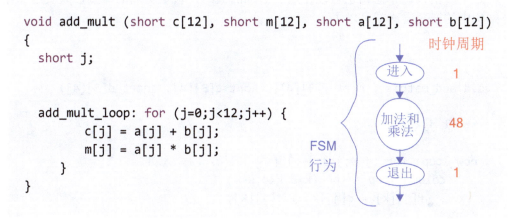

图 15.25: 合并后的加法和乘法的循环

　　要注意由于存在兼容性和要合并的循环的次数的限制，对于循环合并还是有一些实际的限制的。在我们的简单的例子中，两个循环的次数是一样的，但是情况并非总是如此。关于这个问题的指引，在 [18] 中可以找到。

嵌套的循环

　　另一个常见的情况是嵌套的循环，也就是在一个循环内部放另一个，而且嵌套的层次还可以是多层的。作为一个两层嵌套的例子，假设我们把数组加法的例子从线性数组扩展到 2 维数组。从数学上来说，这和做两个矩阵的加法是等价的，如公式（1）：

$$
\begin{bmatrix} f_{00} & f_{01} & f_{02} & f_{03} \\ f_{10} & f_{11} & f_{12} & f_{13} \\ f_{20} & f_{21} & f_{22} & f_{23} \end{bmatrix} = \begin{bmatrix} d_{00} & d_{01} & d_{02} & d_{03} \\ d_{10} & d_{11} & d_{12} & d_{13} \\ d_{20} & d_{21} & d_{22} & d_{23} \end{bmatrix} + \begin{bmatrix} e_{00} & e_{01} & e_{02} & e_{03} \\ e_{10} & e_{11} & e_{12} & e_{13} \\ e_{20} & e_{21} & e_{22} & e_{23} \end{bmatrix} \tag{1}
$$

　　现在，为了加这两个数组，我们必须枚举所有的行，然后对于每一行，要枚举所有的列，把每个数组对应元素的两个值加起来。写出这个矩阵加法运算的程序，分别需要一个外部的和一个内部的循环来相应地遍历行和列，如图15.26里的代码。根据公式（1），有 3 行 4 列数据，这就决定了嵌套的循环的次数（注意下标是从零开始的，这是通行用的做法）。

进一步的，这个思路也可以作用于三维的数组，甚至更高的维度，只要增加循环结构中的嵌套层次就可以了。

```
void add_matrix (short f[3][4], short c[3][4], short d[3][4])
{
    short j,k;                                  // 循环变量

    row_loop: for (j=0;j<3;j++) {               // 遍历行
        column_loop : for (k=0;k<4;k++) {       // 遍历列
            f[j][k] = c[j][k] + d[j][k];        // 加法运算
        }
    }
}
```

图 15.26: 嵌套地做二维数组加法的循环

优化: 循环扁平化

遇到嵌套的循环的时候，我们可以做 " 扁平化 (flattening) "。这意味着在高层综合的时候，循环的递进层次实际上会被消除掉，但是算法 —— 也就是循环所作的运算 —— 会被保留。扁平化的好处和合并是类似的：与进入或离开循环的转换相关的额外的时钟周期被避免了，就意味着算法执行所经过的总体时间就减少了，从而改善了所获得的吞吐率。

为了深入解释扁平化，有必要澄清循环和循环体这两个术语。对于循环，我们指的是整个代码结构，那个结构里的一组语句会重复确定的次数。在循环中的语句，就是要重复的那些语句，就是循环体。比如，column_loop 是一个循环，而在 column_loop 里的语句就是对应的循环体。

当循环嵌套的时候，还是以两层嵌套的结构作为例子，外面的循环体包含了另一个循环，也就是那个内部的循环。外面的循环体（包括了那个内部的循环）要执行一定的次数，比如图 15.25 的例子里的 row_loop 要重复 3 次，因此内部的循环 column_loop 要执行 3 次。内部循环的每次执行，要重复内部循环的循环体一定的次数，同样的，在我们的例子中，矩阵单元 f[j][k] 的计算要执行 4 次，这里 j 是行的下标而 k 是列的下标。

进入和离开循环的额外开销意味着每次执行内部循环，就需要额外的两个时钟周期，其中一个用于进入内部循环，而另一个用于离开。

为了澄清这一点，图 15.27 描绘了我们的矩阵加法例子的控制流及相关的时钟周期。这里表达的是原本的循环结构。扁平化的过程就 " 解开 " 了内部的循环，从而降低了与进入和离开循环相关的时钟周期的数量。具体来说，就是图 15.27 中的 "enter_inner（进入 inner）" 和 "exit_inner（离开 inner）" 两个状态被取消了。这两个状态原本会重复 3 次，所以这个例子里就有总共 6 个时钟周期被省下来了。

在我们简单的 3x4 矩阵加法例子中，省下来的相当于 6 个时钟周期，不过在其他的例子中，这可能会相当地高（特别是外部循环要迭代很多次的场合，或是层叠的层次很多的时候），因此循环的扁平化显然是有明确的需求的。和循环的合并类似，扁平化可以经由指令来实现，而不会牵涉到手工修改代码来直接解开循环。不过，对于某些形式的代码，可能还是需要一些人工的重新安排才能实现更好的扁平化的循环结构 [18]。

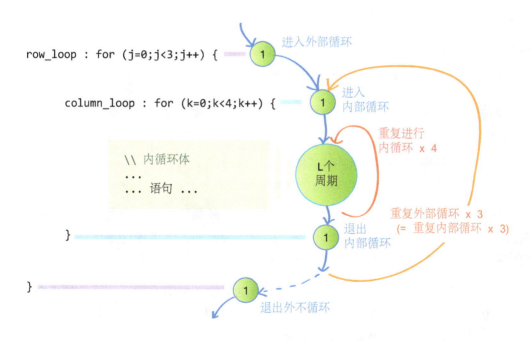

图 15.27: 矩阵加法中的控制流，没有做扁平化（圆圈中的数字是时钟周期）

循环流水化

对用 C 写的循环的直接解析，就是让循环体的执行是相继进行的，也就是说，循环的每一轮不能在前一轮结束之前就开始。从硬件的角度看，这样就会翻译出单组硬件（就是从循环体推导出的硬件），在任一时刻，它只能执行循环的一轮迭代，这个硬件会在时间上被共享若干次，这个次数则就是循环迭代的次数。

这和我们之前在15.5.3节关于流水线的讨论很像。在那里我们发现如果一组运算被合并成一个处理阶段的话，吞吐率就会受到限制。在循环而言，循环体（就是那组重复的计算）形成了这样的一个阶段，没有流水线的话，就会让所有阶段的计算以队列的方式进行，而且在这样的队列中，所有的运算的执行也是以队列的方式进行的。实际上，循环体的所有迭代的所有运算，是一个接着一个发生的，就和第 314 页上的图 15.17 是类似的。因此要完成循环的执行所需的总的时钟周期数，N_{loop}，就是：

$$N_{loop} = (J \times N_{body}) + N_{control} \tag{2}$$

这里 J 是循环迭代的次数，N_{body} 是执行循环体内所有运算所需的时钟周期，并且 $N_{control}$ 表示进入和离开循环所需的额外开销。

在循环中插入流水线意味着循环体内要有寄存器来隔离所实现的运算。鉴于循环体要重复多次，这样做就表示了在循环的第 j+1 次迭代中的运算可以在第 j 次迭代完成之前就开始。实际上，在任一瞬间，对应多个不同迭代的运算可能同时在进行。

由于将循环流水化了，用来实现循环体的硬件就能更充分地被利用，从而循环的性能，以吞吐率和延迟来说就都得到了改善。因此加入流水线这条指令的效果是可观的，尤其是当循环体内存在多个运算和当循环要做很多轮迭代的时候。

对于嵌套的数组，需要去考虑在哪个层叠的层次上做流水线。在层叠的某个层次上的流水线，就会导致所有其下的（也就是嵌套在内的循环）被展开，这样可能会产生一个比期望更为昂贵的实现。因此，只在最内层的循环（比如图 15.27 里的 column_loop）上做流水线，才能在性能和资源利用率之间取得良好的平衡。

15.5.6. 数组

在 Vivado HLS 中，数组类型通常表示的是存储，因此数组一般会被综合成存储器。

在 HLS 过程中推导出的存储器是被映射在 PL 的物理资源上的，可能是 Block RAM，也可能是由逻辑片所构成的分布的 RAM，因此知道所综合出的存储器的大小和形状，以及如何映射到芯片上可用的资源是非常重要的。实际上，往往需要对所综合出来的存储器施加影响，以实现更好的到物理存储器资源的映射，设计者可以用指令来做到这一点。

有不少数组优化可以用，下面详细列出了如何通过指令来指定这些优化。注意这些优化与相同名称的接口指令类似，但是这里这些指令是针对电路中的单元的。

- *Resource* — 资源。设计者可以选择把基于 C 的 HLS 源代码中的数组映射到特定的存储器资源中。

- *Array Map* — 数组映射。可以把几个小的数组组合成单个较大的数组。这样带来的好处是总的需要的存储器资源减少了（比如可以用单个 Block RAM 来实现组合起来的全部存储了，而不再是为四个独立的存储部分各自分配一个 Block RAM）。映射可以是水平的（数组连接起来形成单元数较多的数组），也可以是垂直的（数组的单元被组合起来，使得数组的一个单元占据较大的字长）。

- *Array Partition* — 数组划分。这个指令可以被认为是 Array Map 的反面，因为它让设计者可以决定把一个大的数组划分成一组较小的数组。做划分往往是为了改善存储器访问的综合速率，比如一个大的双端口的 RAM 可以实现每个时钟周期访问两次，而四个较小的双端口 RAM 可以在一个时钟周期内实现总计八次访问（每个两次）。最极端的情况，数组划分可以把一个数组划分成独立的寄存器单元。

- *Array Reshape* — 数组重塑。这个指令让一个有许多单元、每个单元较小的数组，重塑成一个单元数量少、每个单元较大的数组。采用这个指令的动机是减少所需的存储器访问次数。

- **Stream** — 流。采用这个流指令把一个数组综合成 FIFO 而不是 RAM。

当基于不同大小的数组综合出来的存储器要组合起来的时候，由 [18] 中所描述的工具来做适配。

从这里所介绍的数组指令的选择可以清楚地看到，设计者可以根据需要用不同的方法来塑造数组。在某些情况下，需要合并数组来优化资源利用。而另一些情况，可能更重要的是优化存储器带宽，那么就可以把数组分离在几个较小的存储器中，这样就能有更多可用的存储器访问端口了。

因此数组的调整可以被认为是提供给 HLS 设计者的灵活而有力的技术，无论理论上的实现目标是最小化资源耗用还是最大化性能。

15.6. 设计评估和优化

本章到处都提到过，在 Vivado HLS 里开发的设计是基于这样一种结构 —— 其中的源代码是固定的，而一组变量（" 解决方案 "）则是由施加不同的约束和指令来产生的。设计者可以调整这些参数来探索各种可能性，逐步向着最优的解决方案发展。

在这一节里，我们先不来变动这些参数，而是专门考虑设计者运用 Vivado HLS 所提供的机制来微调设计的步骤。

15.6.1. 设计约束

在设计过程可以施加特定的约束来限制所产生的解决方案的某些特性。最常用的约束类型是时序约束，通常是在时钟周期上设一个上限（当然其他时序属性也是可以定义的）。另一个可能是限制设计的延迟，即在给了输入到观察到的对应的输出之间的时钟周期的个数，对此可以给定上限或下限。除了时序的特性外，设计者还可以约束用来实现所需的功能的资源。

HLS 过程可以根据所施加的约束产生不同的结果。比如，如果规定了最大延迟，那么所产生的设计可能就会用到更多的资源来实现所需的算法。而另一方面，如果资源利用情况是受限的，那么结果的实现很可能就会采用时分复用，从而就呈现更高的延迟。

15.6.2. 合成指令

在本章的讨论中我们已经看到过，存在几种类型的指令可以让设计者来影响综合得到的硬件的某些特性。比如，我们注意到可以施加接口约束来要求采用某个特定类型的协议，而流水线指令会影响并行性、延迟和吞吐率。

指令可以是以 TCL 命令的方式集合在专门的文件中施加，也可以以 pragma 的方式嵌入在C/C++/SystemC源代码中。每一种方法都有不同的理由适用于不同的场合。举个常见的例子，通常一个设计的接口是首先定义的而且是固定的，因此以 pragma 来施加接口指令就能让这些设置在所有的解决方案中都是一样的。而另一方面，在积极地探索算法综合设计空间的时候，就适合把指令从源代码中分离出来，这样就易于指令的使用，一旦需要就可以创建出 " 新鲜 " 的解决方案。.

15.6.3. 统计与报告

Vivado HLS 所产生的每一个解决方案，都会产生一个相应的报告来放各种统计数据，包括时序 （时钟）性能的估计、延迟和资源的利用情况 （注意这些是估计的，要知道完整的细节直到做了 RTL 综合和实现中的更花时间的阶段之后才能有）。报告也给出了所综合的接口的完整细节。如果有的话，报告还会包括设计中每个循环的细节，包括循环的次数 （迭代的次数）、延迟和循环间隔。

进一步的选项是产生从一组解决方案得到统计数字的综合报告。Vivado HLS 会提示用户从所有的解决方案中做一些选择，然后准备出相应的报告。这个总结报告是在一组解决方案中比较统计数字的有用的方法，通过比较可以识别出最适合需求的解决方案，或是与施加某种指令相关的趋势。

15.6.4. 设计迭代和优化

从前面的讨论应该可以明显看出，设计者可以运用指令和约束对 HLS 的结果施加可观的控制。每个解决方案所产生的报告会有助于找到诸如存储器瓶颈、过度的循环延迟和对资源的过分使用。于是他 / 她就可以微调已有的指令，或换用更好的来使得综合的过程朝向更优化的解决方案发展。

15.7. 从 Vivado HLS 导出

Vivado HLS 可以导出设计为几种不同的格式。这是为了能让 Vivado HLS 的 IP 能方便地与 Vivado 和 ISE 设计套件中的其他开发工具集成。

在输出的阶段，有机会可以 " 评估 " 设计，就是说会做 RTL 综合和实现的阶段，这个阶段会产生出一份深入的报告，确认资源利用和时序性能的实际数值。这个阶段可以用 VHDL 或 Verilog 作为 RTL 语言来进行。

15.7.1. Vivado IP Catalog （IP-XACT 格式）

基本的选项是从HLS输出成IP-XACT格式，这样这个模块就可以被集成进Vivado IP Integrator 设计中了。这样做的时候，会有选项让设计者可以给这个 IP 包贴标签，以及加入作者和版本的数据。结果是一个在相关的解决方案目录中的 "impl\ip" 子目录中的一个 zip 文件，这个文件就是那个 IP Catalog 包。

一旦形成了 IP-XACT 格式，从 Vivado HLS 产生的这个 IP 就能方便地共享和分发了。

15.7.2. DSP 的 System Generator

进一步的选项是把 HLS 设计输出成一个用于 System Generator 的 IP 包。这样做的时候，用户会被要求指定是用 ISE 还是 Vivado 来做逻辑综合与实现的工具。也就是说，如果最终的 System Generator 系统 （包括最初从 HLS 来的 IP） 是打算用 ISE 来做综合的，那么在从 Vivado HLS 输出的时候就应该选择 ISE。

15.7.3. XPS 的 pcore

用 XPS 工具做嵌入式系统设计的用户，能把 Vivado HLS 的 IP 输出成一个 pcore （*XPS 的设计 *），这样就能方便地集成进一个基于 XPS 的系统了。

15.8.　本章回顾

本章给出了 Vivado HLS 开发工具的详细描述，HLS 提供了从基于 C 的软件描述来快速开发硬件设计的工具。

尽管单凭单一章节并没有足够的篇幅来说明这个工具的全部特性，但是我们也涵盖了 Vivado HLS 环境、数据类型的使用（包括采用任意精度格式的工具）和各种接口与算法综合的功能，还给出了几个概念性和基于代码的例子来表明我们的观点。

有一个贯穿本章的主题，就是设计者如何能通过使用指令和约束来影响根据输入的 C 代码所做的综合，从而产生出不同的"解决方案"。作为这个讨论的一部分，我们总结了关键性能和实现的度量指标，并给出了例子来表明设计者具有怎样能力使用指令来控制这些指标。

最后，本章还指出了在 Vivado HLS 中所产生的设计可以方便地输出以集成进更大的系统项目中，无论是 IP Integrator、XPS 还是 System Generator 都可以。

15.9.　参考文献

说明：所有的 URL 最后在 2014 年 6 月访问过。

[1] D. C. Black, J. Donovan, B. Bunton and A. Keist, *SystemC: From the Ground Up*, 2nd Edition, Springer, 2009.

[2] M. Burton, J. Aldis, R. Günzel and W. Klingauf, "Transaction Level Modelling: A reflection on what TLM is and how TLMs may be classified", *Forum on Design Languages*, 2007, pp. 92-97.

[3] D. Gajski and R. Kuhn, "Guest Editors' Introduction: New VLSI Tools", *Computer*, vol. 16, no.12, pp.11 - 14, December 1983.

[4] D. Gadski, T. Austin and S. Svoboda, "What Input-Language is the Best Choice for High Level Synthesis (HLS)?", *panel session, Proceedings of the 47th ACM/IEEE Design Automation Conference (DAC)*, pp. 857-858, June 2010.

[5] GNU, *The GNU C Reference Manual*.
位于 : http://www.gnu.org/software/gnu-c-manual/gnu-c-manual.html

[6] D. Große and R. Drechsler, *Quality-Driven SystemC Design*, Springer, 2010.

[7] IEEE Computer Society, "IEEE Standard for Standard SystemC Language Reference Manual", *IEEE Std 1666-2011*, January 2012.

[8] B. W. Kernighan and D. M. Ritchie, *The C Programming Language*, Prentice Hall, 1978.

[9] S. G. Kochan, *Programming in C: A Complete Introduction to the C Programming Language*, 3rd Edition, Sams Publishing, 2005.

[10] M. C. McFarland, A. C. Parker, and R. Camposano, "The High-Level Synthesis of Digital Systems", *Proceedings of the IEEE*, vol. 78, no.2, pp 301 - 318, Feb 1990.

[11] G. Martin and G. Smith, "High Level Synthesis: Past, Present and Future", *IEEE Design and Test of Computers*, Vol. 26, Issue 4, July/August 2009, pp. 18 - 24.

[12] A. Mathur, E. Clarke, M Fujita, and R. Urard, "Functional Equivalence Verification Tools in High-Level Synthesis Flows", *IEEE Design & Test of Computers*, July/August 2009, pp. 88 - 95.

[13] M. Meredith and S. Svoboda, "The Next IC Design Methodology Transition is Long Overdue", Open SystemC Initiative, February 2010.
位于 :   http://www.accellera.org/resources/articles/icdesigntrans/community/articles/icdesigntrans/ic_design_transition_feb2010.pdf

[14] D. M. Ritchie, "The Development of the C Language", *Proceedings of the 2nd History of Programming Languages Conference*, Cambridge, Massachusetts, April 1993.

[15] Xilinx, Inc., "UG634 - AccelDSP Synthesis Tool User Guide", v11.4, December 2009.
位于 : http://www.xilinx.com/support/documentation/sw_manuals/xilinx11/acceldsp_user.pdf

[16] Xilinx, Inc., "UG835 - Vivado Design Suite Tcl Command Reference Guide", v2014.1, April 2014.
位于 :   http://www.xilinx.com/support/documentation/sw_manuals/xilinx2014_1/ug835-vivado-tcl-commands.pdf

[17] Xilinx, Inc., "UG871 - Vivado Design Suite Tutorial: High Level Synthesis", v2014.1, May 2014.
位于 :   http://www.xilinx.com/support/documentation/sw_manuals/xilinx2014_1/ug871-vivado-high-level-synthesis-tutorial.pdf

[18] Xilinx, Inc, "UG902 - Vivado Design Suite User Guide: High-Level Synthesis", v2014.1, May 2014.
位于 :   http://www.xilinx.com/support/documentation/sw_manuals/xilinx2014_1/ug902-vivado-high-level-synthesis.pdf

[19] Xilinx, Inc., "UG998 - Introduction to FPGA Design with Vivado High-Level Synthesis", v1.0, July, 2013.
位于 :   http://www.xilinx.com/support/documentation/sw_manuals/ug998-vivado-intro-fpga-design-hls.pdf

16

用 Vivado 高层综合
做设计

本章是实践的内容，与配套的教程一起，介绍了如何使用 Vivado HLS 工具为 Zynq 做高层综合。

16.1. 前提条件

在开始做这个练习之前，建议你先通读全书，直到第 15 章《Vivado HLS：近观》，然后本章会详细介绍我们要在下一个教程中探索的各种技术。

16.2. 目标与成果

这个实践练习的目标，是浅尝用Vivado HLS做采用Zynq的系统的设计和实现。

在完成了这个教程之后，你将能够：

• 用图形用户界面和 TCL 脚本两种方式创建 Vivado HLS 项目。

• 用各种 HLS 指令来综合接口。

• 优化 Vivado HLS 设计来满足各种约束，用不同的指令来探索多个 HLS 解决方案。

这个教程的主要目的，是让你体会到在开发 *Zynq* 系统中使用 *HLS* 的潜力。为此，我们不会做成对 *HLS* 的深度研究，想要学习更多知识的，可以继续去做 *Xilinx* 的 *UG871* —— *Vivado* 设计套件教程 : 高层综合。

16.3. 练习 3A 概述

第一个实践练习介绍 Vivado HLS 工具和用工具做的 HLS 项目的产生。我们会演示如何利用所提供的 GUI 来创建项目，也会介绍如何用 TCL 脚本来实现项目的快速创建，使得重复任务最少化。

练习 2A 可以在以下网站下载 : www.zynqbook.com

16.4. 练习 3B 概述

这个练习会利用之前创建的项目来探索 Vivado HLS 工具流，主要是考虑设计优化的问题。具体来说，这个练习要做一个矩阵乘法器系统，会使用各种指令来做综合、分析和优化。完成这个练习能让你 :

1. 创建、分析和比较一个 HLS 设计的多个解决方案。

2. 实现指令来满足设计中严苛的性能需求。

3. 在所需的性能和硬件利用之间做权衡和妥协。

练习 2B 可以在以下网站下载 : www.zynqbook.com

16.5. 练习 3C 概述

最后的这个练习会回到矩阵乘法器系统，讨论在 Vivado HLS 中，接口是如何运用指令和包级别的协议，从源代码里综合出来的。

练习 2C 可以在以下网站下载 : www.zynqbook.com

16.6.　背能的扩展

关于 Vivado HLS 的详细的介绍，推荐你阅读 16.2 节里提到的 Xilinx UG871。

16.7.　接下去?

下一个实践章节会涉及使用包括 HDL、Xilinx System Generator、MathWorks HDL Coder 和 Vivado HLS 的各种工具创建用于 Zynq 系统中的 IP。

IP 集成的概念会在本书下一个部分涉及。

17

IP 的创建

本章是实践的内容，关注的是在 Zynq-7000 平台实现的定制 IP 模块的创建。在本章所呈现的实践练习中所用的 IP 创建方法，和第 13 章《IP 包设计》中详细介绍的是一致的。

17.1. 目标与成果

这些实践练习的总的目标是介绍各种语言的 IP 创建流程以及创建 IP 的工具。每个在这个实践教程中所创建的所有的 IP 模块，都会被放在一起来形成一个基于 DSP 的系统，然后会在第 20 章 《IP Integrator 的探索》中用于进一步的实践。

在完成了这个教程之后，你将能够：

• 用下列语言 / 工具创建 IP 包：

 – HDL

 – MathWorks HDL Coder

 – Xilinx Vivado HLS

• 熟悉 Vivado IP Packager 的流程

17.2. 练习 4A 概述

这个练习要用 HDL（VHDL）创建一个简单的 IP 模块，它让 ZedBoard 上的 LED 们可以被 PS 上运行的软件所控制。这个过程会利用 Vivado 里的 "Create and Package IP Wizard（IP 创建与打包向导）"，用它来创建一个 AXI-Lite 接口包裹器，这个包裹器能让这个定制的 IP 作为一个 AXI-Lite 从机连接到 Zynq 处理器上。会介绍 IP 打包的过程，着重介绍自动 AXI-Lite 互联检测和存储器映射的寄存器的导出。外部的 LED 引脚会在 IP Integrator 设计中通过创建新的 XDC 文件来被映射到 LED 接口上。

这个练习中所涉及的步骤是：

1. 在 Vivado IDE 中创建一个新的项目。

2. 调用 Create and Package IP Wizard，创建一个新的 AXI-Lite 从机 IP。

3. 给所产生的 IP 模板加入定制的功能。

4. 用 IP Packager 打包这个新定制的 IP。

5. 把打包好的 IP 加到 IPCatalog 中。

6. 创建一个包图，通过 AXI 互联把这个 LED IP 连接到 Zynq 处理器。

7. 产生并输出硬件设计给 SDK。

8. 创建简单的软件应用来测试这个定制的 IP 的功能是否正确。

练习 4A 可以在一下网站下载：www.zynqbook.com

17.3. 练习 4B 概述

要在 MathWorks Simulink 中创建和测试一个自适应最小中位数平均修正（又称自适应最小二乘，Least Mean Squares, LMS）滤波器。然后用 HDL Coder 产生这个 LMS 子系统的 HDL 代码，并打包成一个可以在 Vivado 里实现的 IP 核。这样就对 HDL Coder 流程做了很好的介绍，HDL Coder 能自动产生遵循正确的信号命名规范的 AXI-Lite 接口，从而创建出 IP Integrator 兼容的 IP 来。所产生的 IP 然后就可以被输入到 Vivado IDE 项目中，并由 IP Packer 来打包。

一个自适应滤波器是一种自学习的滤波器，能根据通道或特定的信号组来做调整，而不是事先设计成单一的滤波特性。LMS 算法就是这样一种自适应滤波器设计方法，它使用交替权重更新算法来更新 FIR 滤波器的因数，以尽可能地从噪声中构建出混杂于其中的所需的信号。图 17.1 给出了一个 LMS 滤波器的框图。

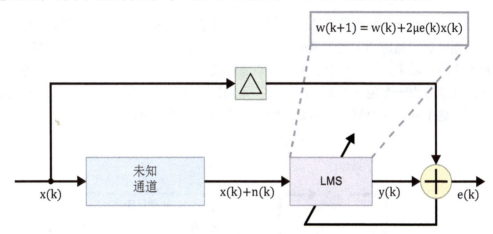

图 17.1: LMS 过滤掉未知来源的噪声的原理框图

这个练习要做的步骤是：

1. 打开 Simulink 并创建一个 LMS 系统。

2. 找到做 HDL 产生所需的定点信号类型。

3. 测试这个 LMS 确认工作正确。

4. 打开 HDL Coder 工作流，设置所需的参数来产生一个 Xilinx 兼容的 IP 核。

5. 把 HDL Coder 产生的 IP 输入到 Vivado IP Catalog 中。

练习 4B 可以在以下网站下载：www.zynqbook.com

17.4. 练习 4C 概述

在这个练习中，Vivado HLS 会被用来根据已有的 C 代码实现创建一个 NCO。这会在介绍 Vivado HLS 功能的第 16 章《用 Vivado 高层综合做设计》中谈及的实践例子的基础上做开发。

这个 NCO 的实现会经由 Vivado HLS 来产生 HDL 代码，然后可以被打包作为一个 IP 核来被引入 Vivado IP Integrator 项目中。

实现 NCO 的一个常用的方法是使用正弦查找表（Lookup Table，LUT）。正弦波形可以通过逐步遍历 LUT 的表项来产生出来。遍历到表的末尾的时候，只要简单地回到表头就可以了，这样就能创建出周期性的波形来了。图 17.2 描绘了这个方案。渐变的功能是由一个定点累加器产生的。累加器的输入会在每一步中被加到上次值上。因此这个输入的数值的大小就控制了这个振荡器的频率。

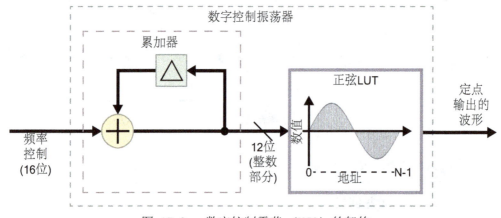

图 17.2: 数字控制震荡 (NCO) 的架构

这个练习要做的步骤是：

1. 打开 Vivado HLS 并导入已有的 NCO 的 C 代码算法实现。

2. 用提供的 C 代码测试集文件做这个 NOC 的 C 代码算法的仿真。

3. 把 NCO 算法输出成一个 HDL IP 核。

练习 4C 可以在以下网站下载：www.zynqbook.com

17.5. 可能的扩展

完成了练习 4C 之后，有几种可能的变化，可以引入来个性化这个系统。比如，你可以：

- 在练习 4A 所创建的 IP 核的基础上，用 HDL 来创建一个 IP 核，读入 ZedBoard 上的 DIP 开关和 / 或按钮的值。

- 选择一个方法，为这个系统创建进一步的 IP 包，形成音频效果，比如回声或是反转。

17.6. 接下来？

这组实践练习就使得 IP 创建这个话题圆满了。

接下来，我们要进入 IP 重用和集成的话题了，我们会关注以 IP 为中心的系统设计方法，以及可用的各种 IP 库。AXI 互联会被非常详细地介绍，也会有相应的深入的实践练习，主要目的是在整个 Zynq 嵌入式系统设计中使用 IP Integrator。

18

IP 重用与集成

Vivado Design Suite 提供了一个围绕 IP 包的设计流，能从众多不同设计来源引入 IP 包到你的设计中来 [6]。

本章我们会探索 Vivado Design Suite 所表现出来的以 IP 为中心的系统设计方法，抵近观察某些可用的 IP 库，也会介绍像 IP Packager 和 IP Integrator 这样的 IP 集成工具。

18.1. 概述

图 18.1 给出了 Vivado Design Suite 能做的以 IP 为中心的设计流的概貌，这个设计流是围绕着一个叫做 IP Catalog 的中央 IP 仓库来实施的，这个仓库集合了从各种来源来的 IP[16]：

- Vivado Design Suite IP

- 从像 Vivado HLS 和 System Generator 这样的外部 Xilinx 设计工具来的模块。

- 第三方 IP 模块。

IP Integrator 提供了基于包创建整个嵌入式系统设计的环境，通过它，各种形式的 IP 核可以被实例化、配置，以及交互地连接 [5]。

Vivado Design Suite 的以 IP 为中心的设计流围绕着 IP 设计、重用和集成的哲学展开，让我们可以创建自己的 IP 模块（见第 13 章），同时还能把自己的 IP 设计打包成可以重复使用和方便集成的第三方 IP。这就是在本章要探索的 IP 重用和集成的过程。

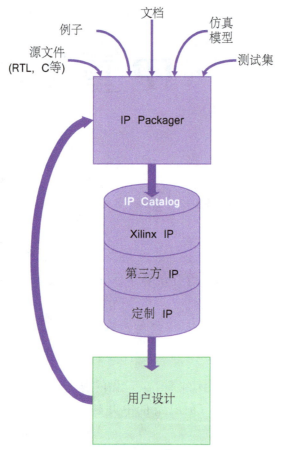

图 18.1: Vivado 的以 IP 为中心的设计流

18.2. 系统设计 — 系统级的方法

Vivado Design Suite 提供了一个环境，让我们能方便地配置、实现、校验和集成 IP。IP 的形式可以是逻辑设计、软处理器核、基于 C 的算法设计和 DSP 模块任何一种。所有的 IP 可以作为独立的模块或一个较大的系统级设计的一部分来配置和校验。在能用于 IP Catalog 之前，定制 IP 是按照 IP-XACT 标准打包起来在 Vivado Design Suite 中使用的。有一大批精选的支持 AXI4 互联标准的 Xilinx IP 使得系统级别的互联易于实现。AXI 互联是在第 19 章中讨论的。

图 18.2 给出了 Vivado Design Suite 的系统级别设计流的概貌。

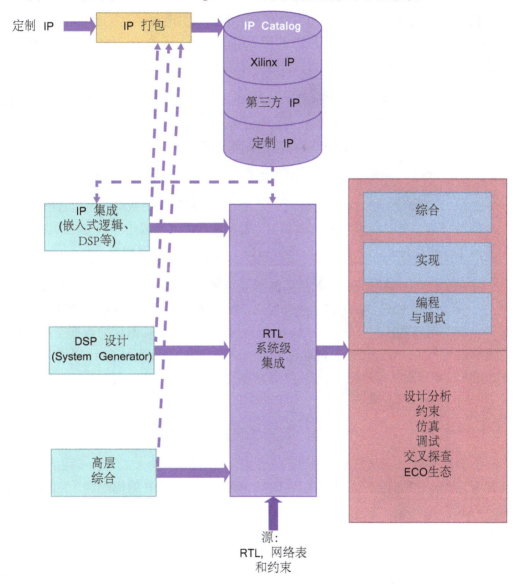

图 18.2: Vivado Design Suite 的系统级别设计流

18.3.　IP-XACT

　　IP-XACT 标准是一个可扩展标记语言（eXtensible Markup Language，XML）的架构，用于以人和机器都可理解的元数据来表达 IP[2]，IP-XACT 还附有应用编程接口（Application Programming Interface，API），让软件工具能访问其中所含有的元数据 [1]。支持 IP-XACT 的工具能解释、配置、实现和修改符合 IP 元数据描述的 IP 包 [1]。这样就给了标准化 IP 的所有用户 —— 无论是 IP 的提供者、EDA 厂家或系统设计者 —— 一个一致的 IP 接口来实现 IP 的重用。

　　这个标准是由 SPIRIT 联合会 —— 一个 IP 提供者、电子设计、EDA 和半导体公司组成的小组开发的，现在由 Accellera Systems Initiative 管理。IP-XACT 还提供了软件视图、文件列表、协议标准，并能为新的设计和流程数据而扩展这个架构 [1]。

　　IP-XACT 完全不会去描述 IP 的硬件功能，而是描述它的接口。因此它不是用来代替像 VHDL 或 Verilog 这样的 RTL 语言，也不是代替嵌入式软件或文档的，而是作为那些东西的补充：一个 IP-XACT 部件给出了这个 IP 的关键数据。

　　IP-XACT 的标准化解决了 IP 重用的很多问题，并使得系统集成变得容易，还能在 IP 之间做自动的连接。所有这些合起来，就能极大地降低投放市场的时间，这正是一个日益受到重视的问题。IP-XACT 已经被开发成一个标准化的数据交换格式，它足够健壮来实现设计流程的自动化及自动验证，还能灵活地被多个 IP 设计者、厂家、EDA 厂家和最终用户使用。

18.4.　IP 库

　　有大量的 IP 库，从开源的项目到商业的 IP 厂家以及个人或企业专用的内部 IP 库都有。这一节我们会深入探索各种 IP 的来源，包括所存在的局限性，并给出一些具体的例子。

18.4.1. Vivado IP Catalog

Vivado IP Catalog 实现了一个中央存储的仓库，来存放你的全部 IP 模块，包括 Xilinx 的、第三方的和定制的那些可以在多个最终用户之间共享的 IP，以实现高效的设计重用。Vivado IP Catalog 的关键特性包括 [6]：

- 提供的所有 IP 都是基于 IP-XACT 标准的，实现了开放而且持久的 IP 接口。

- 通过一个持久的接口来从一个普通的、易于访问的仓库中访问到所有的 Xilinx IP。

- 支持多重仓库位置，包括网络存储位置，使得外部或定制开发的 IP 有一个持久的 IP 部署环境。

- 集成的 IP 设计例子，使得我们能在 Vivado 项目中作为一个实例化的源来评估 IP。

- IP 的全局 RTL 综合能用行为性仿真模型或可综合 RTL 来做仿真。

- 具有按需输出仿真模型、HDL 例子设计和实例化模板的能力。

- 具有迅速可用的选项来用 Vivado IDE 或 Tcl 自动脚本定制和产生 IP。

18.4.2. 第三方

最近几年，出现了一些设计和许可 IP 核的公司，它们并不生产和销售实际的半导体产品。开发并许可形成 Zynq 平台中的一部分的 ARM 处理器的 ARM Holdings 正是其中的一个绝佳的例子。ARM Holdings 不生产任何实际的处理器芯片，而是以 IP 模块的形式将它的设计许可给他人。

第三方 IP 厂家从许可单个设计的个人一直到大型、几百万美元、提供几千个 IP 设计的公司都有。有的公司做的是为 Xilinx 芯片优化的 IP 核的许可，很多这样的公司是 Xilinx Alliance Program（Xilinx 联盟计划）的成员，这是一个全球的合作公司的生态系统，与 Xilinx 一起推动全可编程技术的发展 [7]。来自联盟成员的 Xilinx 专用 IP 的例子包括存储器控制器、图像和视频编解码器、电机控制器和图形加速器。由于来自联盟成员的大多数 IP 都是为了在 Xilinx 芯片上使用而优化的, 用他们的 IP 可以有助于性能最大化而资源利用最小化。不仅于此, 大多数 IP 还提供对 Xilinx 设计流的支持, 使它能方便地集成进你的设计中。

还有很大一批 IP 厂家, 他们是开发和许可通用 IP 模块的, 是设计成不指定给特定的芯片厂家的。这样的通用 IP 核一般是打包成可综合的 RTL 的, 不过某些情况下会提供门电路级别的网络表。当作为 RTL 提供时, 最终用户能在一定程度内修改 IP 设计, 但是厂家对于修改后的设计是不做什么支持的。门电路级别的网络表就像计算机编程中的汇编代码程序一样, 能给 IP 厂家一定程度的安全, 避免他们的设计受到反向工程。

最近, 开源社区开始开发 IP 核, 并免费提供出来。总的来说, 开源的 IP 核是以两种许可方式之一发布的: GNU Lesser General Public License (通用公共许可证, LGPL) 或修改过的 BSD 许可。从发布的角度来说, 开源 IP 通常是以通用可综合 RTL 的形式提供的, 而且很难见到开源 IP 核真的是厂家专用的。最值得注意的开源 IP 提供者是 OpenCores, 这是世界上最大的开发开源 IP 核的社区 [3]。

使用厂家特定以及不特定的 IP 核都有很多优点和缺点。表 18.1 做出了总结。

表 18.1: IP 类型的优点和缺点

	厂家特定	厂家不特定
优点	保证拿来直接就能用。	能免费找到 (开源)。
	从功耗、性能和资源利用方面为特定芯片优化 。	一个 IP 核可以用于多个芯片。
缺点	不可移植 (只能用于少数芯片)。	需要修改来适应工具链的命名规则。
	可能较贵。	没有为特定芯片做优化。

18.4.3. 定制 IP

由第 13 章所描述的任何方法创建出来的定制 IP, 可以方便地被集成进 Vivado IP Catalog 来丰富 Xilinx IP 的收藏。采用某种设计方法所做的 IP 可能是可以直接导入 IP Catalog 的。比如, 用 System Generator 或 Vivado HLS 所创建的 IP, 就是以可以被导入 IP Catalog 的格式打包的。对于用其他的, 诸如 HDL 设计和 HDL

编码器做的定制 IP，就必须得要经由 IP Packager 处理过，才能放进 IP Catalog 里去。

关于 IP Packager 的进一步信息，请参考 18.5.2 节。

18.5.　IP 集成

Vivado Design Suite 提供了集成 IP 用的所有工具，同时支持把 Xilinx 或第三方的 IP 集成进你的 Zynq 系统设计中。下面的部分来介绍其中的两个功能：IP Integrator 和 IP Packager。

18.5.1.　IP Integrator

Vivado IP Integrator 是一个既有图形界面也支持基于 Tcl 的脚本的 IP 和以系统为中心的设计开发环境，实现了 "自动建构校正" 的自动化开发流程 [4]。这个位于 Vivado Design Suite 内的功能，提供了一个对平台和芯片识别的环境，能自动地连接基础的 IP 接口，同时也支持一键 IP 子系统生成、实时 DRC 和强大的 debug 能力 [4]。

IP integrator 让设计者在接口层级工作，以加速 Vivado 中的复杂系统的创建，确保设计和 IP 被正确地配置。芯片驱动程序和地址的自动化生成，配合各个 IP 模块的自动化接口，把设计的组合过程流水化了，使得整个过程比以往更快更便捷 [4]。

18.5.2.　IP Packager

Vivado IP Packager 让第三方 IP 开发者能快速地准备用于集成进 Vivado IP Catalog 的 IP，让他们能把任何定制的 IP 放进 Vivado Design Suite 设计中。IP Packager 的流程确保最终的 IP 用户使用 Vivado IP Catalog 中的 IP 时，无论是 Xilinx 的、第三方的还是定制开发的 IP，始终能获得一致的用户体验。

以图 18.3 中的 IP 打包和使用流程为例，已有的 IP 用 IP Packager 打包，它把 IP 源和数据文件打包进一个 ZIP 文件。ZIP 文件然后可以被集成进 Vivado Design Suite IP Catalog。一旦在一个 Vivado 项目中选择了这个 IP，这个 IP 就会像 IP

Catalog 中的任何其他 IP 模块一样被处理，让用户可以通过参数选择来定制这个 IP，然后用这些参数来生成这个 IP 的一个实例。

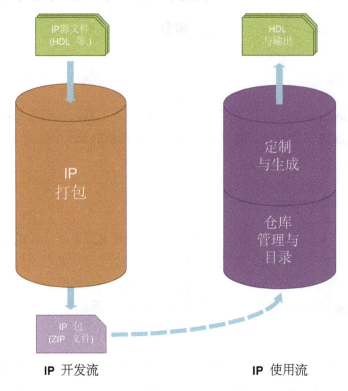

IP 开发流　　　　　　　　　　　　　IP 使用流

图 18.3：　IP 打包和使用的流程

IP Packager 的主要输出是一个 IP-XACT 部件文件，可以和默认的 GUI 文件及再生和报告文件一起组合进那个 ZIP 文件中 [6]。

使用 IP Packager 的核心价值之一，是把定制的 IP 用 IP-XACT 标准打包，而不需要完全理解 IP-XACT 编码架构的细节。关于 IP-XACT 的某些背景知识可以在本章找到，不过应该要说明的是使用 IP Packager 并不需要事先掌握 IP-XACT 的知识。IP Packager 的目的就是处理好底下的 IP-XACT XML 编码，让用户专注于 IP 功能的创建。

18.6. 本章回顾

本章介绍了 IP 重用和集成的概念，给出了 Vivado 的以 IP 为中心的设计流和设计的系统层级方法的概述。对各种获取 IP，包括厂家特定的、通用的和开源的 IP 的方法做了讨论，并讨论了各种方法的优缺点。

介绍了 Vivado Design Suite 中用于 IP 重用和集成的工具，特别关注的是以 IP 为中心的设计流。讨论了 IP Integrator 和 IP Packager 的功能，也讨论了 IP-XACT 这个在 IP 设计、半导体和 EDA 系统设计业界广泛接受的 IP 元数据文档标准。

18.7. 参考文献

说明：所有的 URL 最后访问是在 2014 年 6 月。

[1] "IEEE Standard for IP-XACT, Standard Structure for Packaging, Integrating, and Reusing IP within Tool Flows", IEEE Standard 1685-2009, February 2010.

[2] M.v. Hintum and P. Williams, "The Value of High Quality IP-XACT XML".
位于 : http://www.design-reuse.com/articles/19895/ip-xact-xml.html

[3] OpenCores, 网页 . 位于 : http://opencores.org/

[4] Xilinx, Inc, "Vivado Integration - Vivado IP Integrator", 网页 .
位于 : http://www.xilinx.com/products/design-tools/vivado/integration/index.htm

[5] Xilinx, Inc, "Vivado Design Suite User Guide: Design Flows Overview", UG892, v2014.2, April 2014.
位于 :
http://www.xilinx.com/support/documentation/sw_manuals/xilinx2014_2/ug892-vivado-design-flows-overview.pdf

[6] Xilinx, Inc, "Vivado Design Suite User Guide: Designing with IP", UG896, v2014.1, May 2014.
位于 : http://www.xilinx.com/support/documentation/sw_manuals/xilinx2014_2/ug896-vivado-ip.pdf

[7] Xilinx, Inc, "Xilinx Alliance Program", 网页 . 位于 : http://www.xilinx.com/alliance/

AXI 接口

本章介绍在 Zynq 系统中以 IP 方式使用的 AMBA AXI 协议。我们会讨论 AXI4 协议所提供的各种接口，包括这些协议在操作上的差异，以及哪种应用最适合哪个协议。最后还介绍了如何在 Xilinx Vivado IP Integrator 中实现 AXI 支持的 IP。

19.1. AXI 的开发

AXI 是 ARM AMBA 单片机总线系列中的一个协议。AMBA 协议是一个开放的片内互联规范标准，能在多主机设计中实现许多控制器和外围设备之间的连接和管理。AXI 和 AMBA 系列其他协议一样是计划用于高性能、高主频的系统设计的。AXI 协议是被优化用于通过使用 Xilinx 进行的相应的开发来做 FPGA 实现，它被用作 FPGA 设计的 IP 核之间的一种通信方式。

AXI 协议特别体现了以下的关键特性 [1]：

- 地址／控制阶段和数据阶段是分开的

- 用字节闸来实现了非对齐数据的传输

- 只需发布起始地址就能做批量数据传输

- 数据的读写通道是分离的，可以用来实现低成本的直接存储访问 (Direct Memory Access, DMA)

- 可以指定多个需要处理的地址

- 通信会话可以乱序完成

- 为了实现时序收敛，可以方便地加入寄存器级

尽管 AMBA 在 1996 年就出现了，但是直到 2003 年的 AMBA 3.0 才第一次引入了 AXI。2010 年发布的 AMBA 4.0，包含了最新的 AXI 版本，就是 AXI4[2]。

19.2.　各种 AXI4

有三种 AXI4 接口类型，每一种都适合各自不同的应用类型 [4]。

- **AXI4** ─　最高性能的接口，适合存储器映射的通信，支持每个地址阶段最高 256 个数据传输周期的批量传输。

- **AXI4-Lite** ─　这个接口的轻量级版本，用于存储器映射的单次数据通信会话。这个版本的好处是简化了的接口占用较少的逻辑部分面积。这个版本不支持批量数据，因此只支持每次传输单个数据

- **AXI4-Stream** ─ 它没有地址阶段，因此不是存储器映射，能够做无限制的数据批量大小。为流式数据的传输定义了单个通道，类似图 19.1 中的写数据通道（Write Data Channel），不过支持无数量限制的批量传输。连接只能是从主机到从机，所以如果需要双向传输的话，两个外围设备都必须是主机／从机兼容类型的

19.3.　AXI 架构

AXI 协议支持批量传输，每次是在地址通道传输地址和控制数据。多个 AXI 主机可以通过一个 AXI 互联连接到多个 AXI 从机。一个 AXI 主机可以用写数据通道通过这个 AXI 互联把数据传送给一个 AXI 从机（或通过读数据通道从从机传送到主机）。写的这个数据传输会话特别具有一个额外的响应通道，当所有的数据从主机

流向从机后,这个通道是用来让从机得知写入过程的结束。下图说明了 AXI 主机和从机之间的通信。注意在此图中,AXI 互联是被省略了的。

图 19.1 显示的是写通道架构,其中地址和控制数据是在发送批量数据之前,从主机传递给从机的,而在完成后则跟随了一个写响应信号。

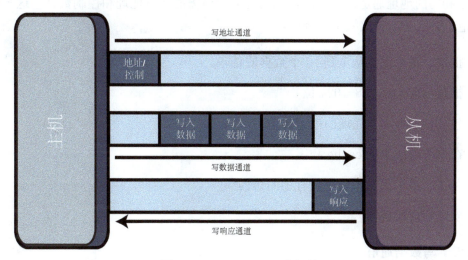

图 19.1: AXI4 写通道架构

而另一方面,图 19.2 则显示了一个读的过程,地址和控制在批量的读数据被发送给主机之前先发送。

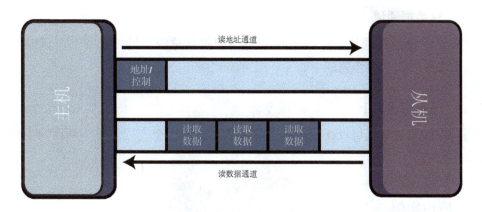

图 19.2: AXI4 读通道架构

用于定义每个通道的 AMBA AXI 协议规范（AMBA AXI Protocol Specifications）在协议 [1] 中。

19.3.1. 地址通道

读和写的地址通道是分离的，能实现会话所需的所有地址和控制数据。这个数据决定了以下 AXI 协议机制的运作：：

- 批量，每个批次从 1 到 16 个数据的传输

- 批量传输大小为 8-1024 位

- 包裹、递增和非递增的批量传输

- 在系统层面上的 cache 和缓冲

- 独占的原子级操作切换或有锁的访问

- 安全和特权访问

19.3.2. 写数据通道

写数据通道包括：

- 一个 8-1024 位宽的数据总线

- 每八位数据一个字节道闸，用来在数据总线中识别出有效的字节

19.3.3. 读数据通道

类似的，读数据通道包括一个相同范围的数据总线，另外还有一个读响应通道，用来表明一次读操作完成了。

19.3.4. 写响应通道 1

写响应通道让从机可以在每个批次完成后，发出一个完成信号，从而向主机表明写操作完成了。

19.4. 应用实例

表 19.1 详细列出了一些可用的 Xilinx IP，它们就是用了某种 AXI4 接口的。

正如前面所提到的，标准的 AXI4 接口是这个接口的高性能版本，最适合于更需要持久、高速性能的 IP

AXI4-Lite 比其他协议用的硬件面积较少，所以适合于需要最小硬件消耗的较低性能的 IP。

正如它的名字所暗示的，AXI4-Stream 是最适合于需要持续固定数据流的应用的。.

表 19.1:   各种 AXI 接口的应用的例子 [1]

接口	行业	应用例子
AXI4	音频和视频 / 图像处理	视频 DMA
	通信 / 网络	以太网 VoIP 接收器，3GPP LTE 频道解码 r
	嵌入式处理	AXI/PLBV46 桥（为了向下兼容），ChipScope AXI 监视器 （为了调试 / 嵌入式系统诊断）
AXI4-Lite	音频和视频 / 图像处理	解交织器，Gamma 校正，图像边缘轻度增强
	汽车	控制器区域网络 （CAN）
	通信 / 网络	10G 以太网 MAC，数字预失真 （DPD），波峰因数抑制 （CFR）
	嵌入式处理	硬件 ICAP，BRAM 接口控制器，外部设备控制器
AXI4-Stream	音频和视频 / 图像处理	流式视频输入 / 输出，图像降噪
	通信 / 网络	编码器 / 解码器，交织器 / 解交织器
	DSP	CORDIC，FFT，FIR 编译器
	嵌入式处理	流 FIFO，以太网外设

19.5. AXI 会话

19.5.1. AXI 写批量会话

图 19.3 显示了一个简化了的写批量会话，它用 AXI4 把数据写到地址 A。主机主动驱动从机，先通过 AWADDR 信号发送地址和控制数据。然后在 AWVALID 确认了有效地址之后，发送一个 AWREADY 信号来确认系统已经就绪可以做数据传输了。主机然后就在 WDATA 信号上向从机发送 DATA(A0)-DATA(A2) 数据包，最后的数据项发送的时候，把 WLAST 信号拉高来表示是最后的数据并确认传送完成了 [3]。主机还会发送数据批量相关的各种控制信号，但是为了清晰表达基本的操作，在图上这些信号被忽略了。

19.5.2. AXI 读批量会话

图 19.4 展示了一个简化了的读批量传输过程，是用 AXI4 从一个指定的地址 A 读数据。和写批量一样，从机是由主机驱动的，主机发送 ARADDR 信号来给出地址和控制数据。ARVALID 拉高来给出有效地址，并以 ARREADY 信号来表明系统确认已经就绪可以做传输了。数据包通过 RDATA 信号从 A 地址读出来，和前面一样，通过 RLAST 信号来表明最终的数据包 [3]。注意 RVALID 信号会由从机负责保持低电平，直到有可读的数据。.

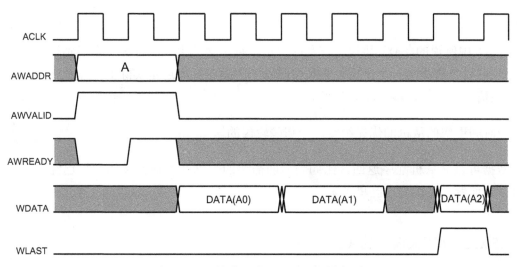

图 19.3: 简化了的 AXI4 写批量会话

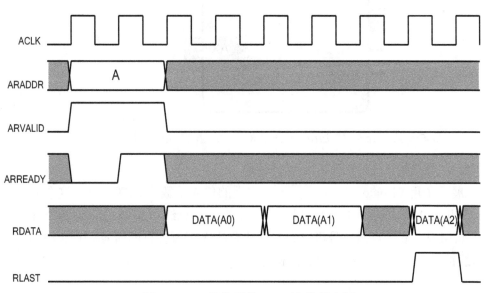

图 19.4: 简化了的 AXI4 读批量会话

正如 19.1 中所说的，AXI 协议支持乱序会话。每个会话由互联分配一个识别标识，这个互联要负责决定一个会话是必须按照发起的顺序完成还是实际上可以乱序发送。某些情况下系统性能可能因此受益，如 [3]:

- 响应时间更快的从机的优先级要高于那些较慢的。

- 读数据可以从从机乱序返回，比如当后面需要的数据在当前需要的数据已经有了之前就已经在缓冲区里了。

19.6. 在 Xilinx 工具流中的 AXI

用Vivado IP Integrator的话，在Zynq芯片上实现采用AXI接口的IP是容易的。

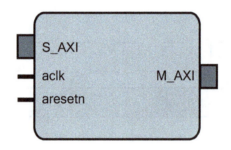

图 19.5: 在 Vivado IP Integrator 里表示 AXI4 数据 FIFO 的符号

图 19.5 展示了用 Vivado IP Integrator 实现的单 AXI 数据 FIFO 部件。这个方框中具有一个从机 AXI 总线 (S_AXI) 以及一个主机 AXI 总线 (M_AXI)，这两个都是基于标准 AXI4 接口的。点击 + 号可以看到这些总线内部所含有的信号。在图 19.6 中，从机总线被扩展开来显示所有对应的信号。

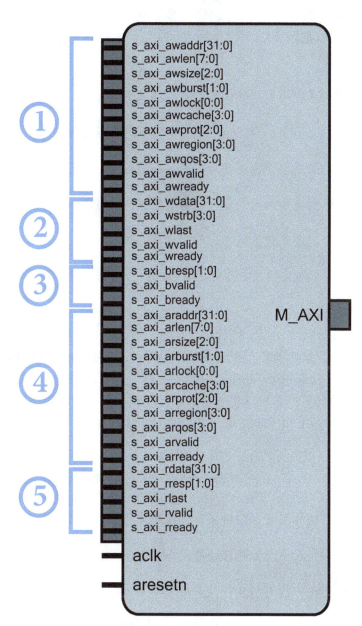

图 19.6: 在 Vivado IP Integrator 里表示 AXI4 数据 FIFO 的符号 (总线扩展)

为了彻底理解所列出的每一种信号，你需要参考 Xilinx AXI Reference Guide[4]，不过，我们可以把图 19.6 中的某些信号和 19.4 节中突出表示的频道对应起来。

①
- **写地址通道** — 这个通道中包含的信号的命名格式为 s_axi_aw...

②
- **写数据通道** — 这个通道中包含的信号的命名格式为 s_axi_w...

③
- **写响应通道** — 这个通道中包含的信号的命名格式为 s_axi_b...

④
- **读地址通道** — 这个通道中包含的信号的命名格式为 s_axi_ar...

⑤
- **读数据通道** — 这个通道中包含的信号的命名格式为 s_axi_r...

你应该注意到在 19.5 节中突出表示的信号既有读的也有写的操作，还有大量不同的控制信号。

图 19.7 给出了在 Xilinx Vivado IP Integrator 中配置 AXI 设备和 Zynq 处理器系统之间的连接的例子。这个操作的关键是使用 AXI Interconnect 包（这个系统中的实例叫做 axi_intercon_1）。这个互联对于主处理器系统来说是个从机，同时又是把处理器来的信号转发给各种从机 AXI 设备的主机。在这个系统中，这个互联上连接了两个从机设备: AXI GPIO(gpio_1) 和 AXI BRAM 控制器(bram_ctrl_1)。
.

特别注意这个 AXI Interconnect （AXI 互联），有几个信号需要考虑:

- 主机 AXI 从处理器系统和处理器时钟各自向从机输出 SOO_AXI 及 SOO_ACKL。

- 这个时钟还要供给两个 AXI 设备的时钟输入和它们在 AXI 互联上的主机输入。

- 为了简化起见，这个图中没有包含任何从处理器 reset 包来的 reset 信号。

- AXI 互联的输出都是主机通道，包含了图 19.6 中详细列出的信号，每个通道驱动对应的从机设备。

• 第 18 章深入说明了如何利用 Xilinx IP Integrator，以及如何连接包。

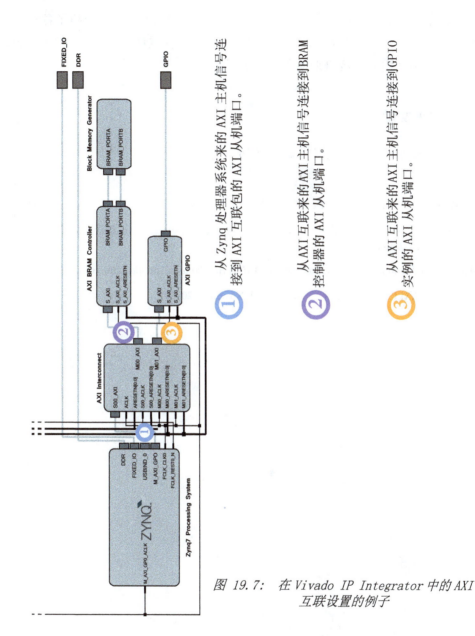

① 从 Zynq 处理器系统来的 AXI 主机信号连接到 AXI 互联包的 AXI 从机端口。

② 从 AXI 互联来的 AXI 主机信号连接到 BRAM 控制器的 AXI 从机端口。

③ 从 AXI 互联来的 AXI 主机信号连接到 GPIO 实例的 AXI 从机端口。

图 19.7: 在 Vivado IP Integrator 中的 AXI 互联设置的例子

363

19.7.　小结

本章介绍了用于 Zynq 芯片上的 IP 集成的 AMBA AXI4 接口。介绍了各种 AXI4，以及一些 Xilinx IP 目录中的 IP 应用例子。还着重解释了如何在 Vivado IP Integrator 中利用 AXI 接口来使用 Xilinx IP。

19.8.　参考文献

说明：所有的 URL 最后访问是在 2014 年 6 月。

[1]　ARM, "Introduction — Channel Definition" in *AMBA AXI Protocol Specification*, v1.0, June 2003..

[2]　Xilinx, Inc, "AXI4 IP Catalogue", http://www.xilinx.com/products/intellectual-property/axi_interconnect.htm

[3]　ARM, "Introduction — Basic Transactions" in *AMBA AXI Protocol Specification*, v1.0, June 2003.

[4]　Xilinx, Inc, "AXI Reference Guide", UG761, v14.3, November 2012.

20

探索
IP Integrator

作为实践的一章，在第 13 章《IP 包设计》中所创建的 IP 包要合起来形成一个可运行在 ZedBoard 上的 DSP 系统。我们要探索 Vivado IP Integrator 的包设计功能，会使用 IP Catalog 中已有的 IP。然后，为了把 IP Integrator 设置的外部端口映射到 ZedBoard 上的各个引脚，会介绍 Xilinx Design Constraints（Xilinx 设计约束，XDC）格式。

为了实现这个设计的音频输入输出，还会用到一个预先打包好的用于 ZedBoard 上的 AD 公司 ADAU1761 音频编解码器的 I2S 控制器，并且会着重介绍如何对这个 IP 做必要的修改，以及如何连接到 Zynq 处理器。.

这个完整的 Zynq 嵌入式系统会从所给的音频编解码器得到音频输入，然后加上一个由 NCO 产生的有音调的噪声成分。被加工过的音频信号会作为输入传给 LMS 滤波器，同时用纯的 NCO 音调信号作为参考信号。LMS 滤波器于是就会从音频信号中移除那个音调噪声，将清晰的音频信号作为输出产生出来。在 LMS 滤波器的输出上还会引入一个回声效果，回声的延时长度是用户可定义的。延时的长度会显示在 ZedBoard 的 LED 上。

图 20.1 给出了整个 DSP 系统的概述。

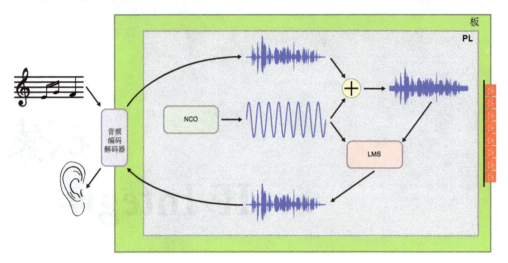

图 20.1: 完整的 DSP 系统的概述

20.1.   目标与成果

这一组实践练习的主要目的是使用 Vivado IP Integrator 把在之前的练习中创建的定制 IP，以及 IP Catalog 中的 IP 合起来，创建出一个在 ZedBoard 上实现的 DSP 系统。

在完成了这个教程之后，你将能够：

- 把从很多来源来的 IP 加入到 IP Catalog 中。

- 把从各种来源来的 IP 组合和连接起来形成一个完整的 IP Integrator 包设计。

- 充分利用 IP Integrator Designer Assistance 和 Connection Automation 工具。

- 定制 Zynq 处理器系统。

- 用 XDC 文件格式把外部端口映射到芯片的引脚。

- 创建软件应用来完全控制 Zynq PL 中的定制 IP 模块。

20.2. 练习 4A

在这个练习中，通过加入所需的 IP 仓库，上一个实践练习中所创建的 IP 模块会被输入到 IP Catalog 中。要创建一个 ZedBoard IP Integrator 设计，在其中做好所有所需的连接。.

这个练习所需的步骤如下：

1. 把所有需要的定制 IP 仓库加入到 IP Catalog，然后输入这些 IP。

2. 创建初始的 IP Integrator 包图。

3. 探索每个定制的 IP 包及其可用的包参数。

练习 4A 可以在以下网站下载：www.zynqbook.com

20.3. 练习 4B

在练习 3B 所创建的 IP Integrator 设计的基础上，引入与 ZedBoard 上的音频编码解码器交互的那个预先包装好的 IP，把它输入到 IP Integrator 中，然后对 Zynq 处理器包做好所需的修改。在设计中要做外部的端口和接口连接，并创建 XDC 约束文件来把所有的外部端口映射到 ZedBoard 上对应的引脚上。

这个练习所需的步骤如下：

1. 把音频编码解码控制器 IP 加到 IP Catalog 中。

2. 在已有的 IP Integrator 包图中加入音频编码解码控制器。

3. 对 Zynq 处理器做所需的修改来加入额外的 FPGA 时钟并开启一个 I2C 接口来与音频编码解码控制器通信。

4. 为与这个音频编码解码器通信创建所需的外部接口。

5. 在 XDC 约束文件中加入项目来把这个设计的外部接口映射到 ZedBoard 上的各个引脚。

6. 为最终完成的设计生成硬件。

练习 4B 可以在以下网站下载：www.zynqbook.com

20.4. 练习 4C

练习 3B 完成的设计要被输出到 SDK 来做软件开发。要创建控制在 DSP 系统中的各个 IP 模块之间的交互的软件应用，还会引入各种软件驱动文件。

最后一步，是在 ZedBoard 上运行这个新创建的软件应用来测试 DSP 系统，以确认所有的部件能够正常配合工作。

这个练习所需的步骤如下 :

1. 把最终的硬件设计输出到 SDK。

2. 创建一个新的应用项目。

3. 导入所需的定制 IP 驱动文件。

4. 创建一个能与定制 IP 模块做通信和控制交互的软件应用。

5. 运行这个应用确认一切功能正确。

练习 4C 可以在以下网站下载 : www.zynqbook.com

20.5. 可能的扩展

完成了练习 4C 之后，有一些可能的变化可以用来个性化这个开发好了的系统。比如 :

• 因为这个系统的开发主要是关于音频的，你可以开发一个用 VGA 或 HDMI 连接做的视频处理系统。

20.6. 接下来?

这一组实践练习完结了本书的第二部分 《Zynq SoC 与硬件设计》。

接下来，我们要进入第三部分，来看看 Zynq 上的操作系统的问题，特别是重点在于 Linux OS 的情况。

PART C
操作系统 & 系统集成

21

Zynq 上的操作系统介绍

设计师在开发嵌入式系统时面对的一个主要问题是要不要用嵌入式操作系统。本章内容就是试图帮助回答这个问题，并将详细描述应该使用嵌入式操作系统的情形、已有的操作系统的种类以及可供使用的多种不同的操作系统。本章还会探寻能充分发挥 Zyna 平台上的这个双核处理器的各种可能做法。

21.1. 为何要使用嵌入式操作系统？

虽然并非所有的嵌入式系统应用都有必要用嵌入式操作系统，不过使用它们还是具备一些优势的。这一节会点出其中的许多好处，并在适当的地方给出一些例子。

21.1.1. 加速面市

在开发嵌入式系统的过程中，嵌入式操作系统的使用可以在一些关键领域降低研发时间。

操作系统厂家能支持相当多的架构和平台，在产品开发的时候，如果打算要迁移到一个新的处理器平台，这个时候操作系统对众多平台的支持就是一个优势了。因为软件开发是基于操作系统，而不是某个特定的芯片，那么迁移到一个新的架构或芯片就不应该成为问题。

比如，嵌入式 Linux 和传统的桌面 Linux 是非常相似的。如果一个设计者已经熟悉了在各种桌面版本的 Linux 上开发应用系统，那么转到在嵌入式 Linux 上的研发就很直接了，而且学习过程会相应简单。这会大大地减少 —— 如果不能完全取消 —— 设计者熟悉新的开发环境所需的时间。同样值得注意的是，大多数嵌入式操作系统厂家使用了（或者以第三方的形式支持了）Eclipse IDE。

要想进一步改进可移植性，可以考虑使用具有标准系统接口（如可移植操作系统接口、POSIX）的操作系统，这些操作系统中的用户命令行和脚本接口是一致的。POSIX 是由一个工作组联合开发，并且仍在持续维护中的标准。这个工作组包括了 IEEE 可移植应用和标准委员会的成员、开放工作组和 ISO/IEC 联合技术委员会 1 的成员 [6]。这个工作组合起来被叫做 Austin 工作组 [6]。

通过使用 POSIX 标准的操作系统，可降低当开发工作从一个操作系统搬移到另一个时产生的影响，因为都是用了 POSIX API，高层的调用就不需要移植到新的操作系统了。总的来说，使用 POSIX 标准的操作系统使得在操作系统层面上具有了更为灵活的可移植性。

21.1.2. 使用已有的功能

嵌入式操作系统支持很多功能，要不然就要由系统设计者自己来开发了，下面会着重介绍其中的一些功能。

如果要给嵌入式平台加上一个显示器 —— 无论是低分辨率、内置 LCD 屏还是通过 HDMI 输出给外置显示器 —— 系统都必须能支持才行。需要支持到什么程度当然和特定的应用相关，但是总的来说可以分成两个级别：驱动支持和图形界面支持。选择使用已有的操作系统，一般来说你将兼得驱动级别和图形界面级别二者的支持。

驱动级别的支持提供了底层软件，能连接嵌入式处理器和显示器，让系统能支持所用的特定接口。在驱动层面所控制的某些功能包括信号时序、同步、屏幕分辨率、缓冲区格式和屏幕刷新率等。许多操作系统自带很多视频驱动，这样就不需要从头开发驱动了，这种开发会是复杂而且耗时的工作。

图形界面级别的支持负责处理高级的要显示的图形内容。这种显示可以是单行的文本显示器，也可以是功能完整的图形用户界面（GUI）。操作系统提供高级的做图形开发的 API，同时也提供一个能用的 GUI。

21.1.3. 降低维护和开发的成本

通过使用嵌入式操作系统可降低需要开发和测试的定制代码的量。实际上，这个量的下降也大大降低了引入软件的潜在的错误，从而降低了测试系统来找到并解决错误的时间和成本。操作系统会提供一个稳定的平台，这个平台已经经过了充分的测试，这样你就可以全神贯注于开发你的系统所需的定制功能，而不必费心做底层代码的调试了。使用操作系统厂家所提供的工具集，就能使用与这个操作系统相关的评估和调试工具，这样能加速开发、帮助发现性能瓶颈。在为多线程处理系统研发软件时，工具集也表现出其重要性。

另一个操作系统可以降低维护成本的地方是提供自家的开发团队之外的支持。大多数商业的操作系统厂家都有自己的服务团队，用以帮助解决操作系统平台的问题，这种服务可通过电话或邮件的方式进行。而基于开源的操作系统可能没有专门的服务团队，他们会有丰富的在线知识库，还有能通过在线论坛提供支持的热心的用户。有时，公司可能会给开源操作系统做一个包括产权功能的商业版本。如果是这样的话，此操作系统厂家会提供相应的支持并帮助解决开源许可的问题。

操作系统厂家会定期发布对操作系统的更新和改进，这意味着你不用担心对其中代码的改进问题，只要专注于自己的功能就好了。集中精力对付自己的开发，你就能在竞争中保持领先。

21.2. 选择正确的操作系统类型

在决定用于嵌入式系统的操作系统时，是存在着一些可能性的。比如简单的单任务操作系统、RTOS 或特制的嵌入式操作系统，如各种版本的嵌入式 Linux。

不过，在做选择之前，我们应该先来考察下现有的嵌入式操作系统的类型。

21.2.1. 单任务操作系统

单任务操作系统，又叫做裸机操作系统，是一种简单的操作系统，目的是提供非常底层的软件模块，让系统可以用来访问处理器特有的功能。

考虑到 Zynq 平台的特殊性，Xilinx 提供了一个单任务操作系统平台，实现了诸如配置 cache、设置中断与异常，及其他硬件相关的功能。这个裸机平台就直接位于操作系统层的下面，每当应用程序需要直接访问处理器特性的时候就可以使用 [8]。

单任务操作系统能对代码执行有更切实的控制，但是就功能而言实在是有限。它应该只适用于软件功能简单并且只需重复执行的应用上。单任务操作系统可执行的任务量相对较小，因为添加更多的任务会使得裸机要做的任务管理动作量急剧上升。

21.2.2. 实时操作系统 （RTOS）

RTOS 的特征就是由调度器所保证的确定性的程度。RTOS 的目标并非是要实现高的吞吐率，而是对于指定任务能有快速并且可预期的响应。

许多嵌入式系统都要求软件对事件的响应是在一个短小而且确定的响应时间内发生的。根据这个需求，实时系统可以被分成三种类型：软实时、硬实时或一般实时 [3]。

在软实时系统中，首要任务确实是满足响应时间底限的要求，但是这个底限并不是致命的。偶有一次无法满足要求的响应时间可能使性能降级，但是不会破坏系统。

不过，一个硬实时系统中，错失响应时间是无法接受的，可能导致系统的完全失效。

一般实时系统介于硬实时和软实时之间，少量的越过响应时间底限不会导致系统完全失效，但是大量的错失可能导致整个系统失效 [3]。

大多数现代 RTOS 系统还带有一套与实时内核相辅的高层函数。这些函数可能包括 GUI、通信协议栈和一定程度上的外设管理。在一个嵌入式系统中，RTOS 控制芯片，并负责实现所需层级的响应性。软件任务是由 RTOS 控制的，它调度 CPU 时间，分别分配给每个任务 [1]。

21.2.3. 其它嵌入式操作系统

尽管 RTOS 适合管理嵌入式系统上的实时应用，它们一般不能实现最高的系统吞吐或性能。需要高系统性能的应用，一般需要另一类操作系统。

传统上，首选解决办法是嵌入式 Linux，不过，随着近年类似 Android 这样的移动操作系统的发展，嵌入式系统现在有了更多可以产生高系统性能的选择了。

Linux

Linux 和 Linux 内核会依次在第 22 章和 23 章详细介绍，所以这里就先跳过了。

Android

Android 是一个主要用于触摸屏移动设备 —— 比如手机和平板电脑 —— 的操作系统。Android 最初是由 Android 有限公司创建的，这家公司原本就是 Google 资助的，后来干脆被 Google 收购了，现在 Android 就是由 Google 开发和维护的。因为它的开源状态，Android 已经被定制使用在一些非移动的设备上，比如用在智能电视、相机 （摄像机）、媒体播放器、笔记本电脑和手表上。

Google 基于 Apache V2 开源许可发布了 Android 的源码，这意味着任何人，无论是手机厂家还是智能电视开发者，如果使用 Android 平台做了他自己的创新，并不需要向开源社区开放共享他所做的新东西 [4]。这使得 Android 是一个非常友好的商业工作平台。

Android 操作系统包含一个由 Linux 内核 2.6 版派生而来的内核，从一开始到 Android 3.2，所有的版本都用的是这个内核。到了 Android 4.0 之后，Android 的内核是基于 Linux 内核 3.x 了 [12]。不过，Android 软件架构和传统的 Linux 系统是大相径庭的，对基础的内核功能都有一些修改。由于 Android 最初是面向移动设备的，其中引入了一些积极的电源管理策略，只要可能就强迫内核进入睡眠模式来尽量减少功耗。这和传统的桌面 Linux 版本尽量不让内核进入睡眠模式是截然不同的。除此之外，其他的变化包括引入了定时的 GPIO、告警定时器、偏执的网络安全和 binder 扩展的进程间通信 （IPC）。Android 完整的软件架构详见图 21.1：

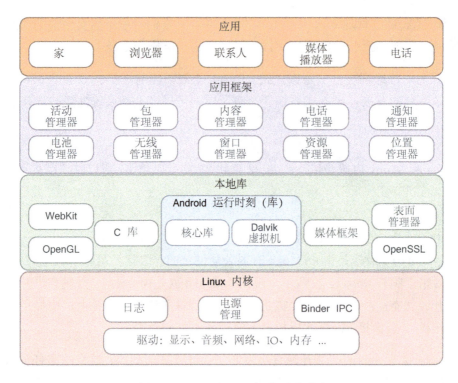

图 21.1: Android 操作系统构架

值得一提的是Android最近对非移动设备适用的改造。除了它的开源状态之外，还有很多理由使得 Android 是理想的构建嵌入式系统的平台。下面我们就来看几个理由。

Android 吸引开发者的东西之一，是那个功能完整的 SDK，通过使用标准化的 API 来提供了一个正常的工作框架。尽管 Android 是一个仍在不断演化的平台，在最近几年里已经经历了几个大的版本更新，但是它的 API 在各个版本上基本上保持了稳定，这样就使得开发者可以做相对安全的长期投资，对于多个目标设备只要设计和编译应用一次就好了，这能节省开支。

Android 具有直接可用的对非常多种传感器的支持 （包括 GPS、加速度计和摄像头），对网络 （WiFi、蓝牙、NFC、2G/3G）和大量常见媒体格式的支持。如果你的嵌入式应用需要用到其中的一两种功能，那么选择 Android 会很好的加速你的开发时间。除此之外，因为它被广泛使用在手机和平板上，Android 的用户界面对许多潜在用户是熟悉的，因此能降低学习曲线。

21.2.4. 进一步的考虑

选择嵌入式操作系统的时候还有其他一些要考虑的问题：

- 成本多少？

- 你的设计团队对它有多少经验？

- 它够安全吗？

21.3. 应用

在前面一节提到过，用于嵌入式系统的操作系统的类型，取决于这个系统要用于什么类型的应用。如果要做的这个应用需要系统在有限的时间段内对事件做出响应，那么通常就会选择用一个 RTOS。这种情况的一个简单的例子是汽车中的防抱死刹车系统，它需要刹车在指定的时间内放开，以避免汽车出现滑动。不过，其他的一些嵌入式应用系统，如果需要实现高性能，而不需要 RTOS 的那种可预期响应时间的，就会需要像 Linux 或 Android 这样的嵌入式操作系统。这类的例子可以是电视机顶盒录像机，它需要实现一个文件系统来做电视节目的录制、视频处理，还需要做用户交互的 GUI。图 21.2 描绘了嵌入式操作系统性能的分级：

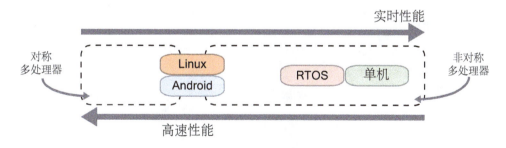

图 21.2: 嵌入式操作系统的性能

21.4. 多处理器系统

为嵌入式应用选择操作系统可能还取决于系统中的处理器的数量。就像在 Zynq 平台上，系统可以用多核处理器，这样的话就必须决定是用多核运行的单一操作系统，还是在每个核上分别运行一个操作系统。

图 21.1 从操作系统支持的角度介绍了非对称多处理器（AMP）和对称多处理器（SMP）这两个术语。不过，从系统架构的角度理解这两者的定义也是有用的。

非对称多处理器可以用于要使用多个 CPU 核的系统上，这些 CPU 核可能是异构的。每个 CPU 或 CPU 核，可以运行自己的操作系统实例，这些操作系统可以是相同的，也可以是完全不同的。这样做的一个例子是在一个 CPU 上运行一个 RTOS 的系统，而另一个 CPU 上运行一个基于 Linux 的 GUI。CPU 核之间的通信是利用共享内存进行的，共享内存实现了某种程度上的软件抽象。

另一方面，对称多处理器需要系统中所有的 CPU 是完全相同的架构的。所有的 CPU 上运行了单个操作系统实例，这个操作系统把进程任务分派到各个 CPU 上，并加以协调。和 AMP 一样，在 CPU 之间用共享内存来做通信，以及做任务执行的协调。

图21.3描绘了AMP和SMP的不同,以及它们和Zynq平台上的双核ARM架构的对应关系。

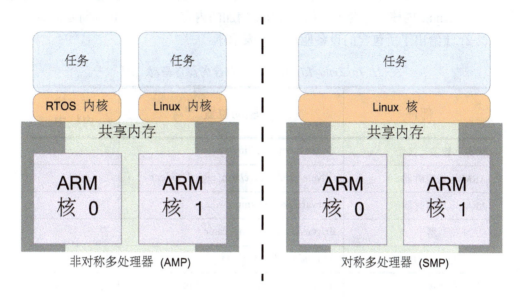

图 21.3: 非对称多处理器 vs. 对称多处理器

21.5. Zynq 操作系统

在介绍了各种类型的操作系统及其相应的用途之后,该从每种类型中找几个操作系统来详细看看了。这主要是为了能仔细看一些操作系统的选择,看看它们能提供的特别的功能,如何以及到哪里能找到它们,是开源的还是商业的,以及每种系统能得到怎样的支持。

和之前的情况一样,这一节会分成两个部分,一个详述各种 Linux 版本,而另一个讲述 RTOS。

21.5.1. Linux

这一节介绍一些 Zynq 能用的嵌入式 Linux 操作系统和环境。

Xilinx Zynq-Linux

Zynq-Linux 是一个开源的操作系统，由 Xilinx 免费提供。它基于 kernel.org 上的 3.0 Linux 内核，包含了一些 Xilinx 增加的内容，比如 BSP 和特定的设备驱动。表 21.1 给出了所包含的设备驱动的列表 [9]。

表 21.1: Zynq-Linux 内核所包含的设备驱动 [9]

部件	驱动位置	在主线内核中
模拟－数字转换器	drivers/hwmon/xilinx-xadcps.c	否
ARM 全局定时器	drivers/clocksource/arm_global_timer.c	是
ARM 本地定时器	arch/arm/kernel/smp_twd.c	是
CAN 控制器	drivers/net/can/xilinx_can.c	否
DMA 控制器 (PL330)	drivers/dma/pl330.c	是
以太网 MAC	drivers/net/ethernet/xilinx/xilinx_emacps.c	否
	drivers/net/ethernet/cadence/macb.c	是
GPIO	drivers/gpio/gpio-xilinxps.c	否
I2C 控制器	drivers/i2c/busses/i2c-cadence.c	是
中断控制器	arch/arm/common/gic.c	是
L2 Cache 控制器 (PL310)	arch/arm/mm/cache-l2x0.c	是
QSPI Flash 控制器	drivers/spi/spi-xilinx-qps.c	否
SD 控制器	drivers/mmc/host/sdhci-of-arasan.c	是
SDIO WiFi	drivers/net/wireless/ath/ath6kl/sdio.c	是
SPI 控制器	drivers/spi/spi-xilinx-ps.c	否
三重定时器	drivers/clocksource/cadence_ttc.c	是
UART	drivers/tty/serial/xilinx_uartps.c	是
USB 主机	drivers/usb/host/xusbps-dr-of.c	否
USB 设备	drivers/usb/gadget/xilinx_usbps_udc.c	否
USB OTG	drivers/usb/otg/xilinx_usbps_otg.c	否

应该注意的是，并不是所有的驱动都包含在主线内核中，有些只是在 Xilinx 的分支中。表 21.1 标出了那些在主线内核中的驱动。只出现在 Xilinx 分支中的驱动可能是过时的，随时可能被删除。

这个内核还支持了 SMP，这样内核就能利用两个 CPU，也可以被配置为只用一个 CPU。

Xilinx 的仓库提供了所有的源码，另外在 Xilinx Getting Started 网站还可以下载到预先编译好的版本。

http://www.wiki.xilinx.com/Getting+Started

Petalogix® - Petalinux

PetaLinux 是以 SDK 的形式提供的，它集成了一个完整功能的嵌入式 Linux 发行版和一个开发环境，这个开发环境组合了 Xilinx 的硬件设计流 [10]。PetaLinux 提供了一个完整的包，里面有用来构建、测试和部署嵌入式 Linux 系统所需的一切。

PetaLinux 由三部分组成：

- 一个为 Xilinx 器件完全定制的嵌入式 Linux 操作系统；
- 预先构建好的库的二进制映像 （可以直接启动的）；
- PetaLinux SDK

Xillybus - Xillinux

Xillinux 是一款 Linux 桌面发行版，可以在 Zedboard 上运行一个完整的图形桌面环境，键盘和鼠标可以接在 Zedboard 上的 USB OTG 端口，显示器可以接在板上的 VGA 端口上 [7]。除了一个完整的 Linux 发布版本，Xillybus 还提供了在 Linux 主机和运行在可编程逻辑上的外设之间交互的开发包。在逻辑这边是以 FIFO 的形式实现的，而在主机这边就是标准的 Linux 文件操作。这个 Linux 发行版本是基于 Ubuntu 12.04 长效支持（LTS）的，它和开发包从 Xillybus 网站可以免费下载 [7]。

21.5.2. RTOS

FreeRTOS

FreeRTOS 是一个轻量级的实时操作系统，可以用于很多种器件和处理器架构上。FreeRTOS 内核的核心只是由 3 个 C 语言文件构成，所以它很简单，具有最小的 ROM、RAM 和处理器的额外开销，很多情况下内核映像只有 4 到 9kB[5]。Xilinx 提供了一个已经做好的 FreeRTOS 版本，在 FreeRTOS 的网站可以免费下载 [5]。

21.5.3. 其它操作系统

还有很多 Xilinx 的合作伙伴提供的操作系统，太多了，本书的篇幅无法一一涉及。表 21.2 给出了所提供的解决方案的列表。所列的任何一个产品的详细资料都可以在 Zync-7000 SoC Ecosystem 网站找到 [11]。

表 21.2: Xilinx 合作伙伴提供的 Zynq 操作系统

Xilinx 合作伙伴	操作系统 / 软件
Adeneo Embedded	Windows Embedded Compact 7, Linux, Android 和 QNX
Discretix	Security-centric software 和 IP
ENEA Software AB	OSE RTOS 和 ENEA Linux
eSOL	uITRON 4.0 RTOS, T-Kernel RTOS 和 IDE
Green Hills Software	INTEGRITY RTOS
Express Logic	ThreadX RTOS
iVeia	Android for Zynq
Mentor Graphics	Nucleus RTOS
Micrium	uC/OS RTOS
MontaVista Software	MontaVista Carrier Grade Linux
Open Kernel Labs	OKL4 Microvisor
QNX	QNX RTOS

表 21.2: Xilinx 合作伙伴提供的 Zynq 操作系统

Xilinx 合作伙伴	操作系统 / 软件
Quadros	RTXC RTOS
Real Time Engineers Ltd	FreeRTOS
Sierraware	Open Source Hypervisor 和 Trusted Execution Operating System
SYSGO	Safe and Secure Virtualisation 和 Operating System
Timesys	LinuxLink
Wind River	VxWorks, Linux 和 Workbench IDE

21.6. 本章回顾

本章介绍了嵌入式操作系统的概念，以及使用这些操作系统背后的理由。我们描述了各种类型的嵌入式操作系统，以及可能的产品和设备的例子应用。还介绍了多处理器系统的概念。下一章，我们会更深入地看看 Linux 操作系统。

21.7. 参考文献

注意：所有的 URL 最后被检查过是在 2014 年的 6 月。

[1] ARM, "Real-Time Operating Systems (RTOS)" 网页
位于 : http://community.arm.com/docs/DOC-2764

[2] Embedded Linux Wiki, "Android Kernel Features", 网页
位于 : http://elinux.org/Android_Kernel_Features

[3] P. A. Laplante and S. J. Ovaska, "Fundamentals of Real-Time Systems" in *Real-Time Systems Design and Analysis:Tools for the Practitioner*, 4th Ed. Wiley-IEEE Press, 2012, pp. 1 - 25.

[4] Open Handset Alliance, "Android Overview", 网页
位于 : http://www.openhandsetalliance.com/android_overview.html

[5] Real Time Engineers Ltd, "FreeRTOS", 网页
位于 : http://www.freertos.org/

[6] The Open Group, "The Open Group Base Specifications Issue 7, IEEE Std 1003.1™, 2013 Edition".
     位于 : http://pubs.opengroup.org/onlinepubs/9699919799/

[7] Xillybus, "Xillinux: A Linux distribution for the Zedboard", 网页
     位于 : http://xillybus.com/xillinux

[8] Xilinx, Inc, "OS and Libraries Document Collection", UG643, June 2014.
     位于 : http://www.xilinx.com/support/documentation/sw_manuals/xilinx2014_2/oslib_rm.pdf

[9] Xilinx, Inc, "Linux Drivers".
     位于 : http://www.wiki.xilinx.com/Linux+Drivers

[10] Xilinx, Inc, "PetaLinux Software Development Kit".
     位于 : http://www.xilinx.com/tools/petalinux-sdk.htm

[11] Xilinx, Inc, "Zynq-7000 AP SoC Ecosystem".
     位于 : http://www.xilinx.com/products/silicon-devices/soc/zynq-7000/ecosystem/index.htm

[12] B. Zores, "The Growth of Android in Embedded Systems", The Linux Foundation Training Publication, 2012.
     位于 :
     http://training.linuxfoundation.org/free-linux-training/download-training-materials/growth-of-android-in-embedded-systems

22

Linux 概览

本章对 Linux 操作系统做一个大致的介绍，首先来一个随叫随停的旅程，看看 Linux 创立之初的故事。然后对系统做一个总的概述，为随后章节的深入分析铺平道路。具体来说，这些章节会覆盖 Linux 内核和文件系统、设备驱动和启动过程。

一些和 Linux 及其应用开发相关的工具和资源也将在本章中提及。

22.1. 简单历史

Linux 是在 1991 年 4 月开始构思的，这个项目的第一次发布是在那一年的 8 月。芬兰的一位名叫 Linus Torvalds 的计算机专业学生，在 Usenet 的 comp.os.minix 组发布了如下的声明：

> " 我正在给 386（486）AT 兼容机做一个（免费）的操作系统（只是爱好，不会像 gnu 那样又大又专业）。这事从 4 月份开始酝酿并着手准备。我想要知道大家对 minix 有什么喜欢或不喜欢的地方，因为我的操作系统有点像 minix(其中的文件系统的某些物理层 （因为实际的原因））。"
>
> —Linus Torvalds (1991 年 8 月 25 日)

他所说的 Minix 是 UNIX 操作系统的一个变种，在那个时候是打算在 x86 家用 PC 上开发免费操作系统的参考指南。

追溯到 1983 年，Richard Stallman 已经开始了一个计划，来创建一个自由的（言论自由的自由，而不是免费啤酒的免费）、类 UNIX 的操作系统，名字叫做 GNU，这是一个递归的缩写，意思是 "GNU is Not UNIX（GNU 不是 UNIX）"。实际上，Linux 的起源可以追溯到更早，到 1970 年代早期在 AT&T 贝尔实验室所创建的 UNIX 操作系统！

GNU 计划的主要动机是整个 1980 年代产权软件的垄断。一个自由的操作系统被看作是朝向 " 自由 " 计算所铺的基石。不过，要写一个操作系统出来可不是一件小事，到了 1990 年（在 1985 年 10 月成立的自由软件基金会的资助下），这个操作系统的所有的主要部件都已经开发出来了，除了一个。这个最后的部件，操作系统的核心，就是内核 [1]。用 Stallman 所提供的 GNU 工具，Torvalds 做出了 Linux 内核 （在第 23 章会详细讨论），这标志着今天我们所用的 Linux 的起源。

Linux 是合作开发的，许多不同公司的开发者在开发和研究上合作，共同投入成本，形成了一个生态系统。这整个生态系统，从 2008 年估值 123 亿美元到 2013 年成长为 355 亿美元 [2]。今天，Linux 比以往更为流行，在各种各样的设备上，从手机和卫星导航系统到超级计算机和服务器，都可以找到 Linux 的踪影。

22.2. Linux 系统概述

图 22.1 是一个 GNU/Linux 系统的通用高层架构。实际上，这个内核空间是一个复杂得多的概念，其中包含了比这里多得多的部件。不过，为了我们行文的需要，此刻先考虑最重要的部分。

在内核之上运行的应用与系统程序以及 GNU C 库是在用户空间里的。应用指的是具有实际功能的程序，比如文字处理、游戏或开发来运行在 Zynq 芯片的处理器上的 C 程序。而系统程序是实现各种操作系统服务所必须的！这些操作系统服务保证了系统能确实工作。物理硬件位于链条相反的一侧，经由内核空间从用户层级抽象出来，包括如整个存储系统、开发板上的网卡或 GPIO 等。用户层和硬件只能间接访问的这种设计实现了安全性，因为它以使用内核工具的方式确保了访问的规则 [3]。

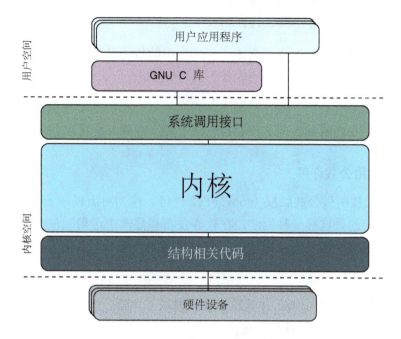

图 22.1: GNU/Linux 系统高层架构

系统调用接口 （SCI） 提供了从用户空间调用系统的内核功能。前面讨论过，Linux 内核构成了操作系统的心脏，提供了一组工具，使得用户空间可以与硬件交互。Linux 内核本身可以被划分成它自己的分层子系统，比如内存和进程管理、虚拟文件系统和设备驱动。不过，这些会在第 23 章深入讲解。内核代码被认为是与体系架构无关的，它的代码对 Linux 所支持的所有处理器架构都是通用的。在这之下是架构相关的代码，也就是处理器和平台专用的，这部分一般叫做 BSP。

22.3. 许可

Linux 的许可问题是令人疑惑的，其中充斥了不同的标准和缩写。回想在第 22.1 节所提到的 GNU 计划，我们记得这个计划的基础是创建一个 "自由" 的操作系统。为了发布自由软件，必须使用一个自由许可。GNU 中这些催生了 Linux 的工具，一般都用了 GNU 通用公共许可（GNU GPL）。还有其他的自由许可（以及不同的版本），兼容 GPL 有像是 GNU Lesser GPL （LGPL）、GNU Affero GPL （AGPL）、GNU All-

Permissive 许可、Modified BSD 许可、Apache 许可、Intel 开源许可、Mozilla 公共许可 （MPL）...... 这个列表还在增长 [4]！

用什么许可取决于开发者的需求，每种许可的规则和条款都不尽相同，所以有必要研究清楚最适合于正在开发的软件的许可方式。

显然，有着那么长的一张许可列表，想要把每一个的细节都弄清楚就可以写一整本书了！因此我们着重看一下 GNU GPL 来了解这些许可会提供的各种许可术语。

22.3.1. GNU 通用公共许可

GNU GPL 又被叫做公共版权 （copyleft） 许可。作为对版权 （copyright） 一词的玩弄，它代表的是这样一种做法，在软件发布和修改中运用版权法，但是每一次的修改都要保留相同的权利。这样做，从而就确保了程序是自由的 [5]。下面列出的只是 GPL 的规则的某些细节 [6]：

- 当一个软件基于GNU GPL作为自由软件发布了，那么之后所有的更新或修改都必须继续作为自由软件来发布；

- 如果所做的修改是供组织或公司内部使用，就可以不公开；但是，如果以任何方式公开了，那么修改后的源码也必须公开；

- 因为 " 自由 " 不是 " 免费啤酒里的免费 "，GPL 还是允许开发者对他们的软件收费的；

- 不过，一旦有人支付了某个使用 GPL 的软件的费用，他们就可以继续分发这个软件，无论是否继续收费；

- 基于 GPL 的软件的所有拷贝都必须带有恰当的版权声明，以表明作者的权利。这样的程序的每一份拷贝都必须带有 GPL，以确保每个人知道他们的权利；

- 采用与 GPL 兼容的许可的代码，可以作为采用 GPL 的较大的程序的一部分。如果一个程序中某个功能代码是基于不兼容的许可的，就不认为整体仍然是完全自由的。

但是，这些对于普通开发者而言的意义是什么呢？好吧，一个想要把自己的程序公开给更多人使用的开发者必须考虑他们包含在程序中的原创或修改的代码的许可状态，然后以恰当的许可来发布，以满足所有已有的条款。 简而言之，明智的做法是阅读和代码（或可能的替代代码）相关的任何许可条款， 以确保发布出去的程序不会违反这些许可的条件。

GNU 操作系统主页详细讨论了 GPL（以及其他自由许可），实际上你可以给自己下载一份完整的拷贝，从而充分理解对于开发者这些究竟意味着什么：

http://www.gnu.org/licences/gpl.html

22.4. 开发工具和资源

22.4.1. 虚拟机

如果你没有运行 Linux 的机器，又希望做 Linux 开发，有一个选择是使用虚拟机 （VM）。虚拟机是操作系统的一种软件实现，在目标机器上已有的主操作系统内仿真运行时，它具有足够的性能和内存。

有许多可用的 VM，各自有不同的价位、提供不同的功能，适合各种人群，从偶尔使用的到企业用的更高级的解决方案的都有。表 22.1 列出了一些虚拟机及他们的优缺点。主要是用虚拟机来给 Linux 做应用开发的人可能可以找到免费的版本，甚至有的具有超过他们所需的能力。不过，有的人希望在商业环境下部署基于 Linux 的虚拟机，那么就可能需要寻找付费的版本了。

表 22.1: 虚拟机的比较

虚拟机	免费 / 付费	许可	优点	缺点
Virtual Box	免费	有版权 / GPL	支持多核； 实现了 GUI ； 支持 USB ； 支持截屏； 支持 Direct3D 和 OpenGL	不能仿真其它架构

表 22.1: 虚拟机的比较

虚拟机	免费 / 付费	许可	优点	缺点
VMware Worksta-tion	付费	有版权	支持多核；实现了 GUI；支持 USB；支持截屏；支持 DirectX 9 和 OpenGL	不能仿真其它架构
VMware Player	免费 （个人用途）	有版权	支持多核；实现了 GUI；支持 USB；用 VMGL 做 3D 加速	比付费版（Workstation）的功能少，不支持截屏
KVM	免费	GPL	仿真多个架构（ARM，MIPS，SPARC）；支持 USB	没有自己的 GUI（可以用第三方的）
XEN	免费	GPL	实现了 GUI；用 VMGL 做 3D 加速	不支持 USB；不支持截屏
Windows Virtual PC	免费	有版权	实现了 GUI；支持截屏	不支持多核；Linux的支持不是正式的 / 缺少某些功能；不能仿真其它架构；部分的 USB 支持；不支持 3D 加速

22.4.2. 版本控制

由于 Linux 上这种协作开发的本性，用上某种形式的版本控制是很有必要的。考虑一个假想的场景，从中可以看出版本控制的需求。假设你已经投入了几个钟头来写一个运行在 Zynq 开发平台上的很壮观的应用。你已经对 FPGA 做了编程，把应用下载到了处理器，它运行了，而且所有的功能都如预期！迈着轻快的步伐，你到茶水间做了一杯庆贺的咖啡，吃了块蛋糕。在煮咖啡的时候，你和一个同事谈到了你的成功，他有一个想法，可以改善这个系统的功能。出于信任，你把全部的代码交给了他去实现这个改进。过了一会儿你回到这个项目，不出意料，它不工作了，那个 " 乐于助人 " 的同事也找不到了，而你的代码已经一团糟了！唯一的可能，就是试图回忆起你之前有过什么，然后花费更多的时间来纠正错误。

用上某种形式的版本控制正是可以防止出现这种灾难的办法。有三种你可以用的主要类型的版本控制系统。第一种是直接以固定的周期把你所有的工作做一个本地备份。这样做很容易受到人为错失的影响，当很多目录里有很多不同的同事做的很多文件，这些文件还有很多版本的时候，整个事情就会变成一团乱麻。通过一个变动数据库能有助于这个问题，但是我们还有更优雅的解决方案。

集中式的版本控制系统 （Centralised Version Control Systems，CVCS）用单个服务器来存放所有文件的各个版本。每个用户可以登录进这个服务器，然后取出 （check-out） 文件做一个本地拷贝来做编辑。当他们完成的时候，可以把编辑的结果提交上去，服务器会保持一个记录，标记说哪个用户、在什么时候做出了哪个文件的哪个版本。不过，考虑一个简单的例子，如果这个服务器没有做定期全面备份，然后硬件坏了，那么整个项目就丢了，无法修复。分布式版本控制系统 （Distributed Version Control System，DVCS）减轻了这个危害，它不是取出单个文件，而是让每个用户建立服务器上整个仓库的镜像，这样一旦有地方坏了，整个仓库还是能恢复的 [7]。DVCS 里用的元数据还能实现诸如合并这样的操作。DVCS 也能用在协作的项目中，这种项目里，不止一个开发者会做出定期的改进。如果你想用上同事最新的进展，把它合并进自己做的那部分里，就只要从服务器取得最新的版本然后继续工作就可以了。

22.4.3. Git

Git 就是这样一个 DCVS，最初是 Linus Torvalds 为了管理 Linux 的内核开发而设计的。2005 年，当时一个有版权的版本控制系统（Version Control System, VCS）停止免费使用之后，它作为它的一个免费替代品而发布了出来。

Git 的部署和 DVCS 是类似的，主要有一个不同。DVCS 把项目 " 看作 " 是原始文件的一个集合，然后随着时间的推移追踪对这些文件的修改。但是 Git 在每次提交的时候对所有的文件拍一个 " 快照 "，然后保存下来，需要的时候可以取出。为避免冗余，未修改的文件不会再保存一遍，而是用一个链接链回之前保存过的文件。图 22.2 形象地表达了这个意思，这里的每个版本表达的是那次这个项目的一个快照。

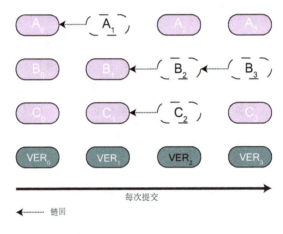

图 22.2: Git 版本历史的样例

任何一个文件可以存在于三种主要的状态之一：已提交（committed）、已修改（modified）和被跟踪（staged）。文件首先是在当前工作目录中被修改了，然后被跟踪了，标记到放到下一次提交到仓库去的快照中。图 22.3 画出了事件的这个流程。工作目录里是这个项目的某个版本的一次取出，用来做本地修改的。跟踪区域实际上只是在下一次提交要进入仓库的东西的文件索引。仓库是项目的对象数据库和元数据的存储。

Git 操作是在本地发生的，而不是像 CVCS 那样在远端服务器上，这样网络延迟就减少了。所有和版本历史有关的数据在本地就可以获得，而不需要从远端服务器上把旧版本的数据拉过来。这样当仓库无法连接时还可以离线使用，因为提交可以是离线的，然后当有连接的时候再上传就好了。

最后，既然在Git里对一个项目的修改一般来说是对数据库的递增过程，很难以无法恢复的方式来修改一个项目。因为这些原因，Git 对于 Linux 开发是首选的方法 [8]。

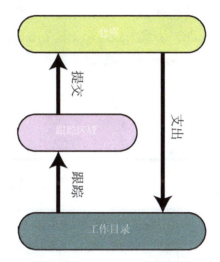

图 22.3:　Git 的操作流程

22.4.4. Linux 下的调试

在开发的某个迭代环节上的代码很可能带有错误，所有应用开发都适用这条论断，Linux 也不例外。尽管我们努力试图做出完美的、合乎逻辑的代码，往往某些参数还是会返回意料之外的结果、子程序可能接收到了不正确的参数，或是由于某个错误发生了更奇怪的事情。在 Linux 上，直接就有些工具可以识别出错误的种类和位置。

和内存分配有关的问题是导致程序崩溃的常见原因，这些问题包括内存泄露，就是内存没能以正确的函数调用来释放；或缓冲区溢出，就是在分配的内存以外做了写操作。内存调试工具的例子包括 MEMWATCH 和 " 另一个 malloc 调试器（Yet Another Malloc Debugger, YAMD）"[9]。

通常，用户空间的程序可能触发导致异常行为的系统调用。用来调试这样的错误的工具是 strace，它从内核直接监控给某个特定调用的所有参数，和对应的返回值，来识别出某个调用是否失败了。如果返回值与所给的参数对不上，就可以推断被调用的这个函数出问题了 [9]。

还有用来调试 Linux 内核本身存在的错误的工具。GNU 调试器（gdb）是一个用户空间的程序，有命令行工具也有 GUI，目的是搜寻用户空间程序的错误；也可以用在内核上，通过 gdb（kgdb）协议来做远端主机 Linux 内核的调试器。还有一些工具用来查看内核代码，比如 Oops[9]。表 22.2 给出了一些可用的调试工具的具体情况。

表 22.2 : Linux 调试工具

错误来源	调试工具的例子	说明
内存分配	MEMWATCH	C 程序的内存错误检测工具； 把它作为头文件加到程序中； 能跟踪内存泄露和崩溃； P 产生结果日志
	YAMD	定位 C/C++ 程序中动态内存分配的问题； 必须在被测的程序之外安装运行一个外部工具； 给出详细的代码分析来查明内存泄露等
系统调用	strace	命令行工具； 详细列出用户空间程序发起的系统调用，包括调用的参数和返回值； 数据是直接从内核获取的，而且对内部不需要做修改

表 22.2: Linux 调试工具

错误来源	调试工具的例子	说明
内核	gdb	由自由软件基金会提供的命令行／图形界面工具； 调试用户空间程序和 Linux 内核本身； 使用 gdb 的时候，要调试的程序运行，程序终止的时候给出具体的数据
	kgdb	调试 linux 内核用的 gdb； 需要一个开发机，与被测机之间通过串口连接； 给内核实现了一个扩展，在启动的时候能连接上远端运行相同扩展的机器； 能对远端内核设置断点、做数据检查
	Oops	当崩溃的时候向系统控制台发送带有系统失败详细数据的消息； 消息发送给 ksymoops 工具软件来把机器代码转换成汇编指令，并把堆栈内容映射成内核符号，以提供失败原因的有意义的推断

当然还有很多其他的调试工具来刨根问底找到程序中的错误，上面给出的建议仅仅只是对于你可能遇到的错误类型和可以使用的调试功能的介绍。

22.5. 本章回顾

本章给出了通用 Linux 架构的概述，也讨论了与 Linux 开发有关的一些问题，包括许可和开发工具。这样接下去的章节就可以逐个集中讨论内核中的关键部分。第 23 章会深入挖掘 Linux 内核，包括文件系统和驱动。随后，我们会讨论 Linux 启动过程。

22.6. 参考文献

注意：所有的 URL 最后被检查过是在 2014 年的 6 月。

[1] GNU Operating System, "Overview of the GNU System", 网页
位于 : http://www.gnu.org/gnu/gnu-history.html

[2] IDC white paper, "The Opportunity for Linux in a New Economy", April 2009
位于 : http://www.linuxfoundation.org/sites/main/files/publications/Linux_in_New_Economy.pdf

[3] L. Wirzenius, J. Oja, S. Stafford and A. Weeks, "Overview of a Linux System — Important Parts of the Kernel" in *The Linux System Administrators Guide,* v0.9
位于 : http://www.tldp.org/LDP/sag/html/overview.html

[4] GNU Operating System, "Various GNU licences and Comments about Them", 网页
位于 : http://www.gnu.org/licences/licence-list.html#Softwarelicences

[5] GNU Operating System, "What is Copyleft?", 网页
位于 : https://www.gnu.org/copyleft/

[6] GNU Operating System, "Frequently Asked Questions about the GNU licences", 网页
位于 : http://www.gnu.org/licences/gpl-faq.html

[7] Scott Chacon, "Getting Started — About Version Control" in *Pro Git,*
位于 : http://git-scm.com/book/en/Getting-Started-About-Version-Control

[8] Scott Chacon, "Getting Started — Git Basics" in *Pro Git,*
位于 : http://git-scm.com/book/en/Getting-Started-Git-Basics

[9] IBM Developer Works, "Debugging Tools and Techniques for Linux on Power", 02 October 2013
位于 : http://www.ibm.com/developerworks/systems/library/es-debug/index.html?ca=drs

23

Linux 内核

上一章介绍了 Linux 内核的概念，这一章试图详细说明 Linux 操作系统的关键部分。要查看内核本身的层次结构，讨论主要的一些特征：内存管理、进程管理和文件系统。

23.1. Linux 内核层级

到目前为止，Linux 内核还是一个谜团，只知道是基于 Linux 的系统的一个决定性的部分。现在我们要来进一步探究这个内核，看看它所负责做的那些核心操作。

内核实际上是一个操作系统的核心。这是操作系统启动时首先被载入的部分，因此会驻留在主内存中。

图 23.1 和上一章的图 22.1 很像，不同的是内核被展开了，显示了其中最重要的一些部件。说真的，如果你搜索 Linux 内核的 "地图"，会看到一个复杂的网络，其中有许多不同的部件和路径，不过这已经超出本书的范畴了。

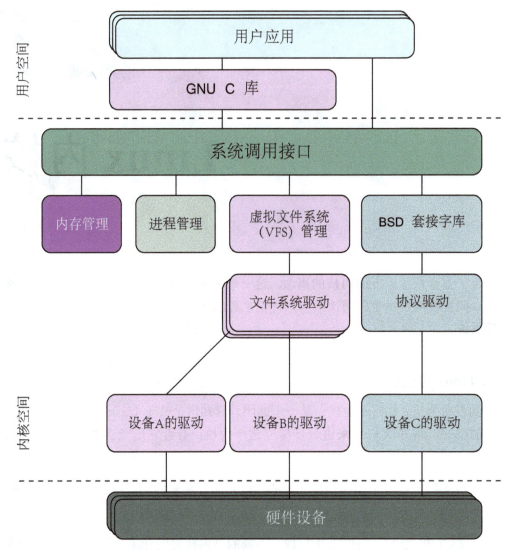

图 23.1: Linux 内核的重要成分

23.2. 系统调用接口

系统调用 (SCI) 是用户空间里的应用和它所需的内核所提供的服务之间的交互。SCI 在用户空间和内核空间的边界上建立起这个联系, 直接的跨越这个边界的

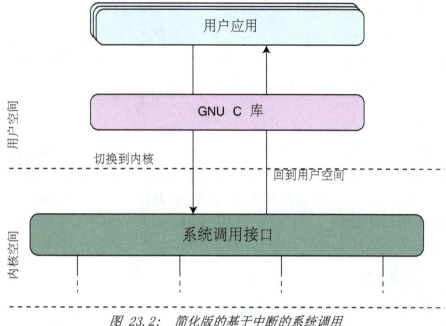

图 23.2:   简化版的基于中断的系统调用

函数调用是不可能的。Linux 系统调用的实现和具体的处理器架构是密切相关的。图 23.2 表示了基于处理器中断实现的相当简化的方法 [1]。

- 所有的系统调用都是通过单一的内核入口点，根据一个寄存器的值再分派的，这个寄存器在 C 库中指定并赋值；

- 要触发一个软件中断，然后这个中断的处理程序来执行 *system_call* 函数；

- 这个识别寄存器将 *system_call_table* 编入索引中通过 SCI 触发正确的系统调用；

- 从系统调用中返回的时候，要切换回用户空间，然后继续执行 C 库中的代码，然后回到起先的用户应用中。

因此系统调用实现了用户空间程序和内核自身之间在某种程度上的抽象。这还能使得所有的用户应用和内核代码之间的交互是高度一致的。

23.3. 内存管理

尽管计算系统中所使用的存储器技术在飞速的前进，软件对所用内存的需求始终紧随其后。事实上软件一直有比有限的内存更大的存储要求。虚拟内存有助于解决这个问题，让系统中看起来有比实际更多的内存。

23.3.1. 虚拟内存

图 23.3 是虚拟内存的简化图示。两个进程，进程 A 和进程 B，每个都有自己的虚拟地址空间和页表。一个页简单说就是一段内存，具有一个唯一的页帧编号（Page Frame Number, PFN）。而页表中存放的是映射数据，使得处理器可以把虚拟内存地址映射到物理地址上。比如这里进程 A 的虚拟 PFN1 映射到了物理的 PFN3。为了能把这个虚拟 PFN1 映射到物理的 PFN3，处理器要用虚拟页中的某个偏移量来

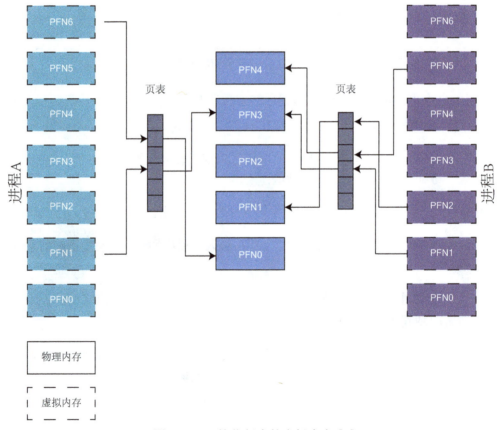

图 23.3: 简化版本的虚拟内存 [2]

做页表的索引。如果页表中有一项是对应那个偏移量的，就能获得那个物理 PFN。如果没有，处理器就变成要试图访问不存在的内存区域了，就是说那个地址就不能被解析为物理地址，于是操作系统就会得到一个缺页通知，要着手解决这个问题。

内存管理子系统提供了一些功能，再来看图 23.3，可以发现虚拟 PFN 和物理 PFN 之间并非一一对应，实际上不同的进程中的几个虚拟 PFN 可以被映射到相同的物理 PFN 上，比如可以看到进程 A 和进程 B 都有页映射到物理内存的 PFN3。这样就使得系统可以使用很大的地址空间，看上去比物理存在的空间还要大。每个进程的虚拟地址空间是独立的，通过这种隔离就实现了一定程度的保护，防止设计之外的代码或数据的不正常覆盖。这种方法还有一个好处是一个系统中所有运行的进程能公平地共享系统所提供的物理内存 [2]。

23.3.2. 内存的高端和低端

历史上，由于 32 位提供给内核的虚拟地址空间是 0xC0000000 到 0xFFFFFFFF，因此一个 32 位的 Linux 系统只能支持 4GB 的内存。这 4GB 空间默认的分配是在地址低端的 3GB 给用户空间，而剩下的从 0xC0000000 开始的 1GB 留给内核代码自己用（实际上整个空间比 4GB 要略小一点，因为 I/O 也要占用地址空间）。

为了克服这个问题，现在 Linux 内核把虚拟地址空间分成两个区域，叫做低内存和高内存。低内存指的是逻辑地址位于内核空间的内存；而高内存是指逻辑地址并不存在，它位于定义给内核虚拟地址范围之外的地方。需要特殊的页表才能把高内存映射到内核的地址空间，由于任何时刻可以映射过来的高地址页的数量是有限的，这样的操作的代价是昂贵的。因此内核的核心就会保持在低内存，而把高内存只用作某些内核任务和进程页 [3]。

23.4. 进程管理

和任何其他操作系统一样，要做的任务是由进程执行的。要知道实际上操作系统中的任何程序实际上只不过是一些保存为可执行的映像的机器码格式的指令，所以一个进程就是这样一个在运行的计算机程序。

- 因为机器码指令是由系统的处理器执行的，进程的变换就这点而言是动态的；

- Linux 是一个多进程操作系统, 每个进程具有自己的权利和义务, 意思是说一个进程的崩溃不会影响其他进程;

- 进程同时要用 CPU 等各种系统资源来运行指令, 也要用物理内存来存放进程和相应的数据。

23.4.1. 进程的表达

在 Linux 中, 用一个叫做 *task_struct* 的结构来表示一个进程。在这个结构中有用来表示那个进程的全部数据, 还有大量其他用来把这个进程和任何父 / 子进程联系起来的数据。*task_struct* 内包含的一些和进程相关的数据如下 [4]:

- 进程执行的状态 —— 运行、睡眠但不可打断、停止等;

- 标志 —— 进程创建、退出、内存分配;

- 进程优先级 —— 优先级的数值越低表示优先级越高, 这个优先级是动态的, 由多个因素决定;

- 进程地址空间。

23.4.2. 进程创建、调度和析构

进程是创建在用户空间的, 可能是通过执行一个程序创建 (这样就创建了整个新的进程), 也可能是由程序本身通过 fork 这个系统调用 (创建一个子进程) 来创建的。每个进程有它自己的进程标识符 (PID), 这就是一个数字, 在系统中用来唯一地识别每个进程的。这些数字在进程的生命周期中不会变化, 但是一旦进程终止, 它的 PID 会被释放, 可以用于新的进程。进程会在几个不同的函数中来回传递, 这些函数包括 [4]:

- *copy_process* —— 按照当前进程创建它的一个拷贝, 它会查看 Linux 安全模型来确认当前进程有权创建新任务, 然后初始化这个 *task_struct*

- *dup_task_struct* —— 给进程分配一个新的 *task_struct*, 然后把进程的句柄拷贝给这个结构;

- *wake_up_new_task* —— 初始化调度器数据，把创建的进程放到运行队列中。

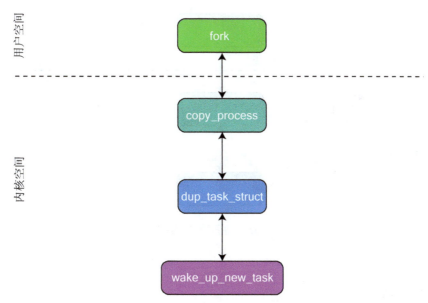

图 23.4: 通过 fork 调用做的进程创建流程

Linux 进程调度器负责根据进程的优先级来管理系统中已有的各种进程。它握有所有进程的列表，以每个优先级上各个进程对应的 *task_struct* 来标识进程。调度函数根据进程的执行历史和负载，选择最合适的进程来运行。

有几种不同的事件会启动进程析构：运行结束的时候自然进程就终止了；也可能是由于一个特殊的信号发出来终止了进程，或是 exit 这个系统调用导致了终止。前面提到的所有的方法都会导致调用内核函数 *do_exit*，它把操作系统中与当前进程的所有的联系都彻底清除了。要退出的进程的 *PF_EXITING* 标识被置上，由此开始的一系列调用把这个进程和它在运行期内所用过的所有的资源都断开。*exit_notify* 调用在进程状态变为 *PF_DEAD* 之前发出一个通知，让调度器选择下一个要执行的进程 [4]。

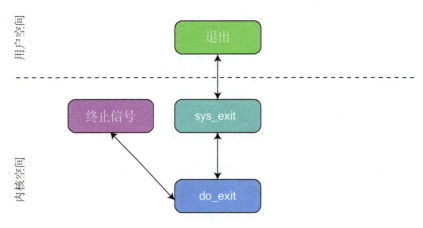

图 23.5： 进程析构的操作

23.5. 文件系统

23.5.1. Linux 文件系统

Linux 的功能极为强大，它能支持很多不同的文件系统，这包括但不限于：

表 23.1： Linux 支持的某些文件系统

Linux 文件系统	
ext	proc
ext2	smb
xia	ncp
minix	iso9660
umsdos	sysvs
msdos	hpfs
vfat	affs
ufs	

众多的文件系统排成了一个层次分明的树状结构，从系统看来就是单个文件系统入口。新的文件系统（就是说一个文件系统关联着 Linux 里的一个存储设备）加到系统中的时候，可以挂载到这棵树上 [5]。

23.5.2. 虚拟文件系统

回看图 23.1，能把许多文件系统容纳进来，虚拟文件系统（Virtual File System，VFS）起到了关键的作用。它实现了一个抽象层，在各个文件系统和内核其他部分之间建立了统一的接口。它是文件系统接口的根的那层，负责追踪所有当前支持并已经挂载了的文件系统。图 23.6 表示了 VFS 和实际文件系统之间的交互（在这个例子中，我们只画出了 vfat 和 ext2 文件系统）。

缓冲区 cache 用来做硬件设备的通用数据缓冲区，能加速对持有文件系统的物理设备上的文件系统的访问。它和文件系统无关，因此也就使得这些文件系统与支持它的设备驱动及介质无关。

在已挂载的文件系统中遍历时，inode 要持续地读或写，因此 VFS 维持了一个inode cache 来加速对已挂载的文件系统的访问。（说明 ——inode 表示索引结点（index node），是 Unix 文件系统里的一种数据结构，包含了文件系统对象的所有信息。）

VFS 里还维持了目录项的 cache，以加速对最常用的目录的访问。当一个目录被系统文件访问时，它的详细数据被加入到这个 cache 中，因此下次访问相同目录时会快很多。VFS 使用一种最近使用（LRU）算法来维护这个 cache，当一个目录项被添加到这个 cache 时，之前用过的目录会下降一个层级。当 cache 满了的时候，层级最低的目录会被丢弃，那么新的目录就可以加进来了 [5]。

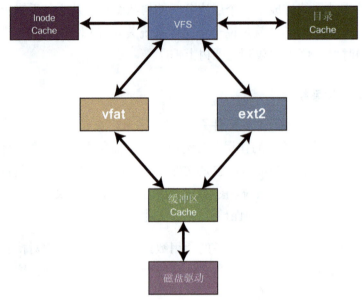

图 23.6: Linux 虚拟文件系统的系统交互 [5]

23.6. 架构相关的代码

Linux 内核层次中最低的那层是和架构相关的代码。Linux 内核支持非常多种不同的硬件平台，因此每种平台就需要有平台特殊的代码才能和 " 通用 " 的架构无关的代码结合起来。这就是一般叫做 BSP 的代码，包括支持架构系列和处理器的源文件、通用启动支持文件、DMA 硬件接口、中断处理和其他和特定的处理器系列相关的内容 [6]。做完配套的基于 ZedBoard 的教程，你会发现设计中重要的一步是给 Zynq 构建正确的 BSP，让处理器能和开发板通信。

23.7. Linux 设备驱动

和任何操作系统里的一样，Linux 的设备驱动程序，可以被看做是个 " 黑盒子 "，在系统里的硬件设备和操作系统中运行的程序之间实现了一个抽象层。利用设备驱动程序，就可以实现一组标准化的调用，使用这组调用的程序就和特定的设备无关了，这些调用再负责使用特定的驱动程序来执行所需的操作。这样就得到了一个模块化的方法，可以在内核之外构建驱动程序，需要的时候再加进来 [7]。

23.7.1. 关于机制与策略的说明

关于设备驱动程序，一个重要的特征是他们实现的是机制而非策略 [7]。

- 机制决定了这部分代码能做什么。因此设备驱动程序通过它内部的代码决定了那部分硬件的能力。

- 策略是在系统更高的层次上定义的，关注的是机制应该如何被使用。

确保驱动程序是和策略无关的带来了灵活性，这样无论用户对于某个硬件的特殊需求是什么，都能使用上相应的硬件。

23.7.2. 模块 / 设备分类

在 Linux 中，模块是一段在运行时刻加入到内核去的代码，下一章要厘清这个概念的。设备驱动程序也是一种模块，文件系统类型也是以模块的方式存在于内核中的。

设备驱动程序可以是三种基础类型中的一种，这三种类型是 [7]：

- 字符设备——以字符流的方式访问的设备，如文件。负责这种设备的驱动程序会做 open/close 和 read/write 这些系统调用；

- 块设备 —— 能够实现一个文件系统的设备，比如硬盘。Linux 让块设备像字符设备一样工作，可以读写任意数量的字节，而不是像传统的 Unix 系统那样，只能读写512或更大的一个块。块设备和字符设备的不同是内核本身管理数据的方式，因此具有不同的接口；

- 网络接口 —— 用于经由网络接口传输数据包的设备。网络设备并不知道传输的连接底层，只是处理所收发的包。

23.8. 本章回顾

本章给出了 Linux 内核的一些基础部分的高层概述。系统调用接口是从内核抽象出来一个用户层的方式。对于内核本身，本章讨论了内存和进程管理、文件系统和设备驱动程序。

23.9. 参考文献

注意：所有的 URL 最后是在 2014 年 6 月访问过。

[1] IBM Developer Works, "Anatomy of the Linux File System", 30 October 2007
位于 : http://www.ibm.com/developerworks/linux/library/l-linux-filesystem/

[2] David A. Rusling, "Memory Management" in *The Linux Kernel*, v1.0
位于 : http://www.tldp.org/LDP/tlk/mm/memory.html

[3] J. Corbet, G. Kroah-Hartman and A. Rubini, "Memory Mapping and DMA" in
Linux Device Drivers, 3rd Edition, O'Reilly, 2005, pp 412-463

[4] IBM Developer Works, "Anatomy of Linux Process Management", 20 December 2008
位于 : http://www.ibm.com/developerworks/library/l-linux-process-management/

[5] David A. Rusling "The File System" in *The Linux Kernel*, v1.0
位于 : http://tldp.org/LDP/tlk/fs/filesystem.html

[6] M. Tim Jones, "2. GNU/Linux Architecture" in *GNU/Linux Applications Programming*,
Cengage Learning, 2005, p17

[7] J. Corbet, G. Kroah-Hartman and A. Rubini, "An Introduction to Device Drivers" in
Linux Device Drivers, 3rd Edition, O'Reilly, 2005, pp 1-14

24

Linux 启动

在介绍了 Linux 内核之后，该花点时间来考虑 Linux 启动过程，也就是当一个 Linux 计算机或嵌入式系统上电的时候，在屏幕背后所发生的事情的顺序了。我们会从一台 Linux 台机的启动过程的高层概述开始，进而考虑启动的各个阶段。然后我们要通过用于 Zynq 的 Linux 的启动过程来看嵌入式 Linux 的启动过程和桌面的有什么不同。

24.1. 概述

当一个 Linux 系统上电或重启时发生的第一件事情，是处理器要执行在某个预定的位置上的代码。对于桌面计算机，这个位置是位于主板上的闪存中的，这部分闪存里的是基本输入 / 输出系统（Basic Input/Output System, BIOS）。因为现代的 PC 提供了如此多种多样的启动设备，BIOS 要做的第一件事情是判断从哪个设备来启动 [1]。

一旦决定了启动设备，FSBL 会被加载到 RAM 并由处理器执行。FSBL 是一片非常小的代码 —— 小于 512 字节，也就是单个扇区 —— 它唯一的作用就是把第二阶段引导装载程序 （Second-Stage Bootloader, SSBL）装入 RAM。

在启动过程中，SSBL 这个阶段是要呈现一个引导菜单的，如果你之前用过 Linux，就可能会注意到这个菜单。这个菜单给出了可能的引导选项。当菜单中的一个引导选项被选定后，引导装载程序会装载相应的操作系统，然后那个操作系统自己的代码会解压、装载自己到内存中去，然后再初始化内核。在内核启动之前，引导装载程序还会执行一些其他的功能，不过这些以后再说。

所需的内核模块成功启动后，引导过程的最后一个阶段调用第一个用户空间的函数：init。这个函数初始化系统所有的高层部分。

以上就是 Linux 启动过程的高层概述。下一节，我们把启动过程分解为几个连续的环节，更为详细地讨论每个环节。

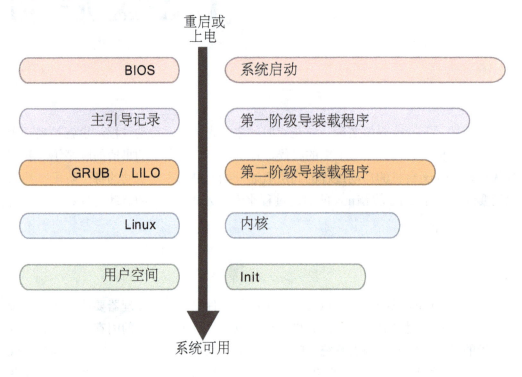

图 24.1: 桌面 Linux 启动的阶段

24.2. 桌面 Linux 引导过程的各个阶段

24.2.1. BIOS

BIOS 负责初始化系统的启动并定位到可用的引导设备。当系统上电的时候，处理器会开始执行 BIOS，这个过程分成两个部分 —— 上电自检（Power-On Self Test，POST）和运行时刻服务。

BIOS 执行的第一个动作取决于系统是上电（冷启动）还是重启（热启动）。如果系统是上电了，第一个动作是初始化并测试系统的基本硬件部分 —— 就是一个叫做 POST[1] 的过程。一旦所有的硬件设备都初始化并被验证，POST 的代码就从内存中抹掉了。不过，如果系统是被重启的，内存中会置一个特殊的标识，那么 BIOS 就不会做 POST，以节省时间。

一旦 POST 从内存中抹掉了，BIOS 就进入到运行时刻服务。这个功能搜索系统可用的引导设备，这些设备当时必须是开着的才能被找到。这些设备搜索的顺序定义在互补金属氧化物半导体（Complementary Metal Oxide Semiconductor，CMOS）里的配置数据中。通常 Linux 的启动设备是个硬盘，不过也可以是任何东西：软盘、网络设备、U 盘或 CD-ROM。

从硬盘引导 Linux 的时候，主引导记录（Master Boot Record，MBR）—— 就是在那个设备的第一个扇区的那 512 字节 —— 里面是第一级引导装载程序。BIOS 要做的最后一件事情就是把这个 MBR 装载到内存中，一旦装载了，BIOS 就放弃了控制 [1]。

24.2.2. 第一级引导装载程序 (FSBL)

FSBL 是 MBR 里的一段代码，MBR 里还有一个分区表和一个验证签名。MBR 里最大的一块（446 字节）就是那个初级引导装载程序，里头有可执行代码和错误消息 [1]。接下去的 64 个字节是分区表，里面是 4 个主分区的记录，每个 16 字节。MBR 最后一部分是两个字节的引导签名，0xAA55，用来验证 MBR 是有效的。图 24.2 表示了 MBR 的结构。

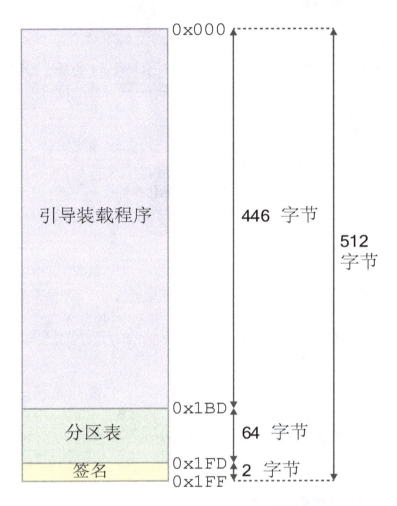

图 24.2: 主引导记录（MBR）的结构

初级引导装载程序的工作就是搜索分区表中有效的分区，找到 SSBL 然后装载进来。一旦找到有效的分区，还会继续扫描其他的分区以确保其他都是不能引导的分区。然后就把那个有效的分区里的引导记录装载到内存来执行。

24.2.3. 第二级引导装载程序 (SSBL)

SSBL 会显示这个系统目前可以引导的操作系统的列表。选择了所需的操作系统之后，就会把内核映像解压装载到内存中，然后再把处理器交给操作系统 [4]。

有两种主要的引导装载程序：Linux 装载器 （Linux Loader，LILO）和大一统引导装载程序 （Grand Unified Bootloader，GRUB）。LILO 和 GRUB 都包含了 FSBL 和 SSBL 的组合。LILO 已经出现了好一段时间了，但是现在在大多数地方都被 GRUB 所替代了。LILO 需要内核文件保存在原始磁盘扇区中，而 GRUB 能从 ext2 或 ext3 文件系统中装载内核 [1]。GRUB 在第一级和第二级引导之间增加了额外的步骤，能读出特定的文件系统，从而实现了这个功能。

还有其他一些引导 Linux 内核的方法，比如 SysLinux 或 Loadlin，让你可以从当前运行的 Windows/DOS 环境下引导 Linux 并替换掉当前的操作系统。

24.2.4. 内核

第二个阶段引导装载程序把 CPU 的控制权交出之后，一个程序会运行一小段硬件设置，然后再解压内核映像。一旦解压完成，内核映像会被放到内存的高段 —— 不受内核页表直接映射的那部分物理内存。如果存在 RAM 盘映像，这个映像也会被搬移到内存中并标记好，以备后用 [1]。到了这个时候，内核才第一次被调用并启动。

在内核启动的过程中实现硬件的设置，包括设置堆栈、配置页表、开启内存分页以及判断 CPU 和 FPU 的类型 [1]。

24.2.5. Init

Linux 引导过程的最后一个阶段是初始化 init，这是第一个用户空间的应用程序。一旦启动起来，init 会查找 /etc/inittab 文件，从中寻找类型为 initdefault 的条目，那条描述了这个 Linux 系统的初始运行级别 （runlevel）。不同的 Linux 发布版本对于系统的运行级别会有不同的配置。以 Linux 标准基础规范为例，它有 7 个运行级别，详列于表 24.1[3]。

init 是第一个运行的使用标准 C 库编译的程序，在此之前，任何标准 C 库的程序都不曾运行过 [1]。

表 24.1: Linux 标准基础的默认运行级别 [3]

ID	名称	说明
0	Halt	关机
1	Single-user mode	进入单用户文本模式，用于管理目的。
2	Multi-user mode without net-working	正常文本操作，允许多用户访问系统。所有的守护程序都运行，但是网络文件系统（NFS）除外。
3	Multi-user mode with network-ing	与级别 2 相同，但是能用 NFS。
4	Reserved for local user	不能用。
5	Multi-user with a display man-ager	完整的多用户操作，附带有图形模式。
6	Reboot	关闭系统进入运行级别 0 然后重启。

24.3. 引导 Zynq

看过传统 Linux 引导过程之后，就可以来了解在 Zynq 芯片上引导 Linux 时有些怎样的变化了。在一些关键的地方，嵌入式Linux的引导过程和桌面版本是不同的。我们先从全局看 Zynq 整个的引导过程，然后再细看其中的某几个阶段的情况。

Zynq 芯片的引导经历一系列的阶段，起点是上电时初始化的引导 ROM。芯片的引导模式配置引脚的值决定了引导模式 [5]。引导模式定义了 FSBL 要从哪个接口装载 ——JTAG、NAND Flash、NOR Flash、QSPI Flash 还是 SD 卡 [2]。一旦引导模式被确定了，引导 ROM 会读入引导头和给定的配置参数，验证了这个 FSBL 映像之后，把它从指定的接口装载到 OCM 中。一旦映像装入到 OCM 中，CPU 的控制就转交给 FSBL 了。

一般来说，FSBL 里会有指令让 CPU 用读／写操作进一步配置 PS，然后用 DevC 配置 PL[5]。DevC 用高级加密标准（dvanced Encryption Standard，AES）和基于散列的消息认证码（Hash-based Message Authentication Code，HMAC）来做 FSBL 和 PL 位流的解密，这是通过 DevC 和处理器配置访问端口（Processor Configuration Access Port，PCAP）实现的 [5]。

表 24.2 详列了 Zynq Linux 引导过程中的各个阶段，图 24.3 则是这些阶段的图形表示。

表 24.2: Zynq Linux 引导过程的阶段 [5]

阶段	说明
Stage-0	上电重启、系统重启或软件重启的时候，主处理器要执行硬编码的引导 ROM 的代码。
Stage-1	通常这就是 FSBL，不过也可以是用户自己实现的代码。
Stage-2	通常这是用户设计的运行在处理系统上的代码，也可以是第二阶段引导装载程序，这完全由用户自己决定。

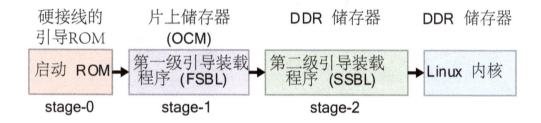

图 24.3: Zynq Linux 引导过程

在进一步了解 Zynq 的每个引导步骤之前，先看一下在 Zynq 芯片上引导 Linux 需要哪些文件，这样在后面的章节中提到这些文件的时候就不会稀里糊涂了。

24.3.1. Zynq 引导文件

为了在一个 Zynq-7000 AP 设备上启动 Linux，在引导用的介质上需要有这四个文件：

1. BOOT.BIN

2. zImage

3. devicetree.dtb

4. ramdisk8M.image.gz

这些文件中的第一个 （BOOT.BIN）是 Zynq 引导程序的映像文件。它实际上是两个必不可少的文件，FSBL 和 SSBL 的可执行可链接格式 （.elf）文件，以及一个可选的位流 （.bit）文件。FSBL 和 SSBL 文件，恰如其名，是引导装载程序的最后阶段，用来在设备上载入那个 Linux 的。位流是用来配置 Zynq-7000 AP 设备上的可编程逻辑部分的。

这些文件组合起来形成这个引导程序映像的顺序是很重要的，如果需要有可选的位流文件的话，它必须放在 FSBL 文件的后面，在 SSBL 文件的前面。

图 24.4 显示了引导映像文件所需的顺序关系。

图 24.4: 引导镜像文件的顺序

zImage文件里是压缩了的Linux内核，一旦被SSBL装载进内存，它会自动解压。

Linux 要运行的硬件的数据保存在设备树 blob （devicetree.dtd）文件中。设备树是用人可读的文本文件定义的，这种文件叫做设备树源文件 （.dts），然后用编译器编译成二进制格式，成为 U-Boot 能懂的设备树 blob。

最后的那个文件 （ramdisk8M.image.gz）是一个 RAM 盘映像，载入内存后，使得 RAM 的一部分用作像一个磁盘驱动器一样。这样的一个 RAM 中的临时磁盘驱动器，使得 Linux 将其当作一个文件系统用以建立根目录。

图 24.5 显示了 Zynq Linux 引导介质中的全部内容。

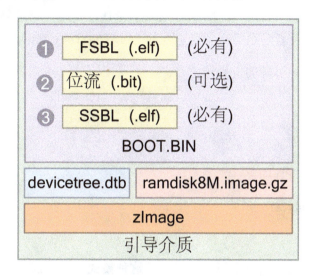

图 24.5: Zynq Linux 引导介质中所需的文件

下面就来详细了解 Zynq 引导过程的每一个步骤。

24.3.2. Stage-0 (引导 ROM)

引导 ROM 的作用是载入第一阶段 （stage-1）引导映像。第一阶段引导映像是由上电／重启时读到的 BOOT_MODE 信号决定的，这个信号就是施加在某些特定引脚上的弱上拉或下拉 [5]。

引导 ROM 里的程序既能装载加密 （安全）的引导映像，也能装载未加密 （非安全）的。当使用当地运行 （eXecute- In-Place，XIP）功能，这个引导 ROM 还能直接执行线性闪存（只能是 NOR 或 QSPI）里的第一阶段引导映像。只有用非安全引导映像的时候才能用这个功能 [5]。

在安全引导模式并且运行安全引导ROM代码的时候，CPU会解码、认证PS映像，然后才存到ROM中去，之后CPU会跳转到OCM中的代码去。如果用的是非安全引导，CPU 先关闭所有的安全引导功能，然后跳转到 OCM 的引导映像去，或者，如果用了 XIP 功能的话，跳转到非易失性的闪存里去。除非使用了 XIP 功能，引导映像将被限制在 192KB 内 [5]。

因为PS用了可编程逻辑中的硬件模块来做AES-256和HMAC（SHA-256）解密和认证，在安全引导过程中 PL 必须被加电。芯片加密认证是用户可选择的，或者是用片内的 eFUSE 单元，或者是用带有备用电池的 RAM（Battery Backup RAM，BBRAM）。

下面列出了五种可能的引导源：

1. NAND 闪存

2. NOR 闪存

3. Quad-SPI (QSPI) 闪存

4. Secure Digital (SD) 卡

5. JTAG

第 1 到 4 种引导源用于主引导模式中，这种模式中，外部的引导映像由 CPU 从非易失性存储器装载到 PS 中。而 JTAG 则只能用于从引导模式，而且不支持安全引导。当从 JTAG 引导时，由主机充当安全主控，通过 JTAG 与设备的链接将引导映像载入到 OCM 中。

一旦第一阶段引导映像已经装载到 OCM 里了，或者是采用 XIP 把引导映像留在非易失性闪存里，引导 ROM 就把 CPU 的控制移交给第一阶段了。

图 24.6 显示了引导 ROM 的大致的流程。

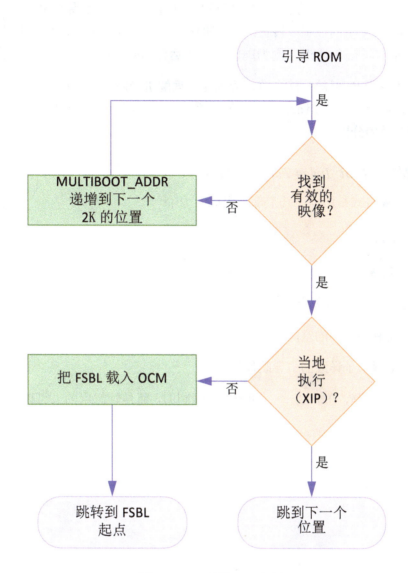

图 24.6: 引导 ROM 流程

24.3.3. Stage-1 (第一级引导装载程序)

初始引导阶段之后，FSBL 就由引导 ROM 装载到 OCM 了。FSBL 负责一些初始化的工作，包括根据 PS 配置数据初始化 CPU、用位流对 PL 编程、把第二阶段引导装载程序或初始的用户应用到存储器中，然后开始执行第二阶段引导装载程序或初始用户应用代码。在 CPU 的控制权转交给第二阶段引导装载程序之前，FSBL 关闭了 cache 和 MMU，并清空了指令 cache，因为 U-boot 开始运行的时候认为这些是关闭了的 [6]。

在深入探索 FSBL 的功能之前，应该先来理解引导映像的构成，因为 PL 用的位流、SSBL，以及 SSBL、Linux 或其他操作系统要用的所有其他代码，都是组合起来放在闪存映像的分区里的。

引导镜像格式 (Boot Image Format, BIF)

引导映像格式是由以下几个部分组成的 [6]：

- 引导 ROM 头

- FSBL 映像

- 分区映像 (可能多个)

- 可能还有的未用的空间

图 24.7 画出了详细的引导映像格式。

需要指出的是，在 FSBL 里，加密不是强制的，而是让想用的人可以使用的一个选项。

Figure 24.7: Zynq 引导映像格式 (BIF) 结构

认证证书

对于每个认证了的分区，在它的末尾都附加了一个认证证书。这个认证证书中所有的整数都是以小端形式保存的 [6]。认证证书中的数据的细节列在表 24.3 中。

表 24.3: 认证证书 [6]

位置	大小	字段	说明
0x000	UInt32	认证头	见表 24.4
0x004	UInt32	证书大小	应该是 0x6C0
0x008	0x38 字节	保留	用 0 填充
RSA PPK			
0x040	0x100 字节 (2048 比特)	主模块	----
0x140	0x100 字节 (2048 比特)	主模块扩展	----
0x240	UInt32	主的公共指数	推荐为 0x00010001
0x244	0x3C 字节	0 填充	----
RSA SPK			
0x280	0x100 字节 (2048 比特)	次模块	----
0x380	0x100 字节 (2048 比特)	次模块扩展	----
0x480	UInt32	次的公共指数	推荐为 0x00010001
0x484	0x3C	0 填充	----
0x4C0	0x100 字节 (2048 比特)	RSA SPK 签名	----
0x5C0	0x100 字节 (2048 比特)	分区签名	----
0x6C0	----	----	AC 结束

为了降低FSBL里的额外开销，Xilinx BootGen工具（包含在SDK里了）事先计算了蒙哥马利模余算法中要用到的模块扩展 [6]。这些数值保存在紧接在模块字段之后的地方。认证证书的内容详列在表 24.4 中。

表 24.4: 位认证证书头 [6]

位	字段	值
31 到 16	保留	全零
15 到 14	认证证书格式	00: PKSC #1 v1.5
13 到 12	认证证书版本	00: 当前的 AC
11	主公钥 (PPK) 类型	0: 散列键
10 到 9	PPK 源	0: eFUSE
8	次公钥 (SPK) 使能	1: SPK 使能
7 到 4	公钥长度	0: 2048
3 到 2	散列算法	0: SHA256
1 到 0	公钥算法	1: RSA

BootGen

可以用厂家给的 Bootgen 程序在 FSBL 里组合进一个 PL 位流和 SSBL 或用户程序。Bootgen 是一个独立的桌面应用程序，用来产生 Zynq-7000 处理器适用的引导映像。这个工具在一连串分区之前加上一个头块来组合出引导映像，这一连串分区包括用户 ELF 文件、FPGA 位流和其他二进制文件，每个部分都可以做加密和认证。输出的结果是一个文件，可以直接烧录到 Zynq 系统的引导闪存中 [6]。

BootGen 工具可以经由 SDK 或是命令行使用，以自动生成引导映像可以通过 SDK 自动执行 Bootgen 来产生引导映像，也可以通过命令行来用。这个工具的源代码可用于 Windows 和 32 位 /64 位的 Linux。

在 SDK 里用 BootGen 工具创建引导映像的时候，第一个分区必须是 FSBL ELF，然后是可选的位流分区，再接着是 SSBL/ 应用代码的 ELF （需要指出的是，如果用了定制的 FSBL，引导顺序也可以相应地调整）。如果可选的位流被包含进了引导映像中，它必须紧接在 FSBL 之后。SSBL/ 应用程序的 ELF 的执行地址必须大于 1MB，因为在执行 FSBL 的时候，DDR RAM 还没有被重映射，任何低于 1MB 的地址都是无法访问的 [6]。

图 24.8 给出了 FSBL 的详细执行流程。

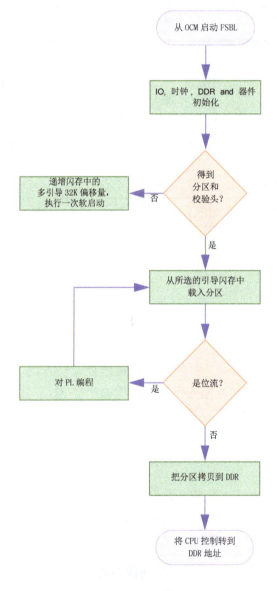

图 24.8: FSBL 执行流程

24.3.4. Stage-2（第二级引导装载程序）

Zynq 引导过程的 Stage-2 与具体要引导起来的操作系统的类型有关。如果是一个独立的应用，在这个阶段，应用的代码会被装载进来然后执行。不过，如果是一个像 Linux 或 Android 这样的操作系统要载入的话，第二阶段会是一个像 U-Boot 这样的二级引导装载程序。

微处理器执行的是驻留在本地存储器里的代码。这对于独立或是裸机程序来说很方便，但是不适用于像 Linux 这样的较大型的操作系统。这是因为操作系统保存在像硬盘、U 盘或光盘这样较大的持久存储介质上。当处理器上电的时候，内存中并没有操作系统，因此需要引导装载程序把操作系统从持久存储介质中装载到内存里来 [6]。

U-Boot 是一个在 Linux 社区里流行的开源通用引导装载程序，Xilinx 也将其用于 Zynq-7000 AP 处理器上。Xilinx 给出了定制的运行在 Xilinx 开发板上的 U-Boot 源代码，代码以 Git 方式保存在 Xilinx 的 Git 仓库中 [7]:

https://github.com/xilinx

正如本章之前所解释的，Zynq 的引导过程分为三个阶段: Boot ROM 装载 FSBL、FSBL 装载可选的位流和 SSBL。这里的 SSBL 是 U-Boot，它负责把压缩了的 Linux 内核映像、系统设备树和 ramdisk 映像装载到内存中。一旦这些映像装载到了内存里，U-Boot 会启动 Linux 内核的执行。

24.4. 本章回顾

本章我们看过了桌面环境下的 Linux 的传统的引导过程，这包括对各种阶段的说明，这些阶段有 BIOS、第一和第二级引导装载程序、内核和 init。

然后介绍了在 Zynq-7000 AP 芯片上引导嵌入式 Linux 的过程，并与桌面的引导顺序作了比较。仔细描述了成功完成引导过程所需的各种文件，包括 BOOT.BIN、zImage、devicetree.dtb 和 ramdisk8M.image.gz，还介绍了 BIF 和所需的认证证书的细节。最后，详细说明了用来组成引导映像的 bootgen 工具。

24.5. 参考文献

注意：所有的 URL 最后是在 2014 年 6 月访问过。

[1] IBM, "Inside the Linux boot process", 网页
位于 : http://www.ibm.com/developerworks/linux/library/l-linuxboot/

[2] Digilent, Inc, "Embedded Linux Development Guide", January 2013.
位于 : https://www.digilentinc.com/Data/Products/EMBEDDED-LINUX/Digilent_Embedded_Li-nux_Guide.pdf

[3] Free Standards Group, "System Initialization - Run Levels" in *Linux Standard Base Core Specification 3.1*, 2005.
位于 : http://refspecs.linuxbase.org/LSB_3.1.1/LSB-Core-generic/LSB-Core-generic/runlevels.html

[4] B. Ward, "How Linux Boots" in *How Linux Works*, 1st. Ed, No Starch Press, 2004, pp. 54 - 63.

[5] Xilinx, Inc, "Zynq-7000 All Programmable SoC Technical Reference Manual", UG585, v1.7, February 2014.
位于 : http://www.xilinx.com/support/documentation/user_guides/ug821-zynq-7000-swdev.pdf

[6] Xilinx, Inc, "Zynq-7000 All Programmable SoC Software Developers Guide", UG821, v9.0, June 2014.
位于 : http://www.xilinx.com/support/documentation/user_guides/ug821-zynq-7000-swdev.pdf

[7] Xilinx, Inc, "U-Boot", 网页
位于 : http://www.wiki.xilinx.com/U-boot

缩略语表

123

2G	2nd Generation (mobile cellular networks)
3G	3rd Generation (mobile cellular networks)
3GPP	3rd Generation Partnership Project
3GPP LTE	3rd Generation Partnership Project Long Term Evolution

A

ACP	Accelerator Coherency Port
AES	Advanced Encryption Standard
AFI	AXI FIFO Interface
AGPL	Affero General Purpose License
AHB	Advanced High-performance Bus
ALU	Arithmetic and Logic Unit
AMBA	Advanced Microcontroller Bus Architecture
AMP	Asymmetric Multi Processing
ANSI	American National Standards Institute
AP	All Programmable

APB	Advanced Peripheral Bus
API	Application Programming Interface
APSoc	All Programmable System on Chip
APU	Application Processing Unit
ASIC	Application Specific Integrated Circuit
ADC	Analogue to Digital Converter
ATP	Authorised Training Provider
AWDT	Watch Dog Timer
AXI	Advanced eXtensible Interface
AXI_HP	Advanced eXtensible Interface - General Purpose
AXI_HP	Advanced eXtensible Interface - High Performance

B

BBRAM	Battery Backup Random Access Memory
BIF	Boot Image Format
BIOS	Basic Input / Output System
BOM	Bill of Materials
BSD	Berkeley Software Distribution
BSP	Board Support Package
BTAC	Branch Target Address Cache

C

CAN	Controller Area Network
CCTV	Closed Circuit Television
CDK	C/C++ Development Kit
CDMA	Code Division Multiple Access
CFR	Crest Factor Reduction
CLB	Configurable Logic Block
CLI	Command Line Interface

CMOS	Complementary Metal Oxide Semiconductor
CORDIC	Co-Ordinate Rotation DIgital Computer
CPU	Central Processing Unit
CTT	Concepts, Tools and Techniques
CVCS	Centralised Version Control System

D

DAP	Debug Access Port
DDR	Double Data Rate (referring to memory)
DDRC	DDR Controller
DDRI	DDR Interface
DDRP	DDR PHY
DevC	Device Configuration (Unit)
DMA	Direct Memory Access
DMAC	Direct Memory Access Controller
DMIPs	Dhrystone Millions of Instructions Per Second
DOS	Disk Operating System
DPD	Digital Pre-Distortion
DPR	Dynamic Partial Reconfiguration
DRAM	Dynamic Random Access Memory
DRC	Design Rule Check(s)
DSP	Digital Signal Processing / Digital Signal Processor
DTS	Device Tree Source
DUT	Device Under Test
DVCS	Distributed Version Control System
DVI	Digital Visual Interface

E

EABI	Embedded Application Binary Interface

ECC	Error Correction Coding / Error Correcting Code
EDA	Electronic Design Automation
EDK	Embedded Development Kit
EEMBC	Embedded Microprocessor Benchmark Consortium
ELF	Executable Linkable Format
EMIO	Extended Multiplexed Input / Output *(equivalent to* Extended MIO)
ESD	Electro-Static Discharge
ESL	Electronic System Level

F

FF	Flip Flop
FFT	Fast Fourier Transform
FIFO	First In First Out
FIQ	Fast Interrupt reQuest
FIR	Finite Impulse Response
FMC	FPGA Mezzanine Card
FPGA	Field Programmable Gate Array
FPU	Floating Point Unit
FSBL	First Stage Boot Loader
FSF	Free Software Foundation
FSM	Finite State Machine

G

GCC	GNU Compiler Connection
GDB	GNU Debugger
GIC	General Interrupt Controller / Generic Interrupt Controller
GigE	Gigabit Ethernet
GHB	Global branch History Buffer
GNU	GNU's Not Unix (recursive acronym)

GP	General Purpose
GPIO	General Purpose Input / Output
GPL	GNU General Purpose License
GPP	General Purpose Processor
GPS	Global Positioning System
GPU	Graphics Processing Unit
GPV	Global Programmers View
GRUB	Grand Unified Boot Loader
GTX	High speed serial transceiver (note: not an acronym as such!)
GUI	Graphical User Interface

H

HD	High Definition
HDL	Hardware Description Language
HDMI	High Definition Multimedia Interface
HIL	Hardware In the Loop
HLS	High Level Synthesis
HMAC	Hash-based Message Authentication Code
HP	High Performance
HR	High Range
HTML	Hyper Text Markup Language

I

IC	Integrated Circuit
ICAP	Internal Configuration Access Port
IDE	Integrated Design Environment
IEEE	Institute of Electrical and Electronics Engineers
IF	Intermediate Frequency
II	Initiation Interval

IO	Input / Output
IOB	Input / Output Block
IOP	Input / Output Peripheral(s)
IOSERDES	Input / Output Serialiser / Deserialiser
IoT	Internet of Things
IP	Intellectual Property
IPC	Inter-Process Communication
IPI	Inter-Processor Interrupt
IPv4	Internet Protocol version 4
IPv6	Internet Protocol version 6
IRQ	Interrupt ReQuest
ISE	Integrated System Environment
ISO	International Organization for Standardization

J

JTAG	Joint Test Action Group
JTNC	Joint Tactical Networking Centre
JTRS	Joint Tactical Radio System

K

kgdb	Remote host Linux kernel debugger through gdb

L

L1	Level 1 (Cache)
L2	Level 2 (Cache)
L3	Level 3 (Cache)
LCD	Liquid Crystal Display
LED	Light Emitting Diode
LGPL	Lesser General Public License
LILO	LInux LOader

LMS	Least Mean Squares
LRU	Least Recently Used
LTS	Long Term Support
LUT	Lookup Table

M

M2M	Machine to Machine
MAC	Media Access Control
MBR	Master Boot Record
MCS	Micro Controller System
MIO	Multiplexed Input / Output
MIPs	Millions of Instructions Per Second
MMU	Memory Management Unit
MPE	Media Processing Engine
MPL	Mozilla Public License
MSPS	Mega Samples Per Second

N

NCO	Numerically Controlled Oscillator
NFC	Near Field Communications
NFS	Network File System
NIC	Network Interface Controller
NMI	Non-Maskable Interrupt

O

OCM	On-Chip Memory
OEM	Original Equipment Manufacturer
OFDM	Orthogonal Frequency Division Multiplexing
OLED	Organic Light Emitting Diode
OMP	Orthogonal Matching Pursuit

ONFI	Open NAND Flash Interface
OpenCL	Open Computing Language
OpenCV	Open source Computer Vision
OPMODE	Operation Mode
OS	Operating System
OSCI	Open SystemC Initiative
OTG	On The Go

P

PC	Personal Computer
PCAP	Processor Configuration Access Port
PCB	Printed Circuit Board
PCI	Peripheral Component Interconnect
PCIe	Peripheral Component Interconnect express
PFN	Page Frame Number
PHY	PHYsical Layer
PID	Process Identifier
PL	Programmable Logic
PLL	Phase Locked Loop
PMU	Performance Monitor Unit
Pmod	Peripheral module
PPI	Private Peripheral Interrupts
POSIX	Portable Operating System Interface
POST	Power On Self Test
PR	Partial Reconfiguration
PS	Processing System
PPK	Primary Public Key

Q

QoS	Quality of Service
QPSK	Quadrature Phase Shift Keying
QSPI	Queued Serial Peripheral Interface

R

RAM	Random Access Memory
RF	Radio Frequency
RISC	Reduced Instruction Set Computer
RM	Reconfigurable Module
ROM	Read Only Memory
RP	Reconfigurable Partition
RTL	Register Transfer Level
RTOS	Real Time Operating System

S

SATA	Serial Advanced Technology Attachment
SCI	System Call Interface
SCSI	Small Computer System Interface
SCU	Snoop Control Unit
SD	Secure Digital
SDF	Standard Delay Format
SDK	Software Developer's Kit
SDIO	Secure Digital Input Output
SDR	Software Defined Radio
SERDES	Serialiser / Deserialiser
SFP	Small Form factor Pluggable (type of connector)
SGI	Software Generated Interrupts
SIMD	Single Instruction Multiple Data

SLM	System Level Model / Modelling
SMA	SubMiniature version A (type of connector)
SMC	Static Memory Controller
SMP	Symmetric Multi Processing
SoC	System on Chip
SoPC	System on Programmable Chip
SPI	Serial Peripheral Interface
SPI	Shared Peripheral Interrupts
SPK	Secondary Public Key
SRAM	Static Random Access Memory
SRL16	Shift Register Length 16
SRL32	Shift Register Length 32
SSBL	Second Stage Boot Loader
SSL	Secure Socket Layer
SWDT	System Watch Dog Timer

T

TCL	Tool Command Language
TLB	Translation Look-aside Buffer
TLM	Transaction Level Model / Modelling
TRM	Technical Reference Manual
TTC	Triple Timers / Counters

U

UART	Universal Asynchronous Receiver Transmitter
UCF	User Constraints File
UG	User Guide
USB	Universal Serial Bus

V

VCD	Value Change Dump
VCS	Version Control System
VFP	Vector Floating Point
VFS	Virtual File System
VGA	Video Graphics Array
VHDL	VHSIC Hardware Description Language (see VHSIC below!)
VHSIC	Very High Speed Integrated Circuit
VLSI	Very Large Scale Integration
VM	Virtual Machine

W

WFE	Wait For Event
WFI	Wait for Interrupt
WiFi	Wireless Fidelity

X

XADC	Xilinx Analogue to Digital Converter
XDC	Xilinx Design Constraints
XIP	eXecute In Place
XMD	Xilinx Microprocessor Debugger
XML	eXtensible Markup Language
XPS	Xilinx Platform Studio
XST	Xilinx Synthesis Technology
XUP	Xilinx University Program

Y

YAMD	Yet Another Malloc Debugger

Z

ZED	Zynq Evaluation & Development

www.ingramcontent.com/pod-product-compliance
Lightning Source LLC
Chambersburg PA
CBHW080547060326
40689CB00021B/4772